CÉLULAS & microscopia

PRINCÍPIOS E PRÁTICAS

CÉLULAS & microscopia

PRINCÍPIOS E PRÁTICAS

2ª EDIÇÃO

ROSSANA C. N. MELO

Professora Titular do Instituto de Ciências Biológicas da
Universidade Federal de Juiz de Fora.
Mestre e doutora em Biologia Celular pela Universidade
Federal de Minas Gerais.
Pós-doutorado pela Harvard Medical School.

Manole

Copyright © 2018 Editora Manole, por meio de contrato com a autora.
Minha Editora é um selo editorial Manole Conteúdo.

Editora gestora: Sônia Midori Fujiyoshi
Produção editorial: Pamela Juliana de Oliveira Silva
Coordenação gráfica: Hibisco Comunicação
Diagramação: Rosiane Delgado
Ilustrador: Kennedy Bonjour (Vorxy Media Lab)
Direção de arte: Rossana Melo, Kennedy Bonjour e Thiago Silva
Micrografias: exceto quando indicado, todas as micrografias são de autoria de Rossana Melo
Capa: Sopros Design
Imagem da capa: cortesia de Ann M. Dvorak. Micrografia eletrônica de um mastócito humano ativado mostrando corpúsculos lipídicos no citoplasma.

Dados Internacionais de Catalogação na Publicação (CIP)
(Câmara Brasileira do Livro, SP, Brasil)

Rossana C. N. Melo
 Células & microscopia: princípios e práticas / Rossana C. N. Melo. –
2.ed. – Barueri, SP: Minha Editora, 2018.

 Bibliografia.
 ISBN: 978-85-7868-301-6

 1. Biologia celular 2. Biologia molecular 3. Células
4. Microscopia – Técnica I. Título.

17-09945   CDD-571.6

Índices para catálogo sistemático:
1. Células e microscopia : Biologia   571.6

Todos os direitos reservados.
Nenhuma parte deste livro poderá ser reproduzida, por qualquer processo, sem a permissão expressa dos editores. É proibida a reprodução por xerox.

2ª Edição – 2018

Editora Manole Ltda.
Av. Ceci, 672 – Tamboré
06460-120 – Barueri – SP – Brasil
Tel.: (11) 4196-6000
www.manole.com.br
info@manole.com.br

Impresso no Brasil
Printed in Brazil

Plataforma digital (microscopia virtual):
lifeview.com.br

> Durante o processo de edição desta obra, foram tomados todos os cuidados para assegurar a publicação de informações precisas e de práticas geralmente aceitas. Do mesmo modo, foram empregados todos os esforços para garantir a autorização das imagens aqui reproduzidas. Caso algum autor sinta-se prejudicado, favor entrar em contato com a editora.
> Os autores e os editores eximem-se da responsabilidade por quaisquer erros ou omissões ou por quaisquer consequências decorrentes da aplicação das informações presentes nesta obra. É responsabilidade do profissional, com base em sua experiência e conhecimento, determinar a aplicabilidade das informações em cada situação.

SOBRE A AUTORA

Rossana C. N. Melo

É professora titular da área de Biologia Celular e pesquisadora na Universidade Federal de Juiz de Fora (UFJF). Graduou-se em Farmácia e Bioquímica pela UFJF, é mestre e doutora em Biologia Celular pela Universidade Federal de Minas Gerais (UFMG) e tem pós-doutorado pela Harvard Medical School (Estados Unidos). Na UFJF, implantou o Laboratório de Biologia Celular e o Grupo de Pesquisas em Biologia Celular, o qual lidera desde 1995. Dra. Melo é também pesquisadora do Conselho Nacional de Ciência e Tecnologia (CNPq) e cientista/professora visitante na Universidade Harvard (Beth Israel Deaconess Medical Center, Boston, Estados Unidos) desde 2006. As pesquisas da Dra. Melo abordam mecanismos celulares envolvidos em inflamação e em doenças infecciosas, transporte vesicular e processos de secreção celular com aplicação de técnicas avançadas de microscopia eletrônica. Seus estudos identificaram novos aspectos da organização estrutural de células do sistema imune e têm contribuído para o entendimento das respostas celulares em diferentes situações, incluindo estresses ambientais.

Há vários anos, a Dra. Melo se dedica ao ensino da Biologia Celular. Criou um amplo acervo de lâminas e micrografias eletrônicas para as aulas práticas com roteiros que facilitam a aprendizagem. Especialista em ultraestrutura celular e com inúmeros trabalhos publicados, a Dra. Melo direciona suas aulas para o conhecimento científico e estimula os estudantes a apreciarem o fascinante universo celular. Ela idealizou o *Células & Microscopia: Princípios e Práticas* como base para ensinar a identificar a célula e seus componentes, interpretar suas imagens aos microscópios de luz e eletrônico e correlacionar a estrutura e a função celulares.

AGRADECIMENTOS

Agradeço aos meus estudantes de graduação da disciplina Biologia Celular, que me inspiraram a escrever e aprimorar este livro. Agradeço aos professores e colegas Hélio Chiarini Garcia, Regina Helena Caldas de Amorim, Gleydes Gambogi Parreira e Fabio Roland, pelo encorajamento contínuo e revisão de vários capítulos. Meu reconhecimento a Thiago Pereira da Silva, Juliana P. Gamalier, Lívia Andressa Silva Carmo e aos demais estudantes do meu grupo de pesquisa (atuais e egressos) pelo entusiasmo e ajuda inestimável durante diferentes momentos da preparação deste livro. Sou agradecida a Kennedy Bonjour, que elaborou com habilidade as aberturas dos capítulos e diversas ilustrações; a Dra. Ann M. Dvorak e a vários colegas que contribuíram com eletromicrografias. Agradeço também a Mirian Almeida, Rosiane Delgado e aos meus editores da Manole pelo cuidado e atenção dados ao nascimento desta segunda edição. E, finalmente, gostaria de agradecer à minha família e a todos que despertaram em mim o interesse, a curiosidade e a paixão pela ciência.

Este livro recebeu apoio financeiro da Fundação de Amparo à Pesquisa do Estado de Minas Gerais (FAPEMIG), através da Rede de Microscopia e Microanálise de Minas Gerais. Este livro também recebeu apoio da Thermo Fisher Scientific e da Olympus.

Apoio:

SUMÁRIO CONCISO

	APRESENTAÇÃO	XI
1	MICROSCOPIA DE LUZ	1
2	MICROSCOPIA ELETRÔNICA	29
3	PREPARAÇÃO DE AMOSTRAS PARA MICROSCOPIAS DE LUZ E ELETRÔNICA	47
4	COLORAÇÃO CITOLÓGICA	61
5	TÉCNICAS CITOQUÍMICAS	69
6	MEMBRANA PLASMÁTICA	81
7	ENDOCITOSE	97
8	CITOESQUELETO	115
9	SÍNTESE E SECREÇÃO DE MACROMOLÉCULAS	129
10	MITOCÔNDRIAS	151
11	NÚCLEO	163
12	CORPÚSCULOS LIPÍDICOS	181
13	A CÉLULA DOENTE	197
14	A CÉLULA PROCARIÓTICA	221
15	PRÁTICAS	243
	ÍNDICE REMISSIVO	291

SUMÁRIO

1 MICROSCOPIA DE LUZ

História da microscopia	3	Calculando o limite de resolução para o	
A evolução do microscópio de luz	5	microscópio de luz	19
Descrição do microscópio de luz	9	Medidas das células	20
Tipos de microscópios de luz	10	Como usar o microscópio	21
Formação da imagem e aumento	11	Utilização das objetivas de imersão	22
Especificações das objetivas	14	Digitalização de lâminas	22
Poder de resolução e limite de resolução	16	Informações importantes para melhor uso do	
Ângulo de abertura da lente objetiva	18	microscópio	24
		Bibliografia	28

2 MICROSCOPIA ELETRÔNICA

Aplicações da microscopia eletrônica	31	Sistema de manipulação da amostra	38
História	32	Sistema de formação de imagem	38
Tipos de microscópios eletrônicos	33	Sistema de tradução da imagem	39
Principais diferenças entre MET e MEV	34	Formação de imagem ao MET	40
Lentes eletrônicas ou magnéticas	36	Comparação entre o microscópio eletrônico de	
Constituição do microscópio eletrônico de		transmissão e o microscópio de luz	42
transmissão	36	Tomografia eletrônica automatizada	44
Sistema de iluminação	37	Bibliografia	46

3 PREPARAÇÃO DE AMOSTRAS PARA MICROSCOPIAS DE LUZ E ELETRÔNICA

Etapas	49	Microtomia e ultramicrotomia	54
Fixação	51	Coloração/contrastação	56
Desidratação	52	Interpretação das secções observadas ao	
Diafanização	52	microscópio	57
Inclusão	53	Bibliografia	60

4 COLORAÇÃO CITOLÓGICA

História	63	Ortocromasia/metacromasia	67
Mecanismos de coloração	64	Bibliografia	68
Técnicas de coloração	65		

5 TÉCNICAS CITOQUÍMICAS

Conceitos básicos	71	Imunocitoquímica	78
Aplicações	73	Imunocitoquímica ultraestrutural	79
		Bibliografia	80

6 MEMBRANA PLASMÁTICA

Composição e estrutura	83	Identificação de membranas ao MET	88
Propriedades	84	Estruturas juncionais	92
Observação da superfície celular	85	Bibliografia	96

7 ENDOCITOSE

Aspectos gerais	99	Outros mecanismos de pinocitose	106
Processos de endocitose	100	Vias endocíticas e destino do material internalizado	106
Fagocitose	100	Observação da pinocitose	108
Maturação do fagossomo	101	Ultraestrutura de endossomos	109
Observação da fagocitose	103	Fatos históricos e ultraestrutura de lisossomos	110
Ultraestrutura de fagossomos	104	Autofagia	112
Pinocitose	105	Bibliografia	114

8 CITOESQUELETO

Elementos do citoesqueleto	117	Cílios e flagelos	125
Funções	118	Bibliografia	128
Observando o citoesqueleto	120		

9 SÍNTESE E SECREÇÃO DE MACROMOLÉCULAS

Maquinaria de síntese	131	Exocitose clássica e composta	140
Observação da maquinaria de síntese	132	Desgranulação por piecemeal	141
Rota das proteínas sintetizadas no RER	137	Secreção de vesículas extracelulares	142
Seleção e transporte de proteínas da via secretora	139	Células especializadas em secreção	144
Secreção celular	139	Bibliografia	150

10 MITOCÔNDRIAS

Aspectos funcionais	153	Distribuição das mitocôndrias	158
Origem das mitocôndrias	154	Interação com outras organelas	160
Observação de mitocôndrias	155	Mitocôndrias alteram a forma para atender às necessidades da célula	161
Ultraestrutura mitocondrial	156	Bibliografia	162

11 NÚCLEO

Ciclo celular	165	Cromatina	174
Morfologia nuclear	166	Cromatina e divisão celular	178
Estrutura nuclear	170	Bibliografia	180
Ultraestrutura do nucléolo	172		

12 CORPÚSCULOS LIPÍDICOS

Aspectos gerais — 183
Estrutura e composição química — 184
Observação de CLs — 187
Interação com outras organelas e patógenos — 192
Biogênese de CLs — 192
CLs e inflamação — 194
Bibliografia — 196

13 A CÉLULA DOENTE

O comprometimento de um órgão reflete o comprometimento celular — 199
Alterações observadas ao microscópio de luz — 200
Alterações observadas ao microscópio eletrônico — 202
Morte celular acidental e regulada — 210
Aspectos morfológicos da morte celular — 211
Alterações da matriz extracelular — 216
Bibliografia — 220

14 A CÉLULA PROCARIÓTICA

Aspectos funcionais — 223
Diferenças entre células procarióticas e eucarióticas — 225
Observação da célula procariótica ao microscópio de luz — 226
Viabilidade celular — 228
Coloração de Gram — 229
Observação da célula procariótica ao microscópio eletrônico — 230
Processos celulares observados ao MET — 239
Bibliografia — 242

15 PRÁTICAS

1. Identificação dos componentes do microscópio de luz e princípios de focalização — 244
2. Reconhecimento de células e de suas características de basofilia e acidofilia — 246
3. Reconhecimento da matriz extracelular — 248
4. Aplicação de técnicas citoquímicas para identificação de compostos químicos celulares ao microscópio de luz — 250
5. Estudo da membrana plasmática em eletromicrografias — 251
6. Observação da endocitose — 253
7. Observação de estruturas formadas por citoesqueleto — 255
8. Estudo de células especializadas em síntese e secreção — 258
9. Estudo de mastócitos como células secretoras — 263
10. Estudo de eosinófilos como células secretoras — 265
11. Estudo de mitocôndrias em eletromicrografias — 268
12. Estudo da morfologia nuclear ao microscópio de luz e eletrônico — 270
13. Estudo das características nucleares e citoplasmáticas em células sanguíneas — 274
14. Características nucleares observadas no ciclo celular — 277
15. Identificação de corpúsculos lipídicos ao microscópio de luz e eletrônico — 279
16. Células no contexto de doenças: observando células e tecidos infectados — 282
17. Identificando células em apoptose e necrose ao MET — 287
Bibliografia — 289

APRESENTAÇÃO

Células & Microscopia: Princípios e Práticas foi escrito de maneira concisa e simples para apresentar os aspectos fundamentais da estrutura e da função celulares. A obra contém informações básicas sobre a célula, com destaque para sua identificação ao microscópio, considerado o instrumento científico mais aplicado no estudo das ciências da vida.

Este livro pretende atender estudantes que estão iniciando o aprendizado de Biologia Celular e professores, que poderão utilizá-lo como guia para ensino e atividades práticas. Aborda, ainda, princípios de funcionamento dos microscópios de luz e eletrônico, noções sobre métodos de preparo de amostras biológicas e interpretação de imagens microscópicas, integrando conhecimentos essenciais para usuários desses equipamentos, técnicos em microscopia e pesquisadores de diferentes áreas.

Minha intenção ao escrever este livro foi a de explicar os eventos celulares com base em micrografias eletrônicas que revelam o comportamento da célula em situações de saúde e de doenças. Grande parte do material apresentado é fundamentado em pesquisas conduzidas pelo meu grupo ao longo de 25 anos, com desenvolvimento de técnicas e protocolos que contribuíram para o conhecimento da arquitetura e da atividade funcional da célula.

Esta segunda edição mantém a ideia central de explorar o universo celular por meio de inúmeras micrografias e ilustrações associadas a um texto objetivo e atualizado. Os aspectos morfológicos de processos celulares como endocitose, secreção e morte celular foram cuidadosamente ilustrados. Com configuração ilustrativa em cores, a segunda edição apresenta dois novos capítulos: "Corpúsculos lipídicos", que ganharam, na última década, reconhecimento como organelas dinâmicas e multifuncionais, e "A célula procariótica", com enfoque na organização estrutural de bactérias e cianobactérias.

Nesta edição também foram ampliados o número e a abordagem de práticas para facilitar o aprendizado da biologia celular. As atividades práticas foram organizadas em um capítulo à parte, no qual as micrografias eletrônicas indicadas para estudo, uma coleção inédita de 125 imagens, são disponibilizadas *on-line* por microscopia virtual como material suplementar do livro. As características desta edição foram pensadas para facilitar a identificação dos componentes e processos celulares e promover o conhecimento da célula como unidade geradora de respostas biológicas do organismo.

Rossana C. N. Melo

1

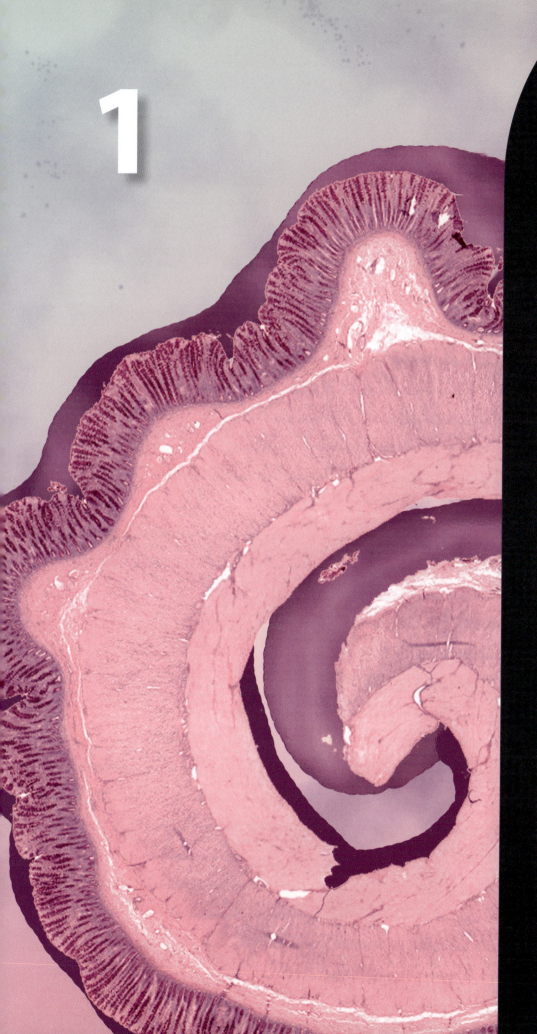

MICROSCOPIA DE LUZ

MICROSCOPIA DE LUZ

De todos os instrumentos científicos, o microscópio de luz é o mais aplicado no estudo das ciências da vida. Avanços técnicos na construção desse equipamento e em métodos de preparação de amostras e de aquisição e processamento de imagens têm gerado conhecimentos fundamentais sobre a estrutura e função das células e dos tecidos.

História da microscopia

Os primeiros microscópios foram construídos a partir do avanço na produção de lentes de vidro. Nos séculos XVI e XVII, dois tipos de microscópios estavam em uso: o "simples", que utilizava apenas uma lente, e o "composto", que tinha duas ou mais lentes. Antonie van Leeuwenhoek (1632–1723) e Robert Hooke (1635–1703), dois pioneiros da microscopia, usavam, respectivamente, microscópios simples e compostos. O fato de van Leeuwenhoek produzir lentes de vidro de boa qualidade o levou a fazer estudos detalhados de vários "animalcules". Na realidade, essas imagens, fantásticas para a época, tratavam-se das primeiras observações de bactérias e protozoários.

Durante a segunda metade do século XVII, a confecção dos microscópios acontecia principalmente na Inglaterra e na Itália. Na Inglaterra, esses equipamentos eram construídos em estilo tripé, usando madeira, papelão e couro, enquanto os italianos fabricavam microscópios menores a partir de madeira torneada e metal. Os microscópios desenvolvidos nessa época e ainda na metade inicial do século XVIII foram marcados por aberrações ópticas (distorções da imagem), um defeito agravado pelo uso de múltiplas lentes. As imagens produzidas eram de qualidade e resolução baixas, na maioria das vezes, borradas e com halos coloridos.

Na segunda metade do século XVIII e principalmente no século XIX, aconteceram avanços consistentes na qualidade óptica e mecânica dos microscópios de luz compostos. Foram incorporadas lentes objetivas e condensadoras e ferramentas mecânicas mais sofisticadas. Uma liga metálica amarela, constituída por cobre e zinco, passou a ser usada na fabricação de microscópios de alta qualidade. No século XIX, as objetivas e condensadoras foram construídas com múltiplas lentes, que tiveram graus crescentes de correção óptica, e na segunda metade do século, a fotografia foi associada ao microscópio, nascendo assim a fotomicrografia.

Em 1886, foram construídas as primeiras objetivas apocromáticas, a partir dos trabalhos de Ernest Abbe (1840–1905) e Carl Zeiss (1816–1888). Essas lentes reduziram as aberrações ópticas e distorções de cor (aberrações cromáticas). Em 1893, August Köhler (1866–1948) relatou um método de iluminação que otimizou a fotomicrografia e permitiu maior aproveitamento do poder de resolução do microscópio. Assim, o final do século XIX foi caracterizado por grande competição entre os fabricantes de microscópios e a redução no custo desses equipamentos tornou-se um fator importante para a sua produção. A liga metálica usada até então foi lentamente substituída por outros materiais menos dispendiosos.

Nota-se na história da microscopia que, por cerca de 200 anos, desde a sua invenção, o microscópio de luz permaneceu como instrumento exótico e pouco acessível. Apenas no século XIX, com a diminuição dos custos de produção e o aprimoramento técnico, ele passou a ser mais usado. A partir de estudos realizados por microscopistas do século XIX, o conceito de célula, como unidade fundamental do organismo vivo, foi definitivamente incorporado como verdade científica, proporcionando o surgimento da biologia celular como ciência. Destacam-se, nessa época, os cientistas alemães Mathias Jakob Schleiden e Theodor Schwann, que, em 1839, reconheceram aspectos semelhantes entre tipos celulares e propuseram que todos os organismos vivos são constituídos de células.

Os microscópios modernos têm nível de aperfeiçoamento técnico, com circuitos integrados que incorporaram microprocessadores, capazes de desempenhar inúmeras tarefas. As lentes são de excelente qualidade, com formulações inovadoras que permitem ampla correção das aberrações ópticas. A fotomicrografia foi bastante facilitada no século XX com recursos executáveis de modo automático. Atualmente, os microscópios mais sofisticados, dotados de recursos de fotografia e análise de imagem, são geralmente usados para fins de pesquisa científica. Para fins didáticos e de análises de rotina, utilizam-se microscópios mais simples.

Além de proporcionar notável avanço científico no campo da biologia, o microscópio é um instrumento valioso para as ciências exatas e de materiais, como a indústria de semicondutores. Isso se deve à necessidade de observação de características morfológicas de novos materiais.

A evolução do microscópio de luz

Microscópio de Janssen, o primeiro microscópio de luz conhecido (1595)

A invenção do microscópio é creditada ao holandês Zacharias Janssen que, ainda menino, o construiu com a ajuda de seu pai. O microscópio consistia de três tubos encaixados, com lentes inseridas nas extremidades. O foco era obtido a partir do deslizamento dos tubos, no momento da observação do objeto. O microscópio tinha a capacidade de aumentar 3X quando completamente fechado e até 10X quando estendido ao máximo.

Microscópio de Leeuwenhoek (início do século XVII)

O holandês Antonie van Leeuwenhoek foi a primeira pessoa a observar micróbios e estruturas microscópicas em animais, plantas e minerais. Seus experimentos e descobertas no campo da microscopia o tornaram uma autoridade internacional e lhe concederam uma posição de honra na Royal Society. O microscópio ilustrado consistia em duas placas achatadas de metal com uma pequena lente biconvexa capaz de aumentar entre 70 e 250X, um avanço notável para a época. Leeuwenhoek construiu centenas de microscópios com lentes de boa qualidade que ele produzia com extremo cuidado e publicou dezenas de artigos e cartas sobre suas observações.

Microscópio de Hooke (1670)

Criado pelo cientista inglês Robert Hooke, foi ilustrado em *Micrographia*, um dos primeiros livros sobre microscopia e imagem com desenhos e descrições detalhadas de pequenos objetos e animais, principalmente partes de insetos. O corpo do microscópio era construído de madeira e coberto com fina camada de couro. Embora com design excelente, o microscópio  apresentava um desempenho óptico menor quando comparado ao de Leeuwenhoek. Hooke usou o termo célula (pequena cela; saleta) para se referir à imagem da cortiça vista ao microscópio – espaços vazios delimitados por estruturas. Como a cortiça é feita de células mortas, ele observou apenas as paredes de celulose e não tinha ideia do papel da célula no organismo vivo.

Microscópio de Divini (metade do século XVII)

Em forma de vaso, utilizava um parafuso para ajustar o foco e mantinha-se apoiado em um pequeno tripé. Foi feito pelo italiano Eustachio Divini. Acredita-se que Marcello Malpighi usou microscópio similar a este para fazer seus clássicos estudos de embriologia e histologia.

Microscópio de John Marshall (final do século XVII)

O inglês John Marshall criou esse intricado microscópio no final do século XVII e o popularizou publicando uma nota no *Lexicon Technicum*, o primeiro dicionário técnico, publicado em 1704. Era um microscópio composto e de grandes dimensões e por isso foi chamado de *great double*. O microscópio tinha objetivas que variavam de 4 a 100X com um refinado sistema de foco, para a época, e base de madeira, onde eram guardados os acessórios. John Marshall, juntamente com John Yarwell, contribuiu muito para a evolução da microscopia no final do século XVII e início do XVIII.

Microscópio de prata de George Adams para rei George (1761)

George Adams, um instrumentista inglês, produziu este microscópio, coberto de detalhes em prata, por solicitação do rei George III. Embora com design majestoso, seu desempenho óptico era inferior aos outros microscópios da época e os acessórios de ornamentação limitavam seu uso.

Microscópios dos irmãos Jones (final do século XVIII)

Feitos de metal (cobre e zinco) por confeccionadores de instrumentos, os irmãos ingleses William e Samuel, eram microscópios aprimorados, com lentes condensadoras incorporadas. Porém, em virtude do alto custo de produção, foram pouco acessíveis ao meio científico.

Microscópio binocular de Ernest Leitz (1899)

Este microscópio binocular, confeccionado em esmalte preto, é uma criação do alemão E. Leitz Wetzlar. O corpo do microscópio é dividido em dois tubos, cada um contendo uma objetiva e uma ocular. O foco é obtido pela movimentação dos tubos para cima e para baixo. Leitz o criou com a finalidade de múltiplos usos em laboratórios. Foi um dos mais avançados microscópios da época.

Microscópio simples de Bausch & Lomb (1903)

Os americanos Bausch e Lomb introduziram este microscópio para trabalhos de dissecção. O instrumento possui uma base em forma de ferradura na qual se apoiam uma platina quadrada e um espelho duplo.

Microscópio com sistema de fotografia de Leitz (1910)

No início do século XX, a associação entre o microscópio e a tecnologia de câmeras fotográficas representou um dos principais avanços do período. O sistema lateral (ilustrado em modo vertical) foi construído para operar tanto em modo vertical como horizontal, com vários cenários de iluminação. Uma lâmpada a gás é usada como fonte luminosa, sendo focada sobre o espelho refletor. A câmera é apoiada por um pilar vertical que pode ser posicionado horizontalmente quando o microscópio é ajustado dessa maneira.

Microscópio laboratorial de Zeiss (1930)

Carl Zeiss vem sendo um respeitável nome na tecnologia óptica por mais de 150 anos e muitos de seus microscópios estão entre os mais refinados já construídos, como este, é um microscópio padrão que provou ser eficiente para trabalhos laboratoriais de rotina.

Microscópio com sistema de fotografia de Zeiss (1950)

Com design elegante, é considerado um clássico do período. O microscópio tem um sistema de iluminação incandescente e lâmpada de mercúrio. Possui também sistema de fotomicrografia com câmeras de 35 mm e polaroide. As lentes oculares, objetivas e internas são de alta qualidade.

Microscópio Olympus (1998)

Desenvolvido pela companhia japonesa Olympus, esse microscópio é considerado "de ponta", em termos de design e tecnologia. O modelo ilustrado (Provis Ax 70) tem um excelente sistema óptico, com objetivas apocromáticas de maior abertura numérica e também sistema de fotografia, armazenamento de dados de memória, câmera filmadora e capacidade de impressão de dados.

Descrição do microscópio de luz

O microscópio de luz é assim chamado pelo fato de ter como fonte luminosa a luz, geralmente proveniente de uma lâmpada com filamento de tungstênio. Esse microscópio é composto basicamente por dois sistemas de lentes de aumento (oculares e objetivas) que produzem imagens ampliadas do material observado. Além dessas lentes, o microscópio tem uma parte mecânica (base, braço, revólver, platina, *charriot*, parafusos macro e micrométrico e parafuso de regulagem do condensador) e um sistema de iluminação (fonte luminosa, diafragmas, condensador e filtros). Os componentes básicos do microscópio de luz são mostrados na Figura 1.1.

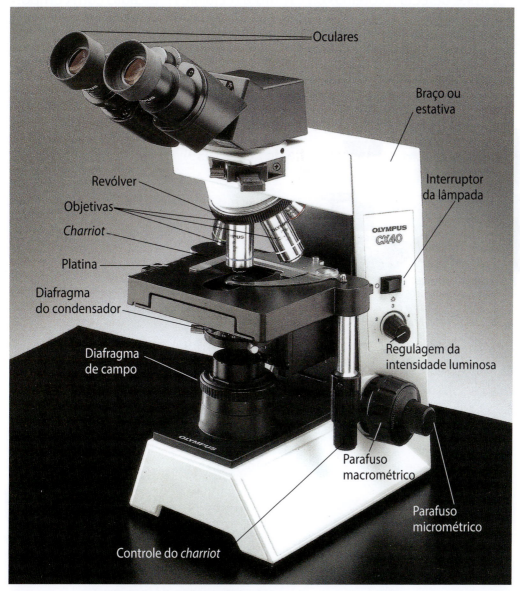

Figura 1.1 Componentes do microscópio de luz.
Fonte: cortesia da Olympus.

Tipos de microscópios de luz

O microscópio de luz mais comumente usado para análises biológicas é também chamado de microscópio de campo claro (Figura 1.1). Existem outros tipos de microscópios de luz que dispõem de recursos para facilitar a observação de certos aspectos celulares e até mesmo de pequenos animais (microscopia intravital). Esses microscópios são usados para fins específicos, por exemplo, o microscópio de contraste de fase, para estudar células vivas não coradas; o microscópio de campo escuro, para visualização de materiais muito pequenos (plâncton, bactérias, cristais); o microscópio invertido (Figura 1.2), para observar materiais espessos, como cultura de células e sedimentos; e o microscópio de fluorescência, que utiliza a luz ultravioleta e permite detectar proteínas ou estruturas celulares marcadas com compostos fluorescentes. Microscópios usados para fins de pesquisa científica geralmente têm vários recursos, como campo claro, contraste de fase e fluorescência, além de aquisição e processamento de imagens (Figura 1.3).

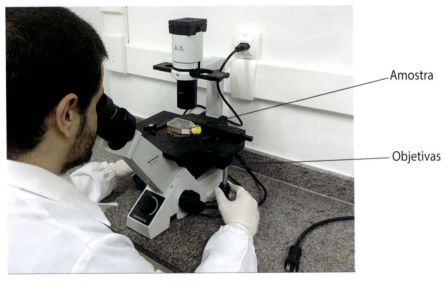

Figura 1.2 Microscópio invertido.
A posição das objetivas, abaixo da amostra, permite o foco de materiais espessos.
Fonte: Laboratório de Biologia Celular da Universidade Federal de Juiz de Fora (UFJF).

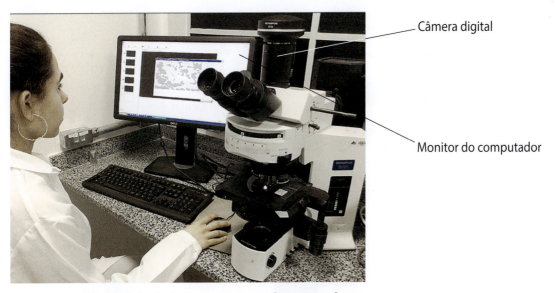

Figura 1.3 Microscópio de luz com recursos de campo claro, contraste de fase e fluorescência.
A aquisição e o processamento de imagens são feitos por câmera digital e computador acoplados.
Fonte: Laboratório de Biologia Celular da UFJF.

Formação da imagem e aumento

A imagem de um objeto pode ser ampliada quando observada por meio de uma simples lente de vidro. Combinando um número de lentes da maneira correta, pode-se construir um microscópio que permitirá a obtenção de imagens em grandes aumentos. A primeira lente de um microscópio de luz é a que está mais próxima do objeto examinado (espécime ou amostra) e, por esta razão, é chamada de objetiva. Inicialmente, a luz da fonte luminosa do microscópio, geralmente uma lâmpada embutida no equipamento, passa pelo condensador, que forma um cone de luz bem definido, concentrando a luz em direção à amostra (Figura 1.4). A luz passa por esta e em seguida pela objetiva que, então, projeta uma imagem real, invertida e aumentada, da amostra em um plano fixo dentro do microscópio, chamado plano intermediário da imagem. Nessa etapa, a imagem parece "flutuar" em um espaço de cerca de 10 mm abaixo do topo do tubo de observação do microscópio.

A lente ocular é o componente óptico que se encontra mais distante da amostra e serve para aumentar, posteriormente, a imagem real projetada pela objetiva. Dessa forma, a ocular produz uma imagem secundária aumentada que é captada pelo olho do observador (Figura 1.4).

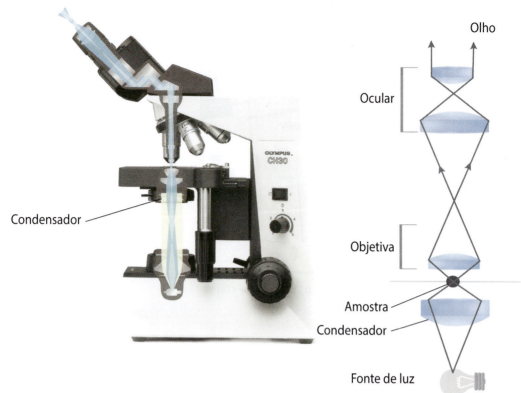

Figura 1.4 Trajetória da luz no microscópio.
Fonte: cortesia da Olympus.

O aumento total do objeto observado é calculado pela multiplicação dos valores do aumento da ocular e da objetiva. Por exemplo, ao se usar uma ocular de 10X com uma objetiva de 50X, a imagem final do objeto estará aumentada 500X.

> **Aumento final do microscópio = aumento da ocular × aumento da objetiva**

Obs.: Alguns microscópios contêm lentes adicionais internas que introduzem um fator de aumento, devendo este ser levado em consideração no cálculo do aumento final. Nesse caso, aumento final = aumento da ocular × aumento da objetiva × aumento da lente adicional.

O grau de aumento da imagem fornecida pelo microscópio de luz é determinado pelo poder de ampliação das lentes objetivas. Essa capacidade de ampliação, por sua vez, é predeterminada durante a construção das lentes e classicamente são encontradas objetivas com aumentos de 4X (ou 5X), 10X, 20X, 40X (ou 50X) e 100X (de imersão). As oculares mais comuns têm aumento de 10X. A Figura 1.5 mostra o efeito de diferentes ampliações de um mesmo material observado ao microscópio de luz (equivalente à troca das lentes objetivas).

MICROSCOPIA DE LUZ 13

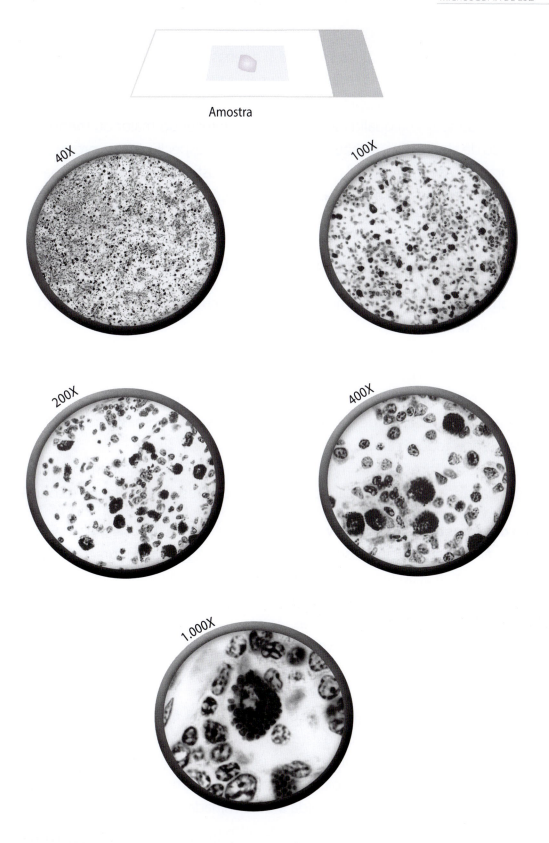

Figura 1.5 Observação de uma mesma amostra (linfonodo) ao microscópio de luz, em diferentes ampliações.
Note a presença de células grandes, repletas de grânulos (mastócitos). O aumento final de cada imagem é indicado na lateral.

Especificações das objetivas

As lentes objetivas não diferem entre si apenas quanto ao aumento. Existem vários tipos de lentes, dependendo do material usado na construção, da finalidade da lente e de sua especialização. Algumas características, como a a espessura da lamínula, influenciam na qualidade da imagem, oferecendo maior ou menor grau de correção de aberrações. A espessura ideal pode vir especificada na própria objetiva (Figura 1.6). As objetivas mais sofisticadas têm custo elevado e são, de maneira geral, usadas para fins de pesquisa. As especificações de cada lente objetiva são fornecidas pelo fabricante e vêm indicadas na própria lente (Figura 1.6).

Tipos de objetivas de acordo com a qualidade óptica

- Acromáticas: são as mais simples e de menor custo, presentes em microscópios comuns.
- Semiapocromáticas: construídas com fluorita, um material que proporciona alguma correção para as aberrações.
- Apocromáticas: fornecem correção ampla para as aberrações.
- Planacromáticas: além de proporcionar correção, são ótimas para fotomicrografias, pois todo o campo está em foco.
- Planapocromáticas: são as melhores e de maior custo, combinando as correções das apocromáticas e planacromáticas, o que resulta em grande resolução.

Código das cores das lentes objetivas

Ao usar o microscópio, observe que cada lente objetiva (Figura 1.6 e Tabela 1.1) tem uma marcação (anel) com determinada cor para rápida identificação do aumento. A presença desses códigos é bastante útil quando se utiliza um equipamento que contém muitas objetivas. As objetivas de imersão têm um código adicional de cor que indica o meio de imersão que deve ser usado.

Extensão do tubo

Esta especificação vem gravada na objetiva (Figura 1.6) e corresponde ao comprimento do tubo do microscópio, situado entre as objetivas e as oculares. Essa medida pode ser fixa (geralmente 160 nm) ou corrigida ao infinito (nos microscópios mais modernos). No primeiro caso, a obtenção de imagens de qualidade só é possível quando a objetiva é construída a determinada distância das oculares. No segundo caso, o tubo é equipado com acessórios ópticos que permitem a obtenção de uma imagem precisa, sem a necessidade de se estabelecer um comprimento fixo para ele (símbolo ∞).

Tabela 1.1 Correspondência entre aumento e cor de identificação

Aumento	Código de cor
2X ou 2,5X	Marrom
4X ou 5X	Vermelho
10X	Amarelo
16X ou 20X	Verde
40X ou 50X	Azul-claro
60X	Azul-cobalto
100X	Branco
Imersão – óleo	Preto
Imersão – glicerina	Laranja
Imersão – água	Branco

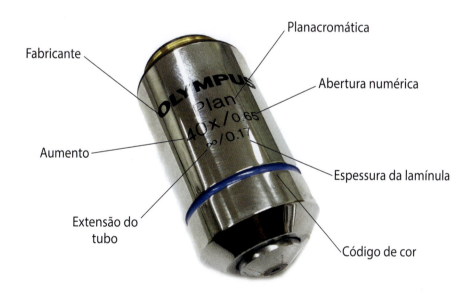

Figura 1.6 **Especificações da lente objetiva.**
Fonte: cortesia da Olympus.

Distância de trabalho

É a distância em milímetros entre a lente objetiva e a superfície da lâmina, quando a amostra está em foco (Figura 1.7). Esse valor pode vir especificado em alguns tipos de objetivas. De maneira geral, a distância de trabalho diminui à medida que a ampliação da objetiva aumenta.

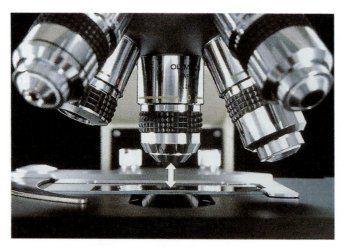

Figura 1.7   Distância de trabalho da objetiva.
Fonte: cortesia da Olympus.

Poder de resolução e limite de resolução

Quando se observa qualquer estrutura ao microscópio, o observador não está vendo diretamente a estrutura, e sim a imagem desta. A imagem é uma representação da estrutura e, obviamente, ela deve reproduzir de forma acurada o material analisado. Portanto, um bom microscópio não é aquele que dá o maior aumento, é aquele que reproduz os detalhes do material observado. Não importa quantas vezes uma lente amplia, se ela não é capaz de fornecer uma imagem nítida. Dessa forma, um microscópio só é considerado bom se tiver um alto poder de resolução.

Poder de resolução é um termo usado em microscopia para se referir à fineza de detalhes que pode ser obtida por meio de um microscópio. Conforme mencionado, a capacidade de aumento de um microscópio só tem valor quando acompanhada de um aumento paralelo do poder de resolução.

Poder de resolução é a fineza de detalhes fornecida pelo microscópio

O poder de resolução de um microscópio é estimado pelo seu limite de resolução, definido como a menor distância que deve existir entre dois pontos para que eles apareçam individualizados.

Quanto menor o limite de resolução, maior o poder de resolução

Para entender esse conceito, observe a Figura 1.8.

No microscópio A, é possível visualizar apenas dois pontos, enquanto o microscópio B permite a identificação de seis pontos. Repare agora a distância entre os pontos que podem ser individualizados. No microscópio B, a distância entre eles (barra) é menor do que no microscópio A. Logo, no microscópio B podem ser observados mais detalhes da imagem, o que lhe confere maior poder de resolução. Portanto, quanto menor a distância entre dois pontos para que eles apareçam nítidos (limite de resolução), mais detalhes serão observados (poder de resolução), ou seja, poder e limite de resolução são inversamente proporcionais.

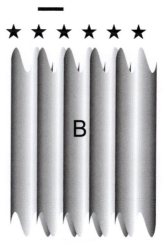

Figura 1.8 Representação esquemática de estruturas observadas em dois microscópios diferentes (A e B).
Os pontos que podem ser visualizados encontram-se indicados por estrelas.

O limite de resolução é calculado pela equação do matemático e físico alemão Ernest Abbe:

$$LR = \frac{0{,}612 \times \lambda}{AN}$$

0,612 = constante
AN = abertura numérica da lente objetiva
λ = comprimento de onda da fonte luminosa utilizada

Abertura numérica

A abertura numérica (AN), ou número de abertura, indica a resolução de uma lente objetiva, ou seja, sua capacidade de captar a luz e fornecer detalhes da amostra a determinada distância dela. Esse número é predeterminado na construção das lentes objetivas e já vem gravado na própria lente (Figura 1.6), podendo variar entre 0,1 (para aumentos muito pequenos) e 1,4 (para grandes aumentos obtidos com objetivas de imersão).

A AN é calculada a partir da seguinte equação:

$$AN = n \times sen\, \alpha$$

n = índice de refração do meio situado entre a amostra e a lente objetiva

α = metade do ângulo de abertura da lente objetiva

Índice de refração (n):

Para as objetivas secas = 1 (ar)
Para as objetivas de imersão = 1,51 (óleo)
= 1,45 (glicerina)
= 1,33 (água)

Quando não se usa a objetiva de imersão, o meio existente entre a lâmina e a lente é o ar cujo índice de refração é igual a 1. Nesse caso, a AN passa a ser dependente apenas do ângulo da abertura da lente objetiva.

Ângulo de abertura da lente objetiva

Observe a Figura 1.9. Após a passagem da luz pela amostra (lâmina com o material biológico), é formado um cone invertido de luz que entra pela lente objetiva. O ângulo de recebimento da luz pela objetiva é chamado de abertura angular ou ângulo de abertura da lente objetiva. O ângulo α corresponde à metade dessa abertura angular. Ao usar lentes objetivas diferentes (Figura 1.9 a-d), a distância entre a lente e a amostra se altera de forma a permitir a obtenção do foco do material analisado (observe esse efeito ao microscópio). Já no uso de objetivas secas (Figura 1.9 a-c), essa distância diminui à medida que a ampliação da lente aumenta. E ao usar objetivas de imersão (Figura 1.9 d) apenas o meio líquido separa a amostra da objetiva, ou seja, a amostra encontra-se quase totalmente em contato com a lente. Em função do uso de diferentes tipos de objetivas, o tamanho do cone de luz se altera, o que acarreta a modificação da abertura angular da objetiva e do ângulo α.

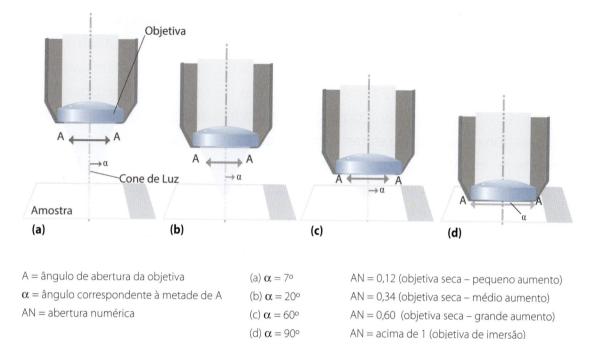

A = ângulo de abertura da objetiva
α = ângulo correspondente à metade de A
AN = abertura numérica

(a) α = 7°
(b) α = 20°
(c) α = 60°
(d) α = 90°

AN = 0,12 (objetiva seca – pequeno aumento)
AN = 0,34 (objetiva seca – médio aumento)
AN = 0,60 (objetiva seca – grande aumento)
AN = acima de 1 (objetiva de imersão)

Figura 1. 9 **Ângulo de abertura de diferentes tipos de lentes objetivas.**

Diferentes valores do ângulo α são mostrados na Figura 1.9. Quando se usa a objetiva de imersão (Figura 1.9 d), esse ângulo atinge o valor máximo de 90°. Logo, o sen α, usado para cálculo da AN, tem valor máximo igual a 1 (sen 90° = 1). O índice de refração do meio é fator limitante para conseguir AN acima de 1. Considerando que o óleo de imersão tem o índice de refração mais alto do que outros meios, a maior AN possível é de 1,51. Na prática, entretanto, as lentes de imersão têm AN máxima de 1,4. As objetivas secas apresentam AN sempre inferior a 1 já que o índice de refração do ar é igual a 1 e que o ângulo α é inferior a 90°.

Calculando o limite de resolução para o microscópio de luz

O comprimento de onda da luz utilizada (geralmente luz branca) é da ordem de 0,55 µm e a abertura numérica máxima é de 1,4 (obtida com a objetiva de imersão). Assim, ao substituir esses valores na equação, tem-se:

$$LR = \frac{0{,}612 \times 0{,}55}{1{,}4} = 0{,}2 \; \mu m$$

Portanto, o microscópio de luz tem um limite de resolução de 0,2 µm. Isso significa que todas as organelas e estruturas celulares de dimensões abaixo de 0,2 µm não podem ser visualizadas ao microscópio de luz, mesmo sendo utilizadas objetivas com grande poder de aumento. Elementos celulares com dimensões muito pequenas, como a membrana plasmática, só podem ser observadas por microscopia eletrônica, que utiliza elétrons em vez de luz. Os elétrons têm comprimento de onda muito inferior ao da luz e, por isso, fornecem limite de resolução muito pequeno; em consequência, o poder de resolução é alto. A microscopia eletrônica será discutida no próximo capítulo.

Medidas das células

As células só podem ser observadas ao microscópio porque têm dimensões abaixo do limite de resolução do olho humano (Figura 1.10). As dimensões de uma célula, vista ao microscópio de luz, são expressas em micrômetros (µm), unidade que representa a milésima parte do milímetro (mm). Para estruturas observadas ao microscópio eletrônico, a medida mais utilizada é o nanômetro (nm) que significa um milésimo do micrômetro (Tabela 1.2).

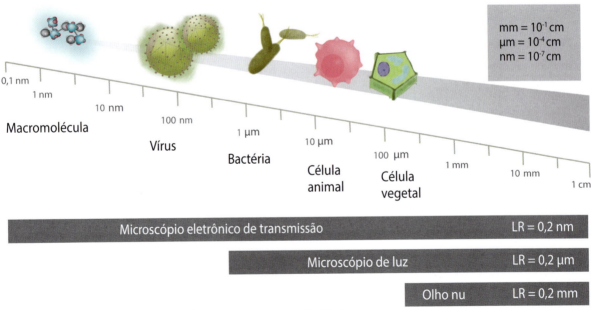

Figura 1.10 Dimensões de diferentes estruturas biológicas.
LR: limite de resolução.

Tabela 1.2 Unidades de medida das células

Unidade de medida	Símbolo	Valor
Micrômetro	µm	0,001 mm
Nanômetro	nm	0,000001 mm ou 10^{-3} µm

Como usar o microscópio

1. Acenda a lâmpada

2. Gire o revólver do microscópio de modo que a objetiva de menor aumento fique em posição de uso.

3. Coloque a lâmina sobre a platina com a lamínula voltada para cima.

4. Utilizando o *charriot*, centralize a amostra no meio do campo.

5. Focalize a amostra com a objetiva de menor aumento, utilizando inicialmente o parafuso macrométrico (foco grosseiro). Para facilitar a focalização, pode-se afastar a platina até o ponto máximo e depois aproximá-la aos poucos, girando o macrométrico até obter o foco. Ambos os olhos devem estar sempre abertos, seja o microscópio mono ou binocular. Quem é míope ou tem hipermetropia não precisa de óculos para observar ao microscópio, somente quem tem astigmatismo.
Atenção: não tocar nas lentes.

6. Melhore o foco utilizando o parafuso micrométrico (foco fino).

7. Gire o revólver e mude para a objetiva de médio aumento. Acerte o foco com o parafuso micrométrico. De modo geral, as objetivas secas são parafocais, isto é, se a amostra estiver bem focalizada em um aumento, estará muito próxima do foco nos outros aumentos. Nessa situação, é necessário apenas o uso do micrométrico para acertar o foco fino.

8. Utilizando o *charriot*, escolha a área ou estrutura a ser estudada e centralize-a no campo.

9. Gire o revólver e mude para a objetiva de maior aumento com cuidado, para não atingir a lâmina ou quebrar a lamínula. No foco, a objetiva deverá ficar muito próxima da lamínula, mas sem tocá-la. Se a imagem estiver muito distante do foco, recomenda-se recomeçar a focalização com a objetiva de menor aumento.

10. Ao mudar de lâmina, inicie novamente a focalização com a objetiva de menor aumento, seguindo todo o procedimento descrito. Ao finalizar o uso do microscópio, não se esqueça de retirar a lâmina da platina, voltar para a objetiva de menor aumento, desligar a luz e retirar o fio da tomada. Cubra o microscópio para protegê-lo da poeira.

Utilização das objetivas de imersão

Após focalizar com a objetiva de 40X, coloque o revólver em posição intermediária (entre as objetivas de 40X e 100X). Coloque em seguida uma gota de óleo de imersão sobre a lâmina e abaixe a objetiva de 100X, focalizando somente com o parafuso micrométrico. Neste momento, a objetiva deve estar imersa no óleo. Após utilizá-la, volte para a objetiva de menor aumento e limpe a objetiva de imersão com um lenço de papel macio e seco. Limpe também a lâmina que foi analisada.

Digitalização de lâminas

O escâner de lâminas é um equipamento que permite escanear toda a extensão de uma lâmina. Desta forma, secções inteiras do material biológico são digitalizadas e armazenadas em computador para posterior análise (Figura 1.11). As imagens digitais obtidas (lâminas digitais) apresentam alta resolução e oferecem acesso a todas as áreas da secção, com possibilidade de anotação e realização de análises morfométricas a partir do uso de programas de computador específicos (Figura 1.11). Por exemplo, áreas do tecido ocupadas por infiltrados inflamatórios podem ser medidas; e o número de determinadas células, quantificado. O escâner de lâminas tem sido usado em pesquisas que requerem a análise de número elevado de secções, em estudos patológicos e para fins educacionais (criação de banco de dados).

MICROSCOPIA DE LUZ 23

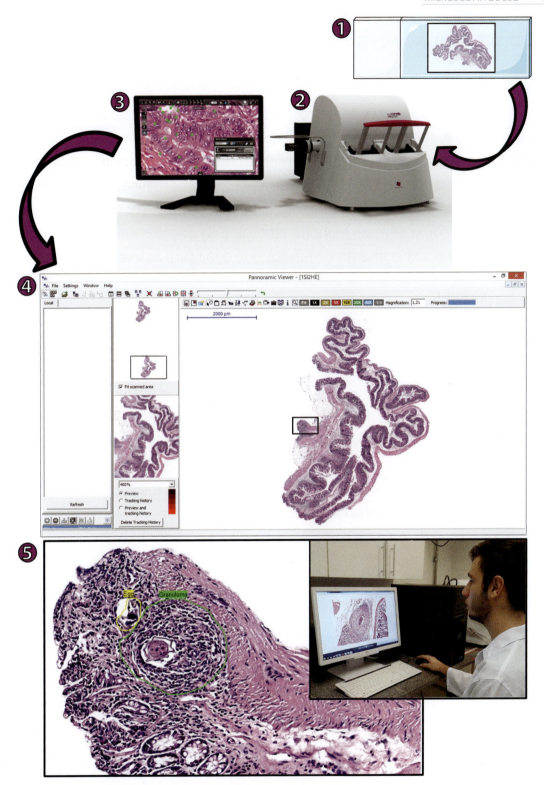

Figura 1.11 **Etapas para aquisição e análise de lâminas digitais.**

Após inserir a lâmina (1) no escâner (2), este digitaliza todas as regiões da secção, gerando uma "lâmina digital", que é armazenada no computador (3, 4). Várias lâminas podem ser sequencialmente escaneadas. O operador (5) poderá, em seguida, selecionar a área de interesse e realizar análises morfométricas.

Fonte: Laboratório de Biologia Celular da UFJF.

Informações importantes para melhor uso do microscópio

Limpeza das lentes

Para limpeza das lentes do microscópio, inclusive as objetivas de imersão, nunca use soluções corrosivas (por exemplo, xilol), as quais podem danificar o sistema óptico. A limpeza deverá ser feita periodicamente com solução apropriada (álcool e éter absolutos, na proporção de 3:7) e pela pessoa responsável pelo equipamento. Rotineiramente, usa-se para limpeza das lentes apenas um lenço de papel macio e seco. O microscópio deve ser mantido protegido da poeira e livre de umidade, que pode provocar o aparecimento de fungos que danificam as lentes.

Iluminação Köhler

Para ótima observação ao microscópio de luz, é importante fazer alguns ajustes no equipamento. A iluminação Köhler é considerada um dos princípios mais importantes para melhorar a resolução óptica de microscópios de luz. É uma técnica de iluminação introduzida em 1893 pelo professor alemão August Köhler, com o objetivo de obter iluminação uniforme, eliminando a iluminação irregular no campo de visão. A iluminação Köhler estabelece planos definidos da formação da imagem e do sistema de iluminação do microscópio, proporcionando melhor rendimento do sistema óptico e consequentemente boa resolução.

Para aplicar este sistema de iluminação, o microscópio deve ter os seguintes componentes: diafragma de campo (de luz), condensador móvel e diafragma do condensador (abertura).

Etapas para a aplicação da iluminação Köhler

1. Focalizar o espécime a ser observado usando-se a objetiva de 10X, visto que todo o sistema óptico do microscópio é padronizado para essa lente. Esta etapa é essencial, pois o alinhamento do sistema óptico do microscópio será feito em relação ao objeto em questão. Outro cuidado a ser tomado é em relação à preparação do espécime. A lâmina e a lamínula, devidamente limpas, devem ter a espessura correta; a lâmina deve ser montada em meio com índice de refração adequado e a coloração empregada deve ser suficientemente contrastada. Se o microscópio utilizado tiver um condensador multifuncional (campo claro e contraste de fase), certifique-se de que ele se encontra no ajuste de campo claro.

2. Regular a distância interpupilar e a dioptria (correção visual). Por causa das diferenças visuais entre os indivíduos e das diferenças entre os dois olhos em um mesmo indivíduo, é necessário que cada observador regule o microscópio. Esta regulagem é feita nas oculares para cada olho individualmente (na regulagem de um olho, tampar o outro).

3. Fechar o diafragma de campo (localizado na base do microscópio) de modo que suas bordas sejam observadas através das oculares, no campo visual.

4. Focalizar as bordas do diafragma de campo, alterando a altura do condensador. Este procedimento visa colocar a primeira imagem do diafragma de campo no mesmo plano do objeto que está sendo observado.

5. Centralizar o diafragma de campo utilizando os parafusos do condensador. Com esse procedimento, o cilindro de luz que passa por esse diafragma é colocado no eixo óptico do microscópio. Assim, melhora-se o rendimento e a homogeneidade da iluminação, evitando sombreamento.

6. Abrir o diafragma de campo até o limite do campo visual da objetiva. Ilumina-se a área exata do objeto a ser observada por essa objetiva, obtendo-se maior aproveitamento da iluminação. Se houver excesso de luz, ocorrerá reflexão nas paredes do sistema óptico com difusão da luz e consequente perda de resolução. Se houver pouca luz, a iluminação será deficiente.

7. Regular a abertura do diafragma do condensador. Abrindo ou fechando esse diafragma, limita-se o cone de luz que é formado e que entra na objetiva. Ao se fechar, a amostra começa a ficar escura. Apesar desse ajuste "pelo olho" ser geralmente satisfatório, existe uma forma melhor de se fazer essa regulagem. Para tal, retira-se uma das oculares do microscópio e observa-se dentro do tubo. Nota-se a primeira imagem do diafragma do condensador que se forma atrás (pupila) da objetiva. Portanto, olhando para dentro do tubo, deve-se colocar as bordas do diafragma do condensador no limite do campo visual.
Obs.: abrindo totalmente o diafragma do condensador, a resolução aumenta, entretanto, isso também diminui o contraste e a imagem tende a embaçar. Fechando muito o diafragma do condensador, a resolução diminui e o contraste aumenta até o ponto em que artefatos de difração começam a aparecer na imagem.

Ao mudar as lentes objetivas, repetir os procedimentos 3-6. Após a execução desses procedimentos, o microscópio está totalmente regulado para observação do espécime, com o feixe de iluminação no centro óptico, proporcionando, assim, o melhor rendimento do sistema e com o máximo de resolução.

O esquema a seguir mostra o passo a passo da iluminação Köhler:

1. Focalizar o espécime (objetiva de 10X)

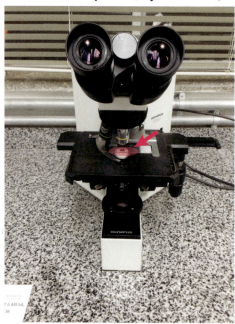

2. Regular a distância interpupilar e a dioptria (lentes oculares)

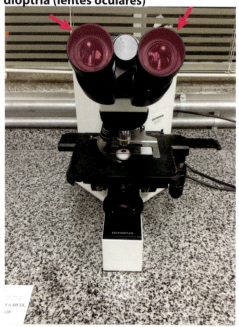

3. Fechar o diafragma de campo

4. Focalizar as bordas do diafragma de campo, alterando a altura do condensador

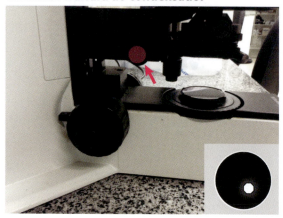

5. Centralizar o diafragma de campo utilizando os parafusos do condensador

6. Abrir o diafragma de campo até o limite do campo visual da objetiva

7. Regular a abertura do diafragma do condensador

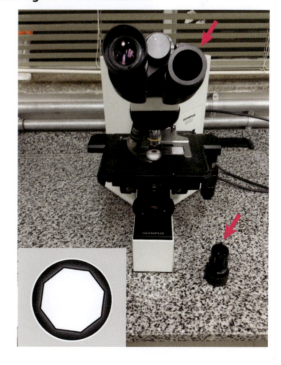

Bibliografia

Abramowitz M. Microscope. Basics and Beyond. Olympus America Inc., 2003, 42p.

Al-Janabi S, Huisman A, Van Diest PJ. Digital pathology: current status and future perspectives. Histopathology. 2012;61:1-9.

Anderson D. Still going strong: Leeuwenhoek at eighty. Antonie van Leeuwenhoek. 2014;106:3-26.

Chiarini-Garcia H, Melo RCN (eds.). Light Microscopy: Methods and Protocols, Springer, 2011. 689, 245p.

Dee FR. Virtual microscopy in pathology education. Hum Pathol. 2009;40:1112-21.

Molecular Expressions. Optical Microscopy Primer. Museum of Microscopy. Disponível em: http://micro.magnet.fsu.edu/primer/index.html. Acesso em: 11 out. 2016.

Murphy DB, Davidson MW. Fundamentals of Light Microscopy, Wiley-Blackwell, 2013. 552 p.

Sailem HZ, Cooper S, Bakal C. Visualizing quantitative microscopy data: history and challenges. Crit Rev Biochem Mol Biol. 2016;51:96-101.

Wollman AJ, Nudd R, Hedlund EG, Leake MC. From Animaculum to single molecules: 300 years of the light microscope. Open Biol. 2015:5:150019.

2

MICROSCOPIA ELETRÔNICA

MICROSCOPIA ELETRÔNICA

A construção do microscópio eletrônico foi de grande relevância para o desenvolvimento das ciências da vida, pois permitiu o conhecimento da organização interna da célula, assim como das interações célula-célula e célula-matriz extracelular. Até então, a maioria das organelas e estruturas celulares era desconhecida, visto que suas dimensões encontram-se abaixo do limite de resolução do microscópio de luz.

Aplicações da microscopia eletrônica

A microscopia eletrônica tem papel fundamental na pesquisa biológica, contribuindo para o entendimento de processos celulares, mecanismos de doenças e diagnósticos em patologia. Quando combinada com métodos de imunomarcação molecular, a microscopia eletrônica é a única técnica com resolução suficiente para localizar proteínas e outros antígenos em compartimentos intracelulares e domínios de membranas. O microscópio eletrônico é um dos equipamentos básicos da nanociência – a ciência que estuda a organização da matéria estruturada, na escala de nanômetros. A aplicação da nanociência – a nanotecnologia – é fundamental para o desenvolvimento de novos materiais metálicos, cerâmicos, semicondutores e minerais; para o conhecimento da microestrutura de objetos arqueológicos; para a caracterização estrutural de partículas e contaminantes ambientais e para o diagnóstico e tratamento de doenças. Dessa forma, o microscópio eletrônico é considerado uma ferramenta imprescindível em análise e pesquisa científica em inúmeras áreas do conhecimento, incluindo engenharia, metalurgia, química, física, perícia forense, antropologia, além das ciências biológicas e da saúde. Por causa da inestimável contribuição para a ciência, o microscópio eletrônico foi considerado uma das invenções mais importantes do século XX.

História

Um dos grandes desafios na história da ciência foi a construção de microscópios com alto poder de resolução. Conforme discutido no capítulo 1, a observação de estruturas celulares de dimensões muito pequenas (abaixo de 0,2 µm) é impossibilitada ao microscópio de luz em razão da natureza da luz que impõe um limite à resolução, mesmo em sistemas opticamente perfeitos. Para melhoria significativa da resolução, tornou-se necessária a utilização de outra forma de radiação, com comprimento de onda inferior ao da luz, o que foi possível com o desenvolvimento do microscópio eletrônico. Os elétrons, por terem comprimento de onda muito pequeno, proporcionam limite de resolução extremamente baixo (cerca de 1.000X menor do que o microscópio de luz) e, consequentemente, elevado poder de resolução. Dessa forma, a microscopia eletrônica permite a observação de componentes subcelulares da ordem de nanômetros.

Enquanto 300 anos foram necessários para o aperfeiçoamento da microscopia de luz, em 40 anos, a microscopia eletrônica foi inventada e refinada. Dois princípios básicos, propostos no início do século XX, contribuíram diretamente para a construção do microscópio eletrônico. O primeiro, estabelecido em 1924 e de autoria do físico francês De Broglie, prêmio Nobel de física em 1929, atribuiu ao elétron em movimento um comprimento de onda muito curto (0,005 nm). O segundo é o do inglês Bush que, em 1926, demonstrou que um campo magnético, adequadamente estruturado, poderia ser utilizado como lentes de aumento para um feixe de elétrons. Com base nesses dados, foi construído em 1932, na Alemanha, o primeiro microscópio eletrônico, creditado a Ernst Ruska e Max Knoll. Ruska recebeu o prêmio Nobel de física, em 1986, pelo reconhecimento de seu trabalho fundamental na área da óptica eletrônica e construção desse microscópio.

Durante breve período após a invenção do microscópio eletrônico, muitos cientistas se ocuparam do aperfeiçoamento deste equipamento e de técnicas de preparação de material biológico. Após uma série de melhoramentos, o microscópio eletrônico passou a apresentar, no final da década de 1940, a estrutura básica que ainda hoje mantém. Cabe ressaltar nomes como Porter, Claude e Fullam, que introduziram, em 1945, técnicas que utilizavam o composto químico tetróxido de ósmio para a preparação de amostras; Pearse e Baker (1950), pioneiros na observação de cortes ultrafinos de materiais biológicos, com espessura entre 80 e 200 nm; Sabatini et al., que introduziram em 1963 o uso do glutaraldeído para fixação; e Palade, Sjostrand e Blum, que promoveram melhoramentos nos processos de fixação e microtomia.

Tipos de microscópios eletrônicos

Existem dois tipos básicos de microscópios eletrônicos: o de transmissão (MET) (Figura 2.1) e o de varredura (MEV) (Figura 2.2), tendo ambos sido inventados na mesma época, mas com finalidades diferentes.

Figura 2.1 Microscópio eletrônico de transmissão (MET).
Fonte: cortesia do Centro de Microscopia da UFMG.

1. Lupa.
2. Coluna.
3. Câmara para inserção da amostra.
4. Monitor para visualização de parâmetros do microscópio.
5. Monitor para observação da amostra.
6. Sistema de captura da imagem.
7. Tela fluorescente.

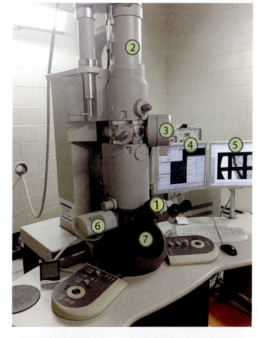

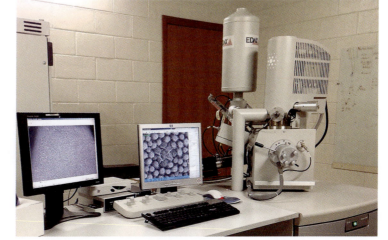

Figura 2.2 Microscópio eletrônico de varredura (MEV).
Fonte: cortesia do Centro de Microscopia da UFMG.

Principais diferenças entre MET e MEV

No MET, os elétrons atravessam cortes extremamente finos da amostra (cortes ultrafinos), gerando uma imagem bidimensional de seu interior sobre uma tela fluorescente (Quadro 2.1 e Figura 2.3). O MEV produz uma imagem tridimensional da superfície de amostras não seccionadas e a imagem é visualizada em um monitor acoplado ao microscópio (Quadro 2.1 e Figura 2.3). Nesse caso, os elétrons varrem apenas a superfície externa do espécime.

Quadro 2.1   Principais diferenças entre MET e MEV

MET	MEV
Permite a observação da organização interna da amostra, formando imagens bidimensionais	Permite observação apenas da superfície da amostra, gerando imagens tridimensionais
São utilizados cortes extremamente finos das amostras	São utilizadas amostras de dimensões maiores, as quais não são cortadas
O feixe de elétrons atravessa a amostra	O feixe de elétrons não atravessa a amostra
A imagem é formada diretamente a partir da impressão do feixe de elétrons na tela de observação, após a passagem pela amostra	A imagem é formada a partir de elétrons secundários que resultam da interação entre a amostra e o feixe de elétrons primários. Os elétrons secundários são captados e, após passarem por um amplificador, são transformados em imagem visível em um monitor
Limite de resolução = 0,0002 µm	Limite de resolução = 0,02 µm
Maior poder de resolução	Menor poder de resolução

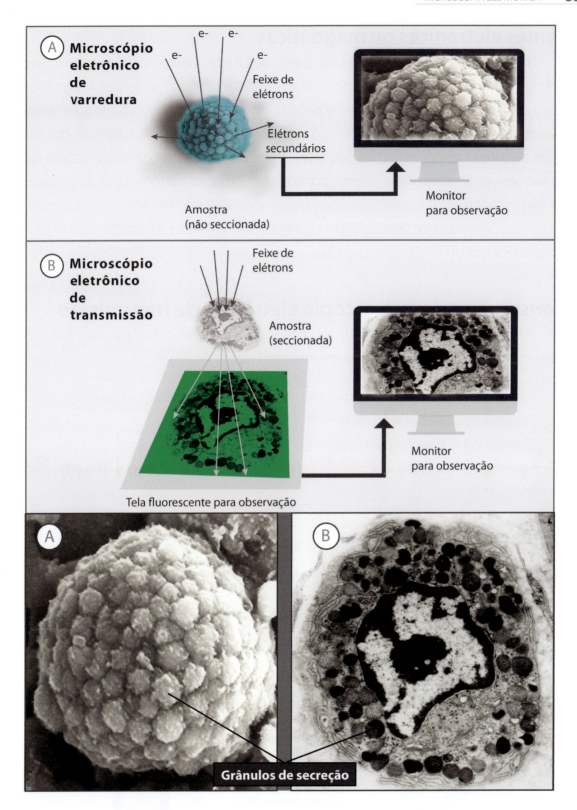

Figura 2.3 Imagens de um mesmo tipo celular (mastócito) observado ao MEV (A) e ao MET (B).
Note a presença de grânulos de secreção fazendo projeção na superfície celular (MEV) e observados no citoplasma após ultramicrotomia (MET).
Fonte: as micrografias de mastócitos são cortesia de Hélio Chiarini-Garcia.

Lentes eletrônicas ou magnéticas

No microscópio de luz, lentes de vidro são usadas para se obter uma imagem ampliada da amostra. No microscópio eletrônico, utilizam-se lentes magnéticas que consistem em um solenoide ou bobina, por onde passa uma corrente elétrica. Esta gera um campo magnético capaz de promover desvio na trajetória dos elétrons. Assim, ao atingirem as lentes, os elétrons passam a percorrer um trajeto que os faz convergir ao mesmo ponto (ponto focal) em que há formação da imagem. As lentes magnéticas do microscópio eletrônico são caracterizadas como condensadoras, objetivas e projetivas e têm funções semelhantes às apresentadas pelas lentes de vidro do microscópio de luz.

Constituição do microscópio eletrônico de transmissão

A Figura 2.4 mostra os principais componentes do microscópio eletrônico de transmissão, que é formado basicamente por quatro sistemas:

- Sistema de iluminação (canhão eletrônico e lentes condensadoras).
- Sistema de manipulação da amostra.
- Sistema de formação da imagem (lentes objetivas e projetivas).
- Sistema de tradução da imagem (tela fluorescente e sistema de captura da imagem).

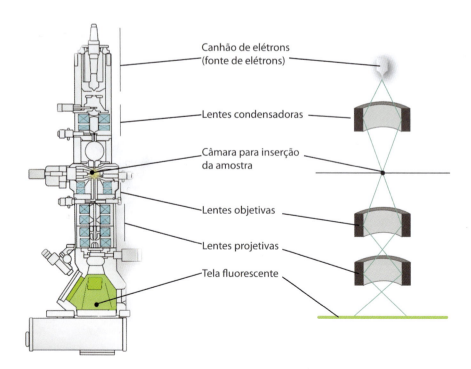

Figura 2.4 **Componentes básicos do microscópio eletrônico de transmissão (MET).**

O microscópio eletrônico possui ainda um sistema de vácuo que preserva o fluxo de elétrons na coluna, removendo a interferência de moléculas de ar e um sistema de refrigeração que impede o superaquecimento do equipamento.

Sistema de iluminação

É composto pelo canhão eletrônico, denominação dada ao conjunto de três elementos (Figura 2.5), e pelas lentes condensadoras.

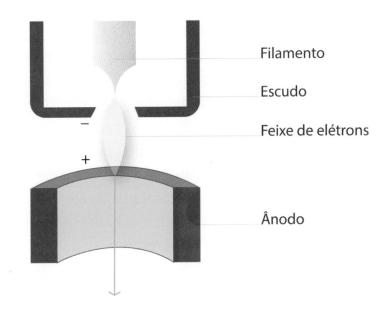

Figura 2.5 **Elementos do canhão eletrônico.**

Características do canhão eletrônico

O filamento é um cátodo termoiônico, isto é, ao ser aquecido, libera elétrons. Um bom material termoiônico deve ter vida longa (geralmente é usado o tungstênio, que dura em média 80 horas) e baixa função de trabalho, ou seja, ser capaz de liberar elétrons com pouco gasto de energia.

Quando uma corrente elétrica flui através do filamento, este é aquecido em torno de 2.500 K e passa a emitir elétrons a partir de seu ápice. Os elétrons formam uma nuvem na extremidade do filamento e, em seguida, descem pela coluna em velocidade constante em virtude da diferença de potencial entre o filamento e o ânodo. O escudo aumenta a concentração de elétrons emitidos pelo filamento e forma um feixe que passa simetricamente ao longo do eixo do canhão e pelo orifício central do ânodo. Os elétrons, portanto, emergem da superfície do filamento e são organizados em um fluxo cônico, daí o termo canhão. Quando o fluxo de elétrons sai do canhão, é dito que os elétrons são acelerados em direção à coluna, atravessando a amostra em alta velocidade. A voltagem de aceleração é escolhida pelo operador, sendo usualmente empregado o valor de 60-80 Kv.

Lentes condensadoras

O fluxo de elétrons emergente do canhão passa por um sistema condensador interposto entre o canhão e a amostra (Figura 2.4). A função básica das lentes condensadoras é focar o feixe de elétrons sobre o objeto a ser estudado, proporcionando condições ótimas para a visualização da imagem. Geralmente são usadas duas lentes condensadoras, de forma a concentrar o fluxo eletrônico numa área muito pequena.

Sistema de manipulação da amostra

Câmara localizada na coluna, abaixo das lentes condensadoras e acima das objetivas (Figura 2.4), onde são inseridos os cortes do material biológico previamente aderidos sobre uma grade de metal (telinha) (Figura 2.6), e não sobre a lâmina de vidro como ocorre no microscópio de luz. A grade que contém o material a ser examinado é transportada, com auxílio de uma pinça, para um suporte dentro da câmara que pode ser deslocado em duas direções por meio de controles externos. Assim, toda a área da grade pode ser colocada no eixo do microscópio para observação da amostra. Em cada grade podem ser aderidos vários cortes do material biológico durante o processo de ultramicrotomia.

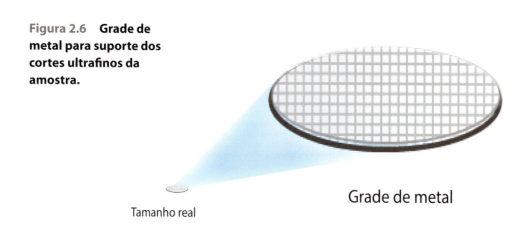

Figura 2.6 Grade de metal para suporte dos cortes ultrafinos da amostra.

Sistema de formação de imagem

É formado pelas lentes objetivas e projetivas (Figura 2.4).

Lentes objetivas

Localizam-se abaixo da câmara de manipulação da amostra e têm, inicialmente, a função de aumentar a imagem do material analisado, em plano adequado para ampliação posterior pelas projetivas. A ampliação inicial é de cerca de 100-200X.

Lentes projetivas

Têm a função de projetar a imagem final aumentada sobre a tela, sendo as principais responsáveis pelo aumento. Geralmente são utilizadas duas lentes projetivas, o que proporciona grande faixa de ampliação. A ampliação final é de cerca de 250.000X.

Ampliação total do MET = ampliação da objetiva × ampliação da projetiva

Sistema de tradução da imagem

A tradução da imagem é importante uma vez que a imagem eletrônica não é visível. A energia dos elétrons deve, portanto, ser transformada em energia luminosa. O sistema de tradução da imagem é formado por uma tela fluorescente, para a observação da imagem, e por um sistema de captura digital para fins de estudo e documentação (Figura 2.1). Em modelos de microscópios mais antigos, ainda pode ser encontrado um sistema de impressão da imagem utilizando filme fotográfico. Nesse caso, existe uma câmera fotográfica com filme localizada abaixo da tela fluorescente. No momento da fotografia, a tela se desloca e o feixe de elétrons impressiona o filme, o qual deverá, em seguida, ser retirado do microscópio e revelado de forma convencional, em câmara escura.

Tela fluorescente

É uma placa metálica, recoberta por um pó azulado ou esverdeado (sulfato de zinco ou cádmio), capaz de emitir fluorescência. Localiza-se cerca de 30 cm abaixo das lentes projetivas e, quando bombardeada pelos elétrons, emite radiação fluorescente. Assim, há transformação de imagem eletrônica em imagem visível. Portanto, a imagem pode ser visualizada por fluorescência dos elétrons ao incidirem nos cristais de sulfato de zinco ou cádmio. A tela, entretanto, possui baixa sensibilidade, em recorrência do diâmetro dos grãos dos cristais serem relativamente grandes. Em consequência, a imagem aparece granulada e o contraste é baixo. Por isso, somente nas micrografias eletrônicas (fotos obtidas ao microscópio eletrônico, também chamadas de eletromicrografias) é possível analisar a imagem com maior precisão.

A tela fluorescente (Figuras 2.1 e 2.7) é vista através de uma janela de vidro que serve de proteção para o observador, impedindo que este entre em contato com a radiação emitida. As imagens na tela podem ser vistas a olho nu ou com auxílio de uma lupa (Figuras 2.1 e 2.7). Essas lentes, no entanto, não participam do cálculo do aumento da imagem, pois são usadas apenas para facilitar a observação da amostra e a obtenção do foco.

Formação de imagem ao MET

Quando o feixe de elétrons incide sobre a amostra, ocorre colisão de parte dos elétrons com áreas mais densas do material biológico. Isso resulta na modificação da trajetória desses elétrons, os quais são perdidos após a colisão, não atingindo o sistema de tradução de imagem (tela e sistema de captura da imagem). Outros elétrons, no entanto, são capazes de atravessar a amostra quando incidem sobre suas áreas menos densas, atingindo o sistema de tradução da imagem (Figura 2.7).

As áreas da amostra correspondentes à perda de elétrons (áreas que não foram atravessadas por eles) aparecem na tela fluorescente e na micrografia como áreas escuras e, portanto, elétron-densas. Já as áreas que aparecem claras correspondem às regiões menos densas da amostra, que permitiram a passagem dos elétrons e, portanto, elétron-lúcidas. Assim, áreas de maior densidade aparecerão mais escuras em comparação com áreas de menor densidade, resultando em imagens com várias tonalidades de cinza (Figura 2.7). Por conta da perda de elétrons, é dito que as imagens ao microscópio eletrônico de transmissão são formadas por ação subtrativa.

Uma vez que os materiais biológicos têm pequenas diferenças de densidade, torna-se necessário acentuar essas diferenças com o uso de metais como ósmio e urânio. Estes são utilizados durante a preparação de amostra para microscopia eletrônica e reagem com estruturas celulares específicas. O tratamento de cortes da amostra com esses metais é conhecido como contrastação, etapa análoga à coloração do material biológico em lâminas, durante o preparo para microscopia de luz. As etapas de preparação de materiais biológicos para microscopia são discutidas no próximo capítulo.

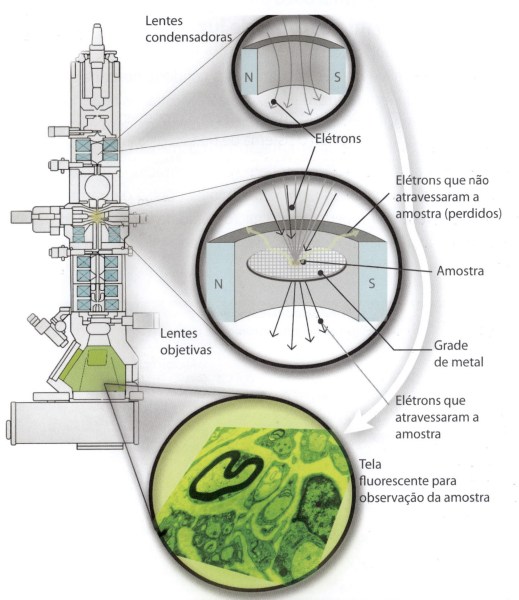

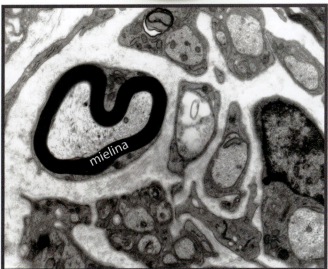

Figura 2.7 Trajetória dos elétrons e formação da imagem ao microscópio eletrônico de transmissão. A micrografia mostra fibras nervosas cortadas transversalmente. Observe a bainha de mielina fortemente elétron-densa.

Comparação entre o microscópio eletrônico de transmissão e o microscópio de luz

O microscópio eletrônico de transmissão é semelhante ao de luz em vários aspectos. Ambos os microscópios utilizam lentes condensadoras para direcionar a radiação eletromagnética (elétrons ou luz) para a amostra. Os dois microscópios também utilizam lentes objetivas para formar a primeira imagem aumentada da amostra e lentes intermediárias para formação final da imagem. Além disso, as imagens geradas nos dois microscópios podem ser digitalizadas e armazenadas. No entanto, conforme já mencionado, o microscópio eletrônico de transmissão tem poder de resolução muito superior ao do microscópio de luz, revelando detalhes da estrutura celular que não podem ser observados pela microscopia de luz (Figuras 2.8 e 2.9).

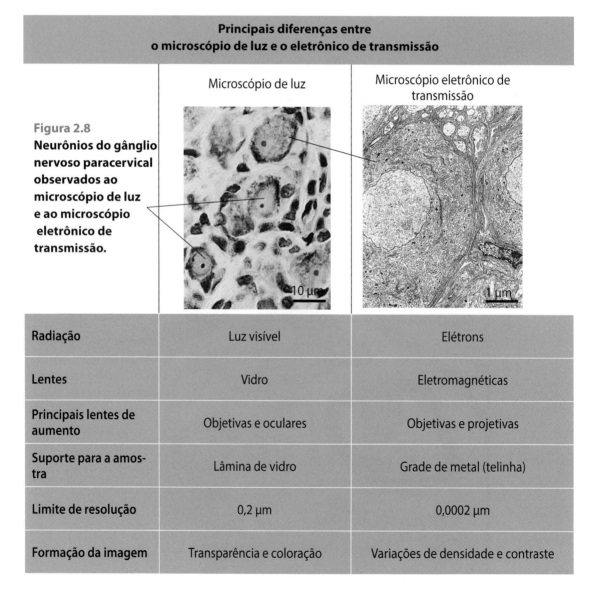

Figura 2.8 Neurônios do gânglio nervoso paracervical observados ao microscópio de luz e ao microscópio eletrônico de transmissão.

	Microscópio de luz	Microscópio eletrônico de transmissão
Radiação	Luz visível	Elétrons
Lentes	Vidro	Eletromagnéticas
Principais lentes de aumento	Objetivas e oculares	Objetivas e projetivas
Suporte para a amostra	Lâmina de vidro	Grade de metal (telinha)
Limite de resolução	0,2 µm	0,0002 µm
Formação da imagem	Transparência e coloração	Variações de densidade e contraste

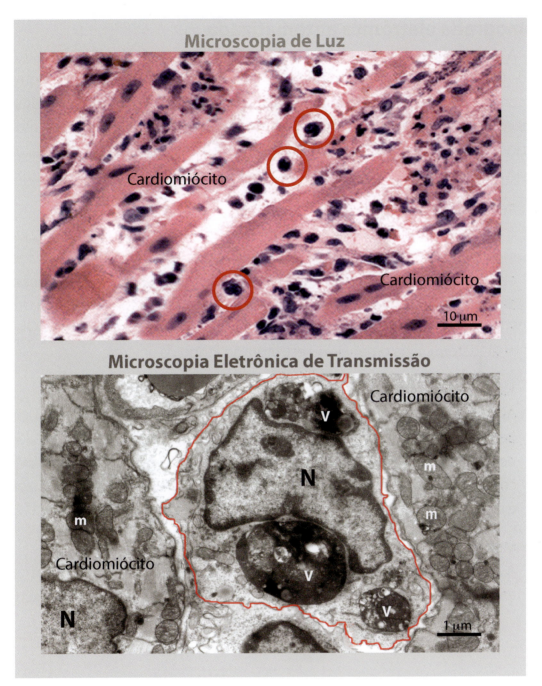

Figura 2.9 Tecido cardíaco com infiltrado inflamatório observado por microscopia de luz e microscopia eletrônica de transmissão.

Em alta resolução, observe as organelas e estruturas citoplasmáticas das células musculares (cardiomiócitos) e inflamatórios (circundadas em vermelho).

Fonte: reproduzida com modificações de Melo. J. Cell. Mol. Med., 2009, com permissão.

Tomografia eletrônica automatizada

A tomografia eletrônica é uma técnica que permite a observação ultraestrutural do interior da célula em três dimensões (3D), a partir do uso de um MET equipado com sistema especial de manipulação do espécime e programa de computador específico. A tomografia eletrônica tem contribuído para melhor entendimento da organização das organelas e estruturas celulares e até mesmo de macromoléculas.

A tomografia eletrônica automatizada é realizada em três etapas:

1. Aquisição das imagens

   A amostra é inserida no MET e observada sob uma faixa de inclinação (geralmente entre -65° e +65°) ao ser atravessada pelos elétrons. A série de imagens obtidas é gravada em intervalos de 1° a 2°. Isso significa que toda a espessura da amostra (geralmente cortes de materiais biológicos com espessura entre 200 e 400 nm) é seccionada e gravada digitalmente, o que permite "acompanhar" determinada organela ou estrutura ao longo da amostra.

2. Alinhamento e reconstrução

   As imagens são posteriormente alinhadas entre si e processadas em programa de computador que possibilita a reconstrução 3D das imagens em um volume denominado de tomograma. Cada tomograma é, portanto, um bloco em 3D constituído por uma pilha de imagens seriadas e paralelas entre si. Cada imagem é uma secção digital com apenas 4 nm de espessura (Figura 2.10).

3. Modelagem computacional

   A partir do tomograma e com o uso de programa de computador é gerado, então, um modelo da organela ou estrutura celular de interesse (Figura 2.10).

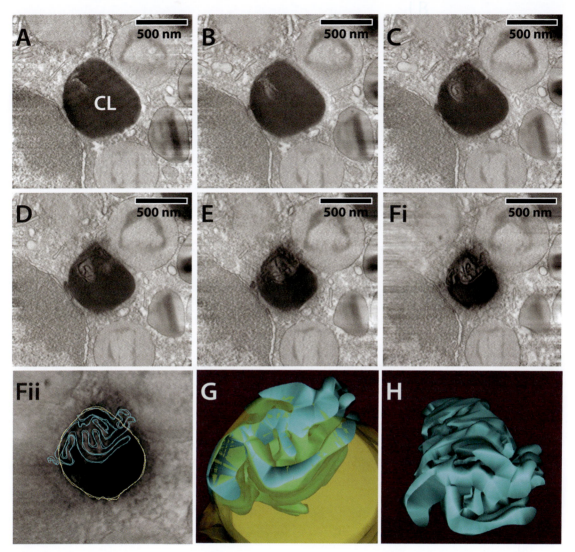

Figura 2.10 Aplicação de tomografia eletrônica automatizada para o estudo de organelas celulares.

(A-Fi): secções seriadas de um corpúsculo lipídico (CL), presente no citoplasma de leucócito humano (eosinófilo). Após obtenção de uma sequência de secções digitais de 4 nm de espessura e processamento computacional, realizou-se o contorno do CL em amarelo e de suas membranas internas em azul, em cada uma das secções, como mostrado em (Fii). Em seguida, foi gerado um modelo em 3D, por análise computacional (G). A tomografia eletrônica revelou não apenas a presença de membranas dentro do CL, como também a organização destas em túbulos interconectados (H).

Fonte: reproduzida de Melo et al., Plos One, 2013, sob os termos da licença Creative Commons (CC BY), disponível em: https://creativecommons.org/licenses/by/4.0/legalcode.

Bibliografia

Bozzola JJ, Russell LD. Electron Microscopy, Principles and Tecniques for Biologists. Boston: Jones & Bartlett Publishers, 1999. 670 p.

Griffiths G, Lucocq JM, Mayhew TM. Electron microscopy applications for quantitative cellular microbiology. Cell Microbiol. 2001;3:659-68.

Kim NR, Ha SY, Cho HY. Utility of transmission electron microscopy in small round cell tumors. J Pathol Transl Med. 2015;49:93-101.

Koster AJ, Klumperman J. Electron microscopy in cell biology: integrating structure and function. Nat Rev Mol Cell Biol. 2003;Suppl:SS6-10.

Lucic V, Forster F, Baumeister W. Structural studies by electron tomography: from cells to molecules. Annu Rev Biochem. 2005;74:833-65.

Margus H, Padari K, Pooga M. Insights into cell entry and intracellular trafficking of peptide and protein drugs provided by electron microscopy. Adv Drug Deliv Rev. 2013;65:1031-8.

Mcewen BF, Marko M. The emergence of electron tomography as an important tool for investigating cellular ultrastructure. J Histochem Cytochem. 2001;49:553-64.

Mcintosh R, Nicastro D, Mastronarde D. New views of cells in 3D: an introduction to electron tomography. Trends Cell Biol. 2005;15:43-51.

Melo RCN. Acute heart inflammation: ultrastructural and functional aspects of macrophages elicited by *Trypanosoma cruzi infection*. J Cell Mol Med. 2009;13:279-94.

Melo RCN, Dvorak AM, Weller PF. Contributions of electron microscopy to understand secretion of immune mediators by human eosinophils. Microsc Microanal. 2010;16:653-60.

Melo RCN, Paganoti GF, Dvorak AM, Weller PF. The internal architecture of leukocyte lipid body organelles captured by three-dimensional electron microscopy tomography. PLoS One. 2013;8:e59578.

Mogelsvang S, Marsh BJ, Ladinsky MS, Howell KE. Predicting function from structure: 3D structure studies of the mammalian Golgi complex. Traffic. 2004;5:338-45.

Muller SA, Aebi U, Engel A. What transmission electron microscopes can visualize now and in the future. J Struct Biol. 2008;163:235-45.

Nieto F, Millán JJ, Parreira GG, Chiarini-Garcia H, Melo RCN. Electron Microscopy: SEM/TEM. In: Splinter R. (ed.) Handbook of Physics in Medicine and Biology. New York: CRC Press, 2010, p. 40.1-40.16.

Pierson J, Sani M, Tomova C, Godsave S, Peters PJ. Toward visualization of nanomachines in their native cellular environment. Histochem Cell Biol. 2009;132:253-62.

Sabatini DD, Bensch K, Barrnett RJ. Cytochemistry and electron microscopy. The preservation of cellular ultrastructure and enzymatic activity by aldehyde fixation. J Cell Biol. 1963; 17:19-58.

3

PREPARAÇÃO DE AMOSTRAS

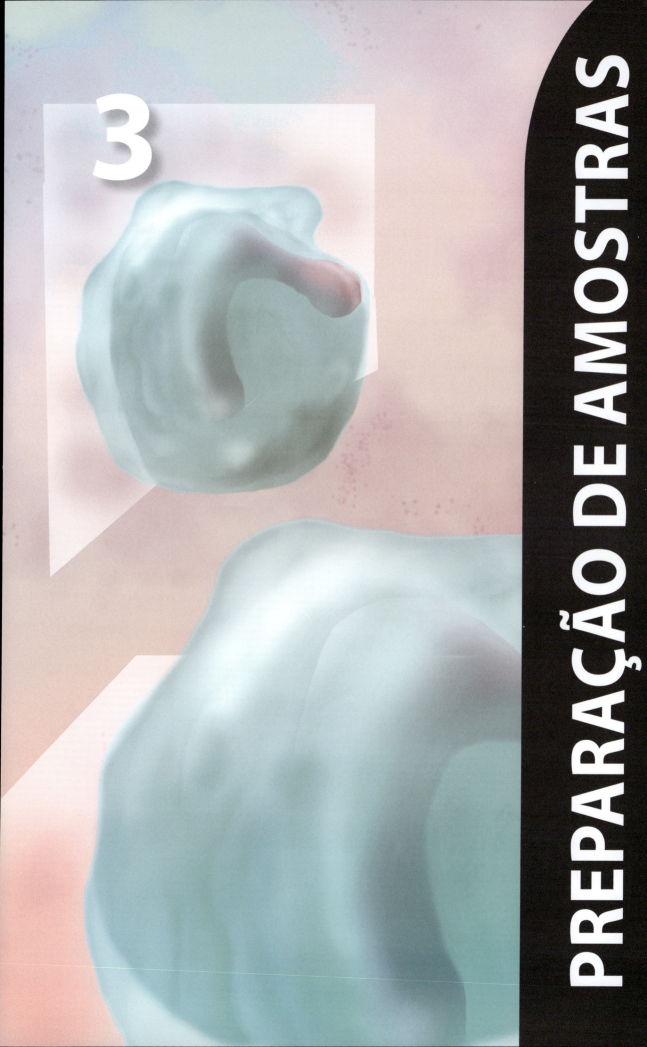

PREPARAÇÃO DE AMOSTRAS PARA MICROSCOPIAS DE LUZ E ELETRÔNICA

O preparo de amostras biológicas constitui procedimento crítico para análises ao microscópio de luz ou eletrônico. O processamento de materiais biológicos deve ser feito de forma precisa e cuidadosa para garantir excelentes resultados.

Etapas

Neste capítulo, são descritas as principais etapas envolvidas no processamento de amostras biológicas para obtenção de preparações permanentes a serem analisadas ao microscópio de luz (lâminas histológicas) ou eletrônico de transmissão (grades de metal contendo seções do material) (Figura 3.1). O processamento tem início a partir de amostras biológicas recém-coletadas (células e/ou tecidos *ex-vivo* em estado hidratado) e termina com essas amostras desidratadas, preservadas em estado estático e prontas para serem visualizadas. Para chegar a esse ponto, o processamento deve ser cuidadosamente planejado e realizado com meticulosa atenção, a partir de um protocolo previamente testado, o qual irá influenciar a qualidade das preparações e micrografias obtidas.

Figura 3.1 Principais etapas da preparação de materiais biológicos para análises ao microscópio de luz ou eletrônico de transmissão (MET).
As amostras podem ser tecidos ou células isoladas.

Fixação

A fixação é o processo de preservação das células e tecidos e constitui etapa fundamental na preparação de amostras para observação ao microscópio. A fixação química, feita a partir de imersão dos espécimes em soluções fixadoras, é um dos métodos de fixação mais utilizados. Estas soluções são compostos químicos que reagem com as estruturas celulares e teciduais, preservando-as para evitar tanto a degradação celular (autólise) como a digestão por bactérias decompositoras. Portanto, a fixação tem por objetivo manter a mesma organização estrutural apresentada *in vivo* e minimizar o aparecimento de detalhes que não sejam da estrutura normal (artefatos de técnicas). O intervalo entre a coleta do material e o início da fixação deve ser mínimo para se evitar o início da autólise.

Um bom fixador químico deve ter as seguintes características:

- Apresentar poder de penetração eficiente.
- Garantir boa coagulação do material celular em substâncias insolúveis.
- Proteger as estruturas celulares contra enrugamento, tumefação e distorção durante as etapas de desidratação, inclusão e microtomia.
- Favorecer a coloração (no caso de preparação para microscopia de luz) ou contrastação (no caso da microscopia eletrônica) para que diferentes componentes estruturais celulares e teciduais se tornem seletivamente visíveis.

Os melhores fixadores são, na maioria, soluções contendo diferentes compostos químicos, os quais oferecem ótimos resultados na preservação de estruturas biológicas. Como exemplos de fixadores para microscopia de luz, podem ser citadas as soluções de Bouin (formaldeído, ácido acético e ácido pícrico) e Helly, conhecida também como Zenker-formol (formol, bicloreto de mercúrio e dicromato de potássio).

Para microscopia eletrônica, a etapa de fixação utiliza como padrão duas soluções fixadoras: um fixador primário contendo glutaraldeído e, posteriormente, um fixador secundário contendo tetróxido de ósmio (OsO_4) (etapa também denominada pós-fixação), ambos preparados em tampão. O glutaraldeído, em virtude de sua estrutura química (dialdeído), tem grande habilidade de formar ligações cruzadas irreversíveis intra e intermoleculares com proteínas. Considerando que proteínas são constituintes universais das células, presentes na matriz citoplasmática, membranas, organelas e elementos do citoesqueleto, o glutaraldeído mostra-se muito eficaz em estabilizar estruturas celulares. A taxa de penetração do glutaraldeído é, no entanto, considerada baixa (menos de 1 mm por hora em tecidos compactos) e, portanto, é importante que, após coleta, os tecidos sejam cortados em pequenos fragmentos de, no máximo, 2 mm. O glutaraldeído pode ser usado em combinação com o paraformaldeído (monoaldeído), o qual permite uma fixação inicial mais rápida em decorrência da sua maior capacidade de penetração na amostra em comparação com o glutaraldeído (cinco vezes mais rápida). Dessa forma, é atribuída ao paraformaldeído a capacidade de promover uma estabilização temporária das estruturas celulares, as quais, posteriormente, são estabilizadas permanentemente pelo glutaraldeído. Ao contrário deste, as reações cruzadas promovidas pelo paraformaldeído são reversíveis. O uso conjunto de glutaraldeído e paraformaldeído no processo de fixação foi introduzido por M. J. Karnovsky em 1965 e, por isso, é conhecido como fixador Karnovsky, um dos mais usados em microscopia eletrônica.

O tempo de fixação primária é variável, dependendo do material biológico que está sendo processado. Por exemplo, a fixação de suspensões celulares pode ser feita em apenas 30 minutos à temperatura ambiente, enquanto fragmentos de tecidos requerem um tempo maior, de uma até várias horas para fixação adequada, dependendo do tipo de tecido.

O tetróxido de ósmio atua como fixador secundário para microscopia eletrônica por meio de sua reação com moléculas de lipídios. Acredita-se que as pontes insaturadas dos ácidos graxos são oxidadas por esse composto, levando à formação de metais pesados que conferem densidade e contraste à amostra. Esta etapa é geralmente feita em cerca de uma hora no caso de tecidos.

A escolha do fixador é fundamental quando se realiza trabalhos de pesquisa, pois existem fixadores específicos que são mais eficientes na preservação de determinadas células ou tecidos. Portanto, dependendo do objetivo do estudo morfológico, pode-ser usar tipos diferentes de fixadores.

Desidratação

Após a fixação, segue-se obrigatoriamente a etapa de desidratação (Figura 3.1), que tem o objetivo de retirar a água do material biológico, tornando-o adequado às etapas posteriores de inclusão e microtomia. A desidratação de amostras para microscopia de luz é feita por imersão do material em uma série de álcoois graduados. Para microscopia eletrônica, podem ser utilizados, além do álcool, acetona ou óxido de propileno. As amostras são mantidas nesses meios durante determinados tempos, que variam de acordo com o tipo de material que está sendo processado.

Diafanização

A diafanização ou clareamento é a etapa seguinte à desidratação, e é necessária apenas na preparação de amostras para microscopia de luz, a qual usa parafina ou paraplast (mistura de parafina com polímeros plásticos) como meios de inclusão. Tem como objetivo retirar o álcool da amostra e torná-la transparente e adequada para a microtomia e a coloração. Para isso, são utilizados solventes solúveis e insolúveis em água, geralmente o xilol, com densidade maior que o álcool.

Inclusão

Nesta etapa, a amostra é imersa em um molde metálico ou plástico contendo o meio de inclusão em estado líquido que, ao se solidificar, forma um bloco contendo o material biológico. A inclusão para a microscopia de luz é geralmente feita em parafina histológica ou paraplast (mistura de parafina com polímeros plásticos), mas também são usadas resinas plásticas, como o glicol metacrilato. Essas resinas foram desenvolvidas mais recentemente, são mais fáceis de serem manipuladas e oferecem melhores resultados, em termos de resolução, em comparação com a parafina ou o paraplast. Tanto para microscopia de luz quanto para a eletrônica, a inclusão é precedida por uma etapa denominada infiltração, quando o material fica imerso numa mistura do meio de inclusão com solvente, facilitando em seguida a etapa de inclusão propriamente dita. Para a microscopia eletrônica de transmissão, são geralmente utilizadas resinas epóxi como resina 812 (antiga Epon), araldite ou Spurr. É importante identificar a amostra inserindo no molde uma etiqueta contendo o código do material processado. Após a polimerização do meio de inclusão em estufa, em temperaturas e tempos específicos dependendo do meio usado, o molde é retirado, obtendo-se um bloco que contém o espécime incluído (Figura 3.2). A inclusão em glicol metacrilato pode ser feita à temperatura ambiente.

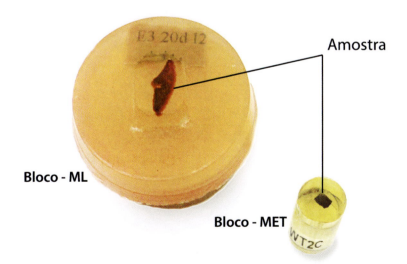

Figura 3.2 Blocos contendo amostras preparadas para microscopia de luz (ML) ou microscopia eletrônica de transmissão (MET).
Note que o tamanho do material incluído é muito menor no caso da MET.

Microtomia e ultramicrotomia

A etapa de microtomia consiste na obtenção de cortes delgados, com espessura apropriada para observação do material biológico ao microscópio de luz ou eletrônico de transmissão. Para microscopia de luz, utiliza-se o micrótomo (Figura 3.3), equipamento que secciona o bloco que contém a amostra em cortes com espessura da ordem de micrômetros (μm). A microtomia pode ser feita com navalha de aço (no caso de materiais incluídos em parafina ou paraplast) ou navalha de vidro (no caso de amostras incluídas em resina plástica). A espessura dos cortes obtidos é geralmente 5 μm para a parafina ou paraplast e 1-3 μm para resinas plásticas. As secções são coletadas em lâminas de vidro e submetidas posteriormente à coloração (Figuras 3.1 e 3.3).

Materiais preparados para observação ao microscópio eletrônico de transmissão geralmente passam por duas etapas de microtomia. Na primeira etapa, o bloco que contém o material é cortado em micrótomo convencional (Figura 3.3), obtendo-se, com navalha de vidro, cortes com espessura de 1 μm, denominado de cortes semifinos. Esses cortes são montados em lâminas de vidro, corados com corantes de rotina, como o azul de toluidina, e observados ao microscópio de luz para escolha da área de interesse. Uma vez definida essa área, o bloco é preparado para a ultramicrotomia. Para tal, ele é esculpido no formato de um pequeno trapézio, com a face que contém a área selecionada pronta para as secções em um ultramicrótomo (Figura 3.3). Esse equipamento exige o uso de navalhas com fio de diamante e os cortes obtidos apresentam cerca de 80 nm de espessura, chamados de ultrafinos. Após essa etapa, os cortes ultrafinos são coletados em grades de metal, de tamanho diminuto (Figura 3.3).

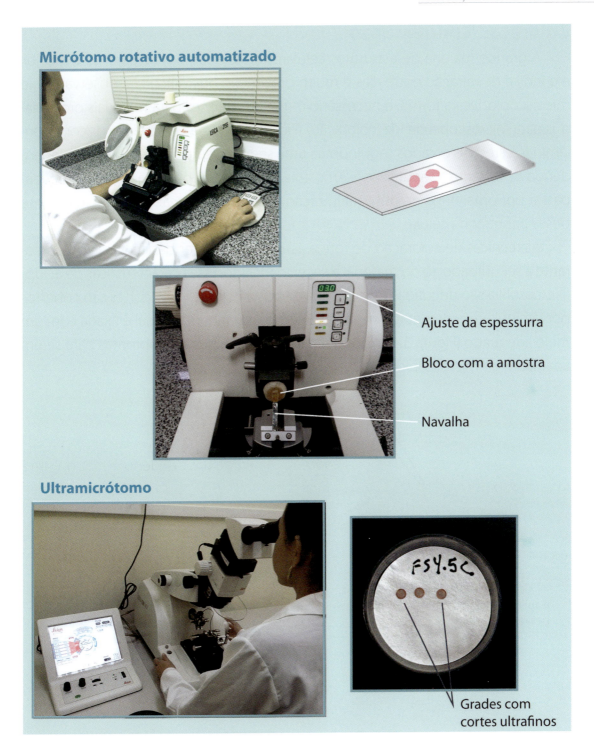

Figura 3.3 Micrótomo e ultramicrótomo.
Secções da amostra são coletadas em lâminas de vidro ou grades de metal para observação ao microscópio de luz ou eletrônico de transmissão, respectivamente.
Fonte: Laboratório de Biologia Celular da UFJF.

Coloração/contrastação

A grande maioria de estruturas celulares e teciduais é transparente e incolor, e o índice de refração entre elas é muito próximo, o que dificulta a observação ao microscópio. Desta forma, é necessário o uso de corantes para materiais processados para microscopia de luz (coloração) (Figura 3.1). Uma vez obtidos os cortes em lâminas, estes são corados seguindo-se uma sequência de etapas que varia dependendo do corante a ser utilizado. Amostras incluídas em parafina/paraplast devem passar por uma etapa de desparafinização antes da coloração para que o corante possa penetrar na célula.

As técnicas de coloração de rotina associam o caráter básico ou ácido do corante a ser utilizado ao do material a ser evidenciado. Essas características de acidofilia/basofilia são discutidas no capítulo 4. Após a coloração, os cortes são cobertos por lamínula de vidro (etapa conhecida como montagem), a qual é fixada com um meio adequado (Figura 3.4). Após a secagem, as lâminas estão prontas para serem analisadas ao microscópio de luz (Figura 3.1).

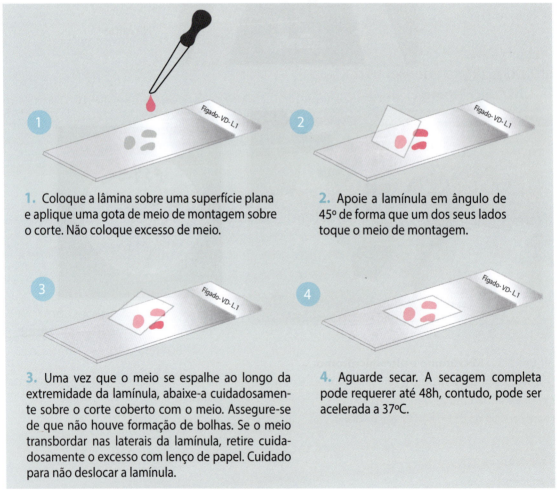

1. Coloque a lâmina sobre uma superfície plana e aplique uma gota de meio de montagem sobre o corte. Não coloque excesso de meio.

2. Apoie a lamínula em ângulo de 45° de forma que um dos seus lados toque o meio de montagem.

3. Uma vez que o meio se espalhe ao longo da extremidade da lamínula, abaixe-a cuidadosamente sobre o corte coberto com o meio. Assegure-se de que não houve formação de bolhas. Se o meio transbordar nas laterais da lamínula, retire cuidadosamente o excesso com lenço de papel. Cuidado para não deslocar a lamínula.

4. Aguarde secar. A secagem completa pode requerer até 48h, contudo, pode ser acelerada a 37°C.

Figura 3.4 **Procedimento para montagem de lâminas.**

Para microscopia eletrônica, não são utilizados corantes, e sim metais pesados, que proporcionam maior contraste, numa etapa conhecida como contrastação. As técnicas de contrastação têm por finalidade acentuar as diferenças de densidade das estruturas subcelulares, gerando imagens elétron-densas ou elétron-lúcidas, conforme discutido no capítulo anterior. Classicamente, duas substâncias contrastantes são aplicadas para a microscopia eletrônica: o acetato de uranila e o citrato de chumbo. Após a contrastação, as grades podem ser levadas ao MET para análise (Figura 3.1).

Interpretação das secções observadas ao microscópio

Ao se observar secções do material biológico, há uma tendência em estudá-las apenas em duas dimensões, enquanto *in vivo* as organelas e estruturas celulares possuem três dimensões. Para se entender a arquitetura de um órgão ou mesmo de uma célula é necessário, portanto, analisar as secções em diferentes planos e interpretá-las corretamente (Figura 3.5). Dependendo do plano de corte, são mostrados aspectos morfológicos diferentes da mesma amostra (Figuras 3.6 e 3.7).

Em trabalhos de pesquisa, os cortes seriados (obtidos por microtomia sequencial de todo o fragmento) ou semisseriados (em intervalos regulares) são muito utilizados no estudo da morfologia das células e tecidos em condições normais e patológicas. Esse procedimento permite observar o comportamento celular e/ou tecidual em toda a profundidade do órgão e, assim, detectar processos celulares ou alterações morfológicas que ocorrem em determinadas regiões. Além disso, análises morfométricas podem ser realizadas em cortes seriados ou semisseriados com o objetivo de quantificar, por exemplo, células em degeneração, tipos celulares infiltrados em processos inflamatórios e distribuição de patógenos em materiais infectados.

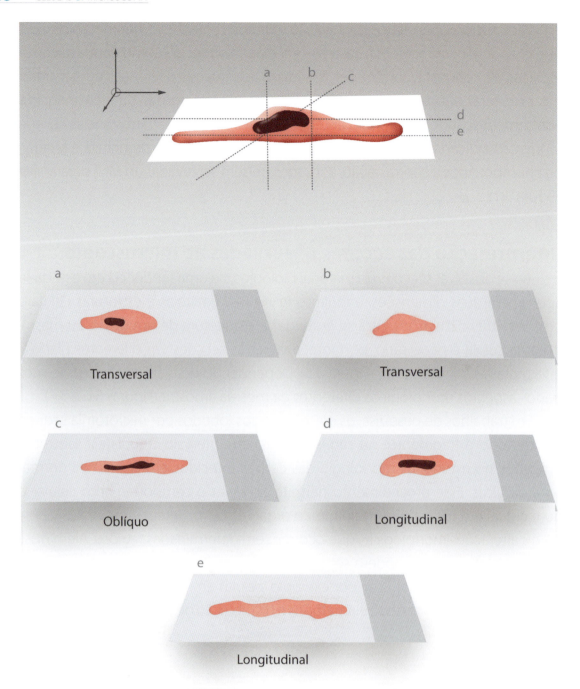

Figura 3.5 Esquema de uma célula seccionada em diferentes planos.
Note que os planos (b, e) não passaram pelo núcleo.

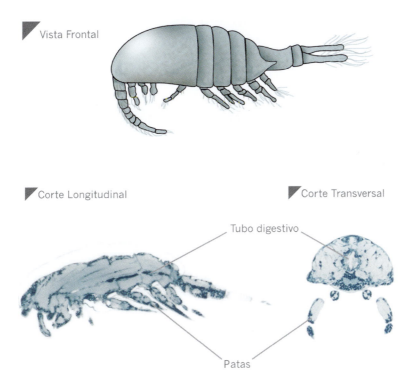

Figura 3.6 **Esquema e micrografias de pequeno organismo do plâncton (copépodo), incluído em glicol metacrilato e seccionado em planos longitudinal e transversal.**
Coloração: azul de toluidina.

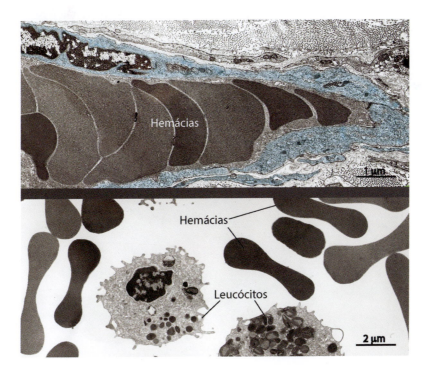

Figura 3.7 **Eletromicrografias de hemácias humanas observadas no tecido, dentro de um vaso sanguíneo (destacado em azul, painel superior) ou isoladas do sangue periférico (painel inferior).**
Note que a morfologia das hemácias varia dependendo do plano de corte. Dois leucócitos são também vistos no sangue. As amostras foram preparadas para microscopia eletrônica de transmissão.

Bibliografia

Bozzola JJ, Russell LD. Electron Microscopy, Principles and Tecniques for Biologists. Boston: Jones & Bartlett Publishers, 1999. 670 p.

Chiarini-Garcia H, Parreira GG, Almeida FR. Glycol methacrylate embedding for improved morphological, morphometrical, and immunohistochemical investigations under light microscopy: testes as a model. Methods Mol Biol. 2011;689:3-18.

Dvorak AM, Monahan-Earley R. Procedural Guide to Specimen Handling for the Ultrastructural Pathology Service Laboratory. Diagnostic Ultrastructural Pathology I. Boca Raton: CRC Press, 1992, p. 473-480.

Fabrino DL, Ribeiro GA, Teixeira L, Melo RCN. Histological approaches to study tissue parasitism during the experimental *Trypanosoma cruzi* infection. Methods Mol Biol. 2011;689:69-80.

Graham L, Orenstein JM. Processing tissue and cells for transmission electron microscopy in diagnostic pathology and research. Nat Protoc. 2007;2:2439-50.

Karnovsky MJ. A formadehyde-gluraldehyde fixative of high osmolarity for use in electron microscopy. J. Cell Biology. 1965;27:137A-138A.

Melo RCN, Rosa PG, Noyma NP, Pereira WF, Tavares LE, Parreira GG, et al. Histological approaches for high-quality imaging of zooplanktonic organisms. Micron. 2007;38:714-21.

Nieto F, Millán JJ, Parreira GG, Chiarini-Garcia H, Melo RCN. Electron Microscopy: SEM/TEM. In: Splinter R (ed.). Handbook of Physics in Medicine and Biology. New York: CRC Press, 2010, p. 40.1-40.16.

Tolosa EMC, Rodrigues CJ, Behmer OA, Freitas Neto AG. Manual de Técnicas para Histologia Normal e Patológica. Barueri: Manole, 2003. 341 p.

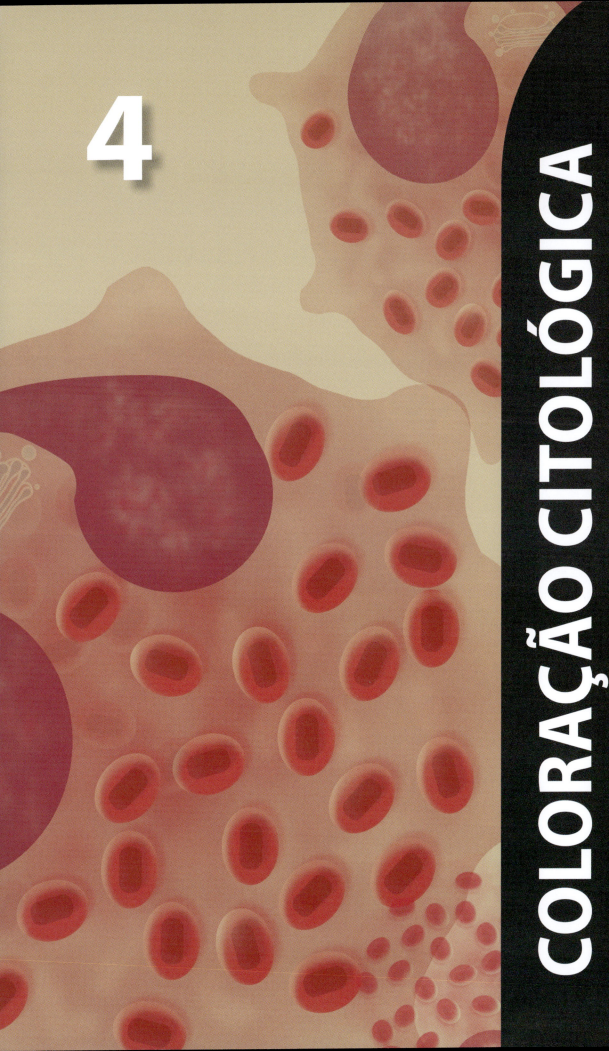

4

COLORAÇÃO CITOLÓGICA

COLORAÇÃO CITOLÓGICA

As colorações utilizadas para observação geral de células isoladas e/ou de tecidos são denominadas colorações citológicas ou histológicas. Esse tipo de coloração facilita o estudo da morfologia celular e tecidual e constitui ferramenta importante para o diagnóstico de várias doenças.

História

Muitas das técnicas de coloração usadas hoje em biologia celular, histologia e patologia sobreviveram há mais de um século desde a sua introdução e continuam a contribuir com informações valiosas para fins de pesquisa, diagnóstico de doenças e ensino.

Corantes naturais como o carmim foram utilizados para corar secções de tecidos até a descoberta dos corantes sintéticos que ocorreu na segunda metade do século XX, a partir da evolução dos conhecimentos em química e indústria têxtil. Esses corantes incluem a fucsina básica (1858), violeta de metila (1861), alizarina (1869), verde de metila (1872), índigo (1878), vermelho congo (1884), orceína (1878), rodamina B (1887) e laranja de acridina (1889), os quais são ainda muito usados na prática laboratorial.

As técnicas de coloração empregando soluções de dois ou mais corantes promoveram um grande avanço no estudo das células e tecidos. A coloração hematoxilina e eosina, também conhecida como H&E ou HE, foi descrita entre 1875 e 1878, com modificações posteriores como a hematoxilina de Delafield (1880), hematoxilina de Ehrlich (1886), hematoxilina férrica de Heidenhain (1896), hematoxilina de Harris (1900) e hematoxilina de Mayer (1903). A coloração de Ziehl-Neelsen (1883) para demonstração do bacilo da tuberculose e a coloração de Gram (1884) para bactérias são exemplos de técnicas de coloração para diagnósticos em microbiologia e patologia ainda em pleno uso depois de um século de descoberta.

Paul Ehrlich, cientista alemão que recebeu o prêmio Nobel em 1908 por suas contribuições nas áreas de patologia e imunologia, desenvolveu corantes para uso em doenças, como o azul de metileno (1891) para tratar a malária e o vermelho de tripan (1904) contra parasitos tripanossomos. O azul de tripan, também desenvolvido por Ehrlich, é um corante vital utilizado para contagem de células e para avaliação da viabilidade celular.

A hematologia foi revolucionada com a inserção na década de 1890 e anos subsequentes da coloração tipo Romanowsky para esfregaços sanguíneos, incluindo as colorações Giemsa (1902) e May-Grünwald (1902). Camillo Golgi desenvolveu técnicas de impregnação pela prata para coloração do tecido nervoso (1873), que foram aprimoradas mais tarde por Santiago Ramón y Cajal (1913) e permitiram a descrição de redes neurais no cérebro e na medula espinhal.

A primeira metade do século XX foi bastante produtiva em termos de avanços técnicos para detecção, nas células e tecidos, de compostos químicos como carboidratos, lipídios e DNA. Estas técnicas, denominadas de técnicas citoquímicas/histoquímicas, são discutidas no próximo capítulo.

Mecanismos de coloração

As técnicas de coloração citológica/histológica fundamentam-se, de maneira geral, em afinidade ácido-base. Os corantes interagem com os componentes celulares por meio de seus radicais ionizáveis, por atração de cargas elétricas (eletrostática). Os radicais ionizáveis constituem grupamentos químicos responsáveis pela cor, chamados de grupamentos cromóforos. Quando o radical ionizável do corante é aniônico (apresentando cargas negativas livres), este é chamado de natureza ácida. Inversamente, se o corante é catiônico (apresentando cargas positivas livres), ele é denominado de natureza básica. Os cromóforos catiônicos (básicos) combinam-se com os grupamentos aniônicos (ácidos) das estruturas celulares. Portanto, as moléculas ácidas como os ácidos nucleicos (ácido desoxirribonucleico – DNA –, e ácido ribonucleico – RNA) são basófilas. Os cromóforos aniônicos (ácidos) dos corantes combinam-se com os componentes celulares básicos, como as proteínas básicas presentes no citoplasma.

Estrutura celular/tecidual	Afinidade por corante
Acidófila (natureza básica)	Ácido
Basófila (natureza ácida)	Básico

Técnicas de coloração

Existem inúmeras técnicas de coloração para estudo das células e tecidos ao microscópio de luz. Essas técnicas utilizam geralmente dois ou mais corantes, preparados em soluções aquosas ou alcoólicas. Alguns exemplos são apresentados a seguir:

- **Hematoxilina-eosina**: a H&E é uma das técnicas de coloração mais usadas em histologia. A hematoxilina é um corante básico que cora em azul-arroxeado os componentes celulares basófilos, como o núcleo e o retículo endoplasmático rugoso. A eosina é um corante ácido que cora na cor rósea os componentes básicos das células, como grande parte das proteínas citoplasmáticas (Figura 4.1).

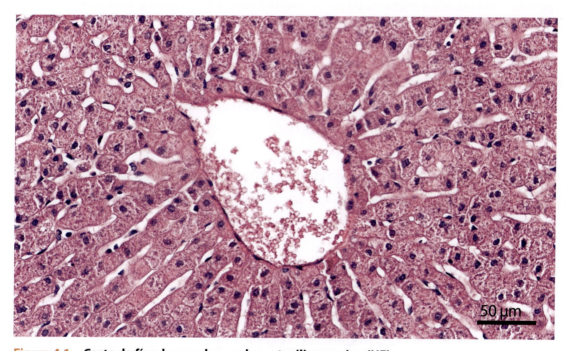

Figura 4.1 Corte de fígado corado com hematoxilina-eosina (HE).
Observe os hepatócitos organizados em fileiras, mostrando citoplasma acidófilo (rosa) e núcleo arredondado e basófilo (azul-arroxeado). As fileiras são separadas por pequenos espaços (capilares sinusoides). Um vaso sanguíneo de maior calibre, cortado transversalmente, é visto no centro do campo, com hemácias coradas pela eosina. Note que as hemácias são anucleadas.

Uma das células com afinidade acentuada pela eosina e que foi identificada por esta característica é o eosinófilo, leucócito envolvido em respostas alérgicas e inflamatórias (Figura 4.2). Tal afinidade ocorre pelo fato dos grânulos secretores presentes no citoplasma dos eosinófilos armazenarem concentrações elevadas de proteínas básicas, como a proteína básica principal (MBP-1), considerada um marcador de eosinófilos por se encontrar tipicamente nessas células.

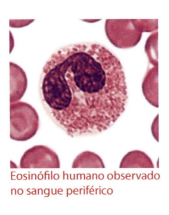
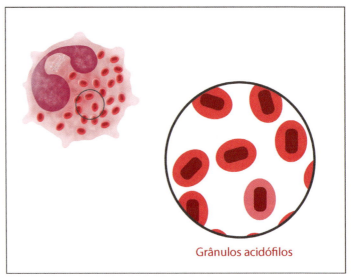

Figura 4.2 Micrografia e esquema de um eosinófilo humano mostrando grânulos de secreção citoplasmáticos fortemente corados pela eosina.

- **Tricrômico de Gomori:** esta técnica de coloração envolve um corante básico (hematoxilina) e dois corantes ácidos (cromótropo 2R e verde-luz). O cromótropo 2R cora em vermelho proteínas básicas como as localizadas no citoplasma de células musculares. Já o verde-luz tem afinidade especial por componentes acidófilos da matriz extracelular, principalmente as fibras colágenas, e, portanto, é muito usado para identificar tecido conjuntivo e alterações patológicas em que há formação dessas fibras (Figura 4.3).

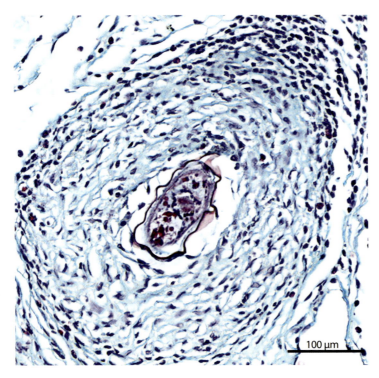

Figura 4.3 Granuloma (área de inflamação em forma nodular) formado no intestino de rato infectado com o parasito *Schistosoma mansoni*.

A secção do órgão foi corada com tricrômico de Gomori. Observe no interior do granuloma o ovo do parasito com estruturas acidófilas coradas em vermelho pelo cromótropo 2R. Ao redor do ovo, é possível notar numerosos núcleos de células inflamatórias e de fibroblastos corados em roxo pela hematoxilina, e a riqueza de fibras colágenas coradas em verde pelo verde-luz.

Ortocromasia/metacromasia

Os termos ortocromasia ou metacromasia podem ser citados quando se usa determinada coloração. O primeiro se relaciona com a capacidade do corante em manifestar-se na sua cor original na estrutura corada. Já a metacromasia é a capacidade que a estrutura tem de alterar a cor do corante utilizado. Um exemplo clássico é a coloração de mastócitos, células que armazenam glicosaminoglicanos sulfatados, como o composto heparina (Figura 4.4). Essa molécula é rica em poliânions que se repetem ao longo de sua estrutura. As moléculas do corante azul de toluidina (natureza básica), ao se ligarem a grupamentos aniônicos por atração eletrostática, sofrem polimerização (união) em decorrência da grande proximidade entre elas. Ocorrendo polimerização, o corante muda de cor, daí a metacromasia. Dessa forma, o corante azul de toluidina, que geralmente cora em azul, manifesta-se em vermelho por conta das características químicas da amostra corada (Figura 4.4).

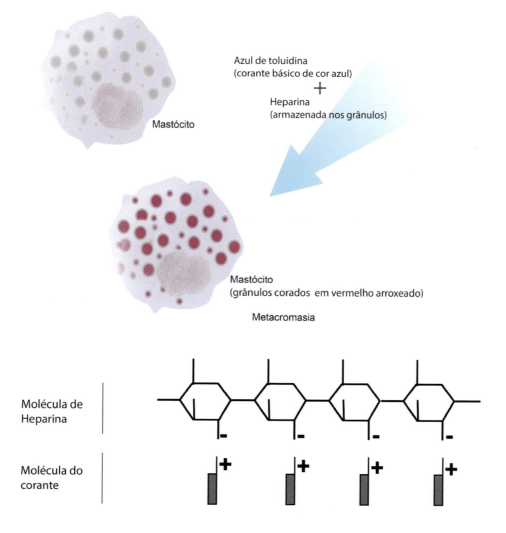

Figura 4.4 **Mecanismo de metacromasia da molécula de heparina, presente em grânulos de secreção de mastócitos.**

Bibliografia

Chiarini-Garcia H, Melo RCN (eds). Light Microscopy: Methods and Protocols. Springer, 2011. 245 p.

Clark G, Kasten FH (eds). History of Staining, Baltimore: Williams & Wilkins, 1983. 304 p.

Coleman R. The long-term contribution of dyes and stains to histology and histopathology. Acta Histochem. 2006;108:81-3.

Cook HC. Origins of... tinctorial methods in histology. J Clin Pathol. 1997;50(9):716-20.

Fabrino DL, Ribeiro GA, Teixeira L, Melo RCN. Histological approaches to study tissue parasitism during the experimental *Trypanosoma cruzi* infection. Methods Mol Biol. 2011;689:69-80.

Horobin, RW, Walter KJ. Understanding Romanowsky staining. I: The Romanowsky-Giemsa effect in blood smears. Histochemistry. 1987; 86:331-6.

Kay AB. The early history of the eosinophil. Clin Exp Allergy. 2015;45:575-82.

Titford M. Progress in the development of microscopical techniques for diagnostic pathology. The J Histotechnol. 2009;32:9-19.

Tolosa EMC, Rodrigues CJ, Behmer OA, Freitas Neto AG. Manual de Técnicas para Histologia Normal e Patológica. Barueri: Manole, 2003. 341 p.

Winau F, Westphal O, Winau R. Paul Ehrlich – in search of the magic bullet. Microbes Infect. 2004;6:786-9.

5

TÉCNICAS CITOQUÍMICAS

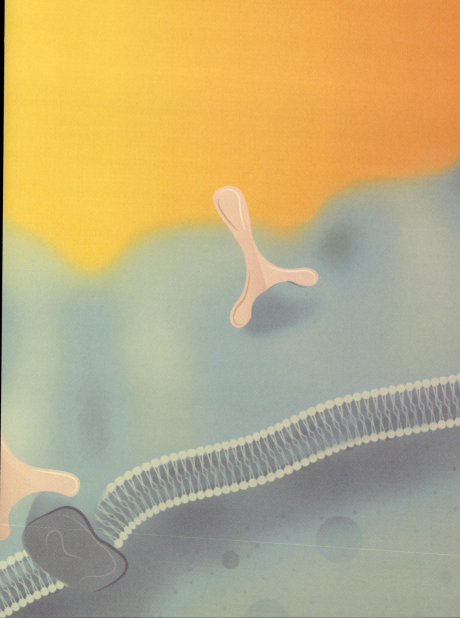

TÉCNICAS CITOQUÍMICAS

Técnicas citoquímicas/histoquímicas são amplamente usadas para o conhecimento da natureza química das células e dos tecidos. Essas técnicas, além de detectarem a presença de compostos específicos, indicam sua localização e distribuição exata, mostrando-se bastante úteis na investigação da fisiologia celular e tecidual.

Conceitos básicos

As técnicas citoquímicas/histoquímicas permitem a localização, ao microscópio de luz ou eletrônico de transmissão, de componentes químicos específicos que compõem as células e os tecidos, respeitando a integridade celular/tecidual. Elas podem ser aplicadas em seções de tecidos, esfregaços ou suspensões celulares e têm como base reações químicas entre o composto pesquisado e o reagente usado, resultando em produtos que podem ser observados ao microscópio. O fato de o material biológico ser mantido íntegro é de grande vantagem, pois permite, em um único preparado, detectar a presença e a localização do composto pesquisado.

Uma técnica citoquímica deve ser específica para o componente pesquisado e sensível (capaz de detectar quantidades muito pequenas do componente). Além disso, sua execução requer o conhecimento do mecanismo da reação química envolvida. Para se localizar determinada substância, a reação química deve resultar em produto insolúvel e corado denominado cromóforo (visível ao microscópio de luz de campo claro), ou em produto que emita fluorescência denominado fluoróforo (visível ao microscópio de fluorescência), ou em produto elétron-denso (visível ao microscópio eletrônico de transmissão). O complexo formado indicará a presença da substância pesquisada (reação positiva) e somente os locais de positividade aparecem marcados na preparação. A Figura 5.1 mostra um exemplo de material biológico preparado com técnica histológica, que possibilita a observação da morfologia geral das células e dos tecidos, e uma técnica histoquímica, para marcação específica de determinado componente celular (noradrenalina).

Dependendo da técnica utilizada e do objetivo do estudo, pode-se submeter os cortes de tecidos a uma contracoloração (coloração não específica, baseada em acidofilia-basofilia), após realização da técnica histoquímica. Esse procedimento revelará estruturas celulares que poderão servir como referência para a análise do material ao microscópio de luz.

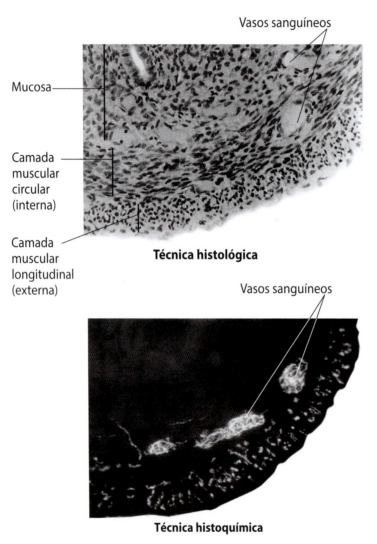

Figura 5.1 **Corte de útero de rata preparado com técnica histológica (painel superior) e histoquímica (painel inferior).**
A técnica histoquímica mostra a localização do neurotransmissor noradrenalina em terminações nervosas situadas na camada muscular externa e ao redor de vasos sanguíneos.
Fonte: micrografia (painel inferior): reproduzida de Melo e Machado, Histoch J, 1993, com permissão.

Aplicações

A seguir são descritas algumas técnicas citoquímicas e suas aplicações em biologia celular.

Técnica citoquímica para demonstração de carboidratos (reação do PAS)

Carboidratos constituem um grupo extenso de substâncias encontradas em células e tecidos, tanto em condições normais como patológicas. A técnica do PAS (ácido periódico – reativo de Schiff) foi descrita em 1946 por McManus e se tornou uma das mais usadas para demonstração de carboidratos simples ou associados a proteínas. Por exemplo, este método é utilizado para demonstrar a presença de glicogênio em secções de tecidos. Este composto é normalmente encontrado em células hepáticas e musculares, e também em alguns adenocarcinomas e outras doenças.

Mecanismo da reação

Tem como base o uso sequencial de dois reagentes seletivos: o ácido periódico (HIO_4) e o reagente de Schiff (fucsina básica-ácido sulfúrico). Em uma primeira etapa, o ácido periódico oxida os grupos hidroxilas livres em dois átomos de carbono adjacentes (grupos glicólicos, chamados de vic-glicol ou amino-glicol, dependendo do tipo de carboidrato), produzindo radicais aldeídicos, ou seja, há quebra da ligação de carbono-carbono e conversão em aldeído. A segunda etapa é caracterizada pela reação dos radicais aldeídicos com o reativo de Schiff, produzindo composto de cor magenta, indicativo da reação (cromóforo).

A REAÇÃO DO PAS É POSITIVA PARA:	
Células animais	**Células vegetais**
Glicoproteínas neutras Glicoproteínas ácidas ricas em ácido siálico Glicogênio	Amido Celulose Hemicelulose Pectinas

Distinção entre carboidratos

Como vários carboidratos respondem positivamente à reação do PAS, pode-se utilizar reações complementares para distingui-los. Por exemplo, a distinção entre glicogênio e glicoproteínas é feita submetendo-se o material a tratamento enzimático com amilase (enzima que digere glicogênio e amido). Assim, as estruturas que não se coram com PAS após a digestão prévia com amilase são células que contêm glicogênio, enquanto as que se coram com PAS, após tratamento com amilase, contêm glicoproteínas.

A distinção entre glicoproteínas neutras de glicoproteínas ácidas e de outros glicoconjugados é feita associando-se a técnica do PAS com a técnica do *alcien blue* (azul de alcian). A positividade desse corante é indicada pelo aparecimento de cromóforo de cor azul celeste (Figura 5.2 e Quadro 5.1). O *alcien blue*, quando preparado em diferentes pHs, marca componentes celulares distintos.

Quadro 5.1 Positividade do *alcien blue*

A REAÇÃO DO *ALCIEN BLUE* É POSITIVA PARA:	
pH 0,5	pH 2,5
Glicoconjugados ácidos sulfatados	Glicoconjugados ácidos sulfatados Glicoconjugados ácidos carboxilados Glicoproteínas ácidas

TÉCNICAS CITOQUÍMICAS   75

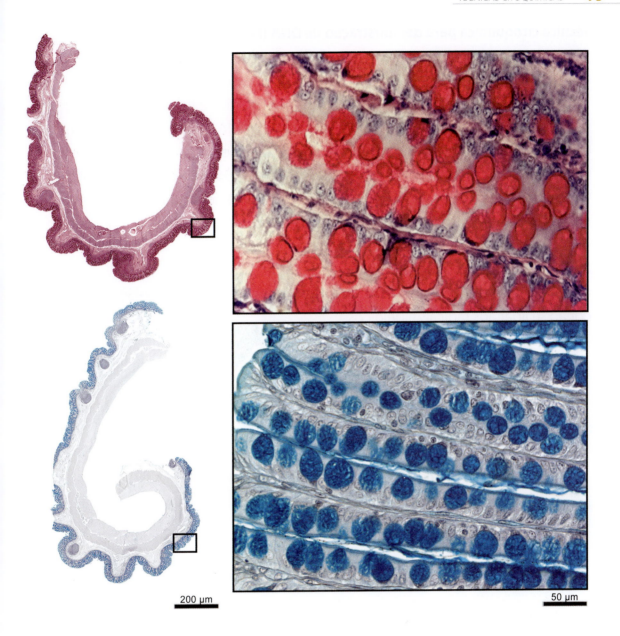

Figura 5.2   Cortes de intestino grosso preparados com PAS (painel superior) ou *alcien blue* (painel inferior).
Em maior aumento, observam-se, no epitélio intestinal, as células caliciformes intensamente coradas em vermelho (PAS) ou azul (*alcien blue*, pH 2,5) em virtude da presença de glicoproteínas ácidas.
Contracoloração: hematoxilina. PAS, ácido periódico-reativo de Schiff.

Técnica citoquímica para demonstração de DNA (Feulgen)

Mecanismo da reação

A reação de Feulgen, descrita em 1924 por Feulgen e Rossenbeck, é baseada na ação hidrolítica do ácido clorídrico (HCl) sobre o DNA e nas propriedades químicas do reativo de Schiff (Figura 5.3). Em uma primeira etapa, o HCl quebra a molécula de DNA, com liberação da base nitrogenada e exposição de grupos aldeídicos sobre o açúcar (desoxirribose). A segunda etapa é caracterizada pela reação dos radicais aldeídicos com o reativo de Schiff, produzindo cromóforo de cor púrpura-lilás. A reação de Feulgen não forma grupos aldeídicos com o açúcar (ribose) do RNA e, portanto, é específica para DNA. Note que tanto a técnica de Feulgen como a do PAS permitem que a fucsina, que estava incolor no reativo de Schiff, adquira cor ao se ligar aos radicais aldeídicos.

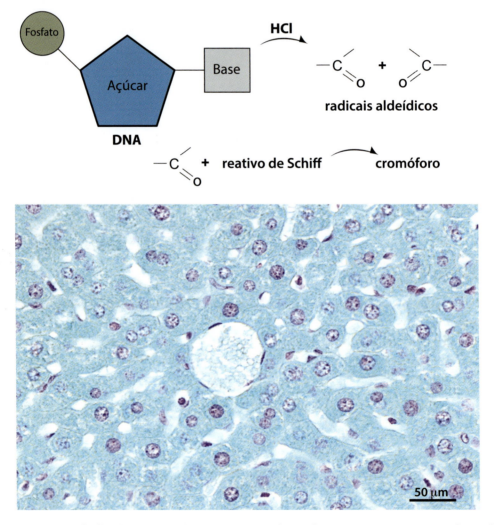

Figura 5.3 Corte de fígado preparado com a reação de Feulgen para DNA, mostrando positividade nos núcleos dos hepatócitos.
Note, no centro do campo, um vaso sanguíneo cortado transversalmente. Contracoloração: fast green.

Técnica citoquímica para demonstração de lipídios (Oil Red O – ORO)

Mecanismo da reação

A marcação de lipídios pelo ORO, descrita em 1926, tem como base as propriedades físicas deste corante, que tem grande afinidade por compartimentos ricos em lipídios, principalmente lipídios neutros. Os sítios marcados aparecem na cor vermelha e podem ser visualizados tanto por microscopia de fluorescência como de campo claro. A técnica do ORO é muito usada para identificação de lipídios em condições normais ou patológicas (Figura 5.4).

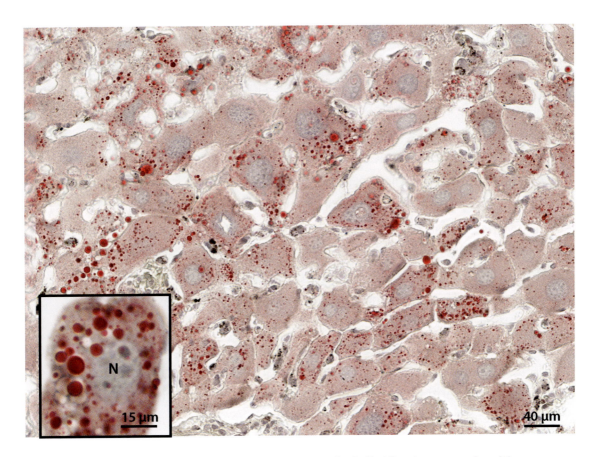

Figura 5.4 Corte de fígado de rato mostrando acúmulo de lipídios (esteatose hepática ou fígado gorduroso).
Observe a presença de grande número de corpúsculos lipídicos arredondados, corados em vermelho pelo Oil Red O e distribuídos no citoplasma dos hepatócitos. Uma dessas células é observada em maior aumento. Contracoloração: hematoxilina. N: núcleo.

Imunocitoquímica

A imunocitoquímica é uma modalidade da citoquímica que tem como objetivo a identificação de uma molécula com potencial antigênico, por meio de seu anticorpo específico. Pelo princípio imunocitoquímico, para cada antígeno (no caso, uma determinada molécula pesquisada), pode-se obter um anticorpo, chamado de anticorpo primário que, por sua vez, pode ser marcado direta ou indiretamente com um composto (marcador), o qual permitirá a visualização do complexo antígeno-anticorpo. Dessa forma, quando o antígeno encontra-se presente na célula ou tecido analisado, o anticorpo primário liga-se diretamente a ele e o complexo resultante é detectado ao microscópio de luz ou eletrônico de transmissão. Conforme mencionado, o produto da reação deve ser corado, emitir fluorescência ou ser elétron-denso, características importantes para demonstrar a positividade da reação. Além disso, a aplicação de uma técnica imunocitoquímica deve ser sempre acompanhada de controles (negativos ou positivos) para fins de validação dos resultados. Uma das limitações da técnica é o custo oneroso dos anticorpos, principalmente de anticorpos monoclonais.

A técnica imunocitoquímica, também denominada de imunomarcação, é uma das mais usadas em pesquisas nas áreas biológica e clínica. Esta técnica detecta moléculas isoladas, geralmente tipos específicos de proteínas. Como exemplo, podem ser citadas proteínas presentes em células tumorais ou em células em processo de morte ou ativação. Portanto, a imunocitoquímica contribui para o entendimento de processos celulares em condições fisiológicas e de doenças.

O método imunocitoquímico mais comumente usado é o indireto e envolve duas etapas. Na primeira etapa, o anticorpo primário se liga ao antígeno correspondente. Na segunda etapa, utiliza-se um segundo anticorpo, denominado de secundário, obtido contra o anticorpo primário. O anticorpo secundário é conjugado com um marcador que indicará a positividade da reação (Figura 5.5).

Figura 5.5 Representação esquemática da técnica imunocitoquímica (método indireto).

Imunocitoquímica ultraestrutural

A Figura 5.6 ilustra a aplicação da técnica imunocitoquímica em microscopia eletrônica. No caso, foi pesquisada a localização da proteína CD63 em leucócitos humanos (eosinófilos). Na primeira etapa, as células foram seccionadas e incubadas com solução contendo o anticorpo primário anti-CD63 (obtido em camundongo contra CD63 humano). Na segunda etapa, foi feita incubação com o anticorpo secundário (obtido em carneiro, contra anticorpo de camundongo), conjugado com marcador elétron-denso (partículas de ouro de dimensões muito pequenas). O resultado é a identificação precisa da proteína CD63 em sítios intracelulares. A técnica imunocitoquímica ultraestrutural (imunomarcação ultraestrutural) é conhecida como *immunogold* pelo fato de utilizar anticorpos marcados com partículas de ouro.

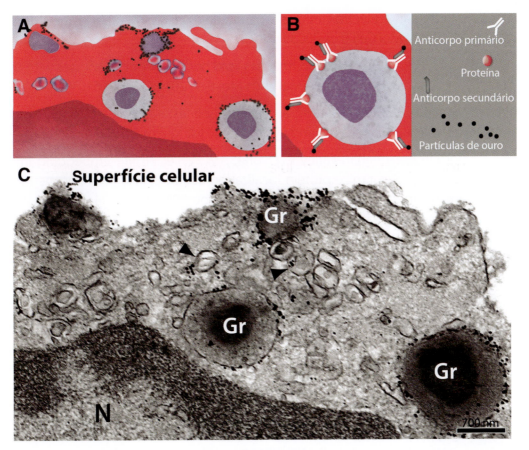

Figura 5.6 **Técnica de imunomarcação ultraestrutural com partículas de ouro (*immunogold*).**
Em (A, B), esquema mostrando o princípio da técnica. A proteína de interesse é investigada com o uso de um anticorpo primário obtido contra esta proteína, seguido pela aplicação de um anticorpo secundário (contra o anticorpo primário) conjugado com partículas de ouro da ordem de nanômetros (1,4 nm). Em (C), a micrografia eletrônica mostra parte do citoplasma de um leucócito humano (eosinófilo) marcado para a proteína CD63, envolvida em secreção. A positividade para esta proteína é observada na superfície celular, em grânulos secretores (Gr) e em vesículas de transporte (cabeças de setas).
Fonte: adaptada de Melo et al. Nature Protocols, 2014.

Bibliografia

Amaral KB, Silva TP, Malta KK, Carmo LA, Dias FF, Almeida MR, et al. Natural *Schistosoma mansoni* Infection in the wild reservoir *Nectomys squamipes* leads to excessive lipid droplet accumulation in hepatocytes in the absence of liver functional impairment. PLoS One. 2016;11:e0166979.

Chan JK, Ip YT, Cheuk W. The utility of immunohistochemistry for providing genetic information on tumors. Int J Surg Pathol. 2013;21:455-75.

Clark G, Kasten FH. History of Staining. Baltimore: Williams & Wilkins, 1983. 304 p.

Exbrayat J-M. Histochemical and Cytochemical Methods of Visualization. New York: CRC, 2013. 367 p.

Kasten, FH. Robert Feulgen and his histochemical reaction for DNA. Biotech Histochem. 2003;78, 45-9.

Koster AJ, Klumperman J. Electron microscopy in cell biology: integrating structure and function. Nat Rev Mol Cell Biol. 2003;Suppl:SS6-10.

Melo RCN, D'avila H, Bozza PT, Weller PF. Imaging lipid bodies within leukocytes with different light microscopy techniques. Methods Mol Biol. 2011;689:149-61.

Melo RCN, Machado CRS. Noradrenergic and acetylcholinesterase-positive nerve fibres of the uterus in sexually immature and cycling rats. Histochem J. 1993;25:213-8.

Melo RCN, Morgan E, Monahan-Earley R, Dvorak AM, Weller PF. Pre-embedding immunogold labeling to optimize protein localization at sub-cellular compartments and membrane microdomains of leukocytes. Nat Protoc. 2014;9:2382-94.

Mello MLS, Vidal BC. The Feulgen reaction: A brief review and new perspectives. Acta Histochem. 2017; 119, 603-609.

Melo RCN, Weller PF. Vesicular trafficking of immune mediators in human eosinophils revealed by immunoelectron microscopy. Exp Cell Res. 2016;347:385-90.

Ramos-Vara JA. Principles and methods of immunohistochemistry. Methods Mol Biol. 2011;691:83-96.

Schikorski T. Pre-embedding immunogold localization of antigens in mammalian brain slices. Methods Mol Biol. 2010;657:133-44.

Tabatabaei Shafiei, M, Carvajal Gonczi, CM, Rahman, MS, East, A, Francois, J, Darlington, PJ. Detecting glycogen in peripheral blood mononuclear cells with periodic acid schiff staining. 2014. J. Vis. Exp. doi: 10.3791/52199.

Titford M. Progress in the development of microscopical techniques for diagnostic pathology. The J Histotechnol. 2009;32:9-19.

Tolosa EMC, Rodrigues CJ, Behmer OA, Freitas Neto AG. Manual de Técnicas para Histologia Normal e Patológica. Barueri: Manole, 2003. 341 p.

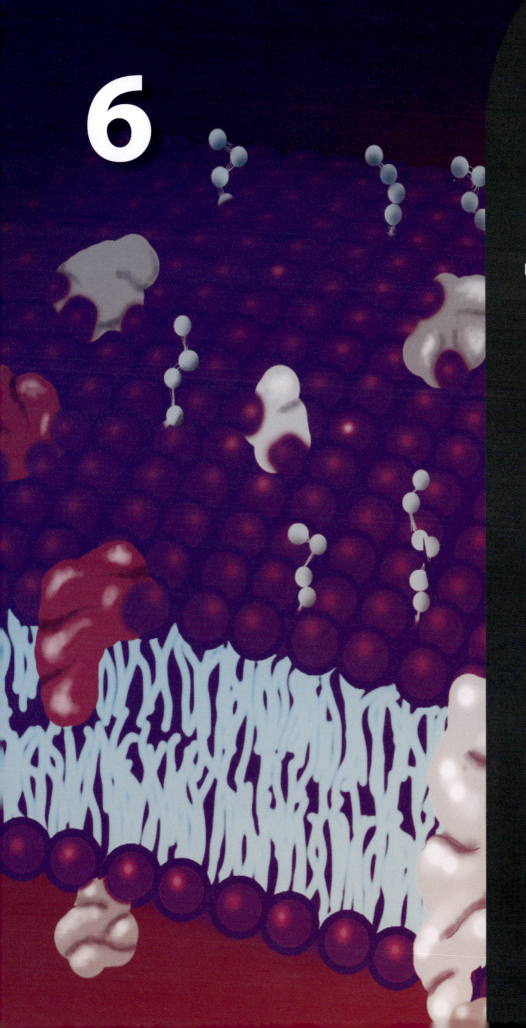

6

MEMBRANA PLASMÁTICA

MEMBRANA PLASMÁTICA

Todas as células são envoltas por uma membrana denominada membrana plasmática. Essa membrana não atua apenas como o limite de separação entre o conteúdo intracelular e o meio extracelular, trata-se de uma estrutura altamente elaborada que confere funções essenciais às células como comunicação com o meio externo e o transporte de moléculas. Membranas plasmáticas são barreiras seletivas que permitem a entrada de substâncias específicas enquanto outras são exportadas. Além disso, concentram nutrientes dentro da célula e possibilitam a transdução de estímulos externos em sinais intracelulares.

Composição e estrutura

Apesar da teoria celular ter sido formulada por volta de 1839, a existência e a estrutura das membranas celulares tornaram-se conhecidas somente no século XX. Na década de 1970, a formulação da hipótese do "modelo do mosaico fluido", por Singer e Nicolson, estabeleceu que todas as membranas são compostas por lipídios (principalmente fosfolipídios), proteínas e carboidratos. O termo "mosaico" refere-se à mistura de lipídios e proteínas na membrana, e "fluido" ao fato destas moléculas poderem se mover lateralmente, permitindo assim a difusão e a passagem de compostos.

A membrana plasmática, por seu alto teor lipídico, mantém a integridade da célula, segregando e preservando o conteúdo intracelular. Ao mesmo tempo em que cria uma barreira, os lipídios da membrana interagem com o meio aquoso intra e extracelular por serem moléculas anfipáticas, ou seja, com propriedades hidrofóbicas e hidrofílicas. Cada molécula de lipídio tem uma região polar (cabeça) e uma apolar (cauda) e o conjunto de lipídios encontra-se arranjado em duas camadas intimamente sobrepostas, formando a bicamada lipídica (Figura 6.1). Esta bicamada é assimétrica em relação aos tipos de lipídios e proteínas presentes nas duas camadas.

Além de atuar como barreira, a membrana plasmática apresenta outras funções importantes, como a capacidade de transportar moléculas, de receber informações e de oferecer identidade à célula, ou seja, é por meio da membrana que as células são reconhecidas como próprias ou não de um organismo. Tais funções são decorrentes da presença de proteínas e carboidratos (Figura 6.1). As proteínas da membrana plasmática associam-se de várias formas com a bicamada lipídica, podem se inserir parcial ou totalmente na espessura da bicamada (proteínas integrais) ou se ligar à bicamada por meio de uma molécula lipídica ou de outra proteína da membrana (proteínas periféricas). As proteínas integrais que se estendem através de toda a espessura da membrana são chamadas transmembranas. Os carboidratos localizam-se apenas na face externa da membrana plasmática, ligados a proteínas, formando glicoproteínas, ou a lipídios, constituindo glicolipídios (Figura 6.1). O conjunto de carboidratos recebe o nome de glicocálice.

Propriedades

A membrana plasmática tem notável propriedade mecânica, o que lhe permite acompanhar sempre o crescimento e a mudança de forma da célula. Ela pode ter sua área aumentada por adição de membrana nova sem jamais perder sua continuidade; pode se deformar sem romper e, quando perfurada, é rapidamente selada. Essa capacidade se deve à fluidez da membrana. É difícil imaginar como uma célula poderia viver, crescer e se reproduzir se as suas membranas não fossem fluidas. A fluidez capacita as proteínas da membrana a difundirem-se rapidamente no plano da bicamada e ainda a interagirem umas com as outras, o que é essencial, por exemplo, para a sinalização celular. A fluidez permite a fusão entre membranas e garante que moléculas da membrana sejam igualmente distribuídas entre células-filhas quando uma célula se divide.

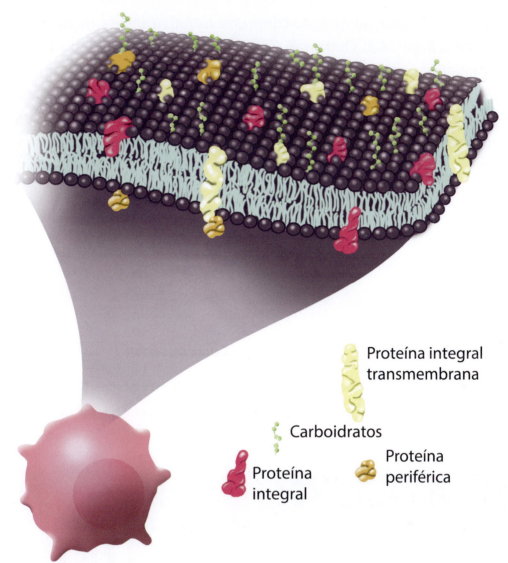

Figura 6.1   **Representação esquemática da membrana plasmática.**

Observação da superfície celular

A membrana plasmática é invisível ao microscópio de luz, pois possui dimensões (cerca de 7-10 nm) abaixo do limite de resolução desse microscópio (200 nm). Portanto, as características morfológicas da superfície celular são vistas apenas em alta resolução por microscopia eletrônica.

Diversos tipos celulares necessitam de grande área de superfície para executar suas atividades (Figura 6.2). Em determinadas células intestinais e renais, a membrana plasmática tem maior área na superfície apical dessas células, onde são formadas as microvilosidades, projeções citoplasmáticas envolvidas na absorção de nutrientes (Figuras 6.2 e 6.3). As microvilosidades têm morfologia típica e são sustentadas por elementos do citoesqueleto, os filamentos de actina (ver capítulo 8). O glicocálice é muito desenvolvido na área das microvilosidades e aparece ao microscópio eletrônico de transmissão como uma estrutura amorfa, moderadamente elétron-densa (Figura 6.3). Outras células epiteliais que captam grande quantidade de íons a partir da região basal (células dos tubos renais e dos ductos estriados das glândulas salivares) apresentam, neste local, área de superfície aumentada para recobrir invaginações profundas (dobras para dentro) – as pregas basais (Figura 6.2). Uma mesma célula pode apresentar microvilosidades e pregas basais (Figura 6.2).

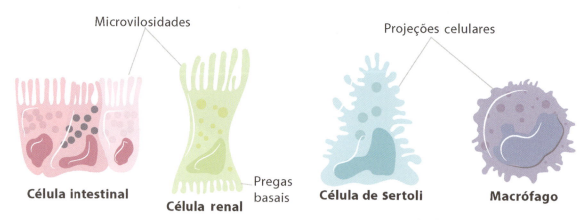

Figura 6.2 **Representação esquemática de células com grande área de superfície.**

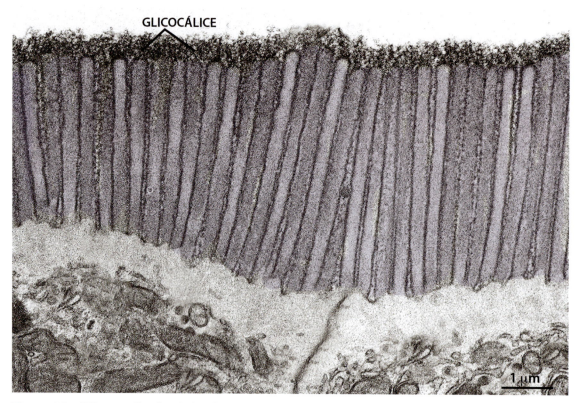

Figura 6.3 **Micrografia eletrônica de células do epitélio intestinal mostrando microvilosidades (destacadas em lilás) na região apical.**
Note a presença do glicocálice que aparece como uma camada de material amorfo na superfície das células.
Fonte: cortesia de Ann M. Dvorak.

Outras células que apresentam área de superfície extensa são: a célula de Sertoli, presente nos testículos, e o macrófago, célula do tecido conjuntivo. Essas células formam expansões citoplasmáticas em grande parte da superfície celular. Na célula de Sertoli (Figura 6.2), as projeções possibilitam o contato com as células germinativas do túbulo seminífero, estabelecendo interações fundamentais para o processo espermatogênico. Para o macrófago (Figura 6.4), a grande superfície celular, observada como dobras e rugosidades por microscopia eletrônica de varredura, facilita os processos de locomoção e fagocitose. Esse aspecto rugoso é também visto na superfície de leucócitos, em contraste com as hemácias que mostram superfície lisa (Figura 6.5).

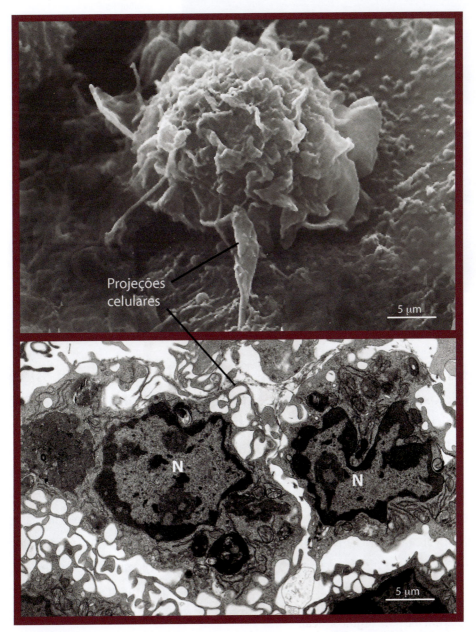

Figura 6.4   Micrografias de macrófagos observados ao microscópio eletrônico de varredura (MEV, painel superior) e microscópio eletrônico de transmissão (MET, painel inferior).
Note o grande número de projeções na superfície celular vistas em três dimensões (MEV) ou bidimensionalmente (MET). N: núcleo.

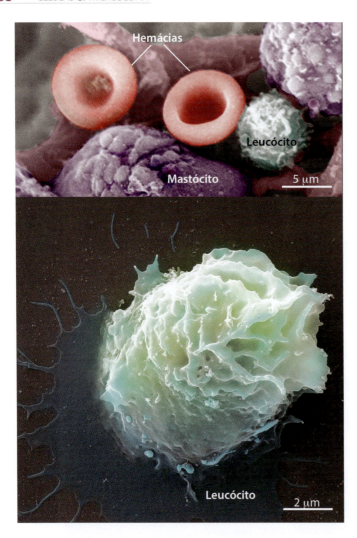

Figura 6.5
Micrografias de hemácias e leucócitos observados ao microscópio eletrônico de varredura.
No painel superior, essas células são vistas em tecido (linfonodo) juntamente com mastócitos em processo de desgranulação.
O painel inferior mostra um leucócito humano (eosinófilo) isolado do sangue periférico. Imagens coloridas digitalmente.

Fonte: micrografia (painel superior): cortesia de Hélio Chiarini-Garcia.

Identificação de membranas ao MET

Em cortes ultrafinos

O microscópio eletrônico de transmissão (MET) possibilita a identificação precisa tanto da membrana plasmática como de outras membranas da célula. Em secções do material biológico preparadas para o MET (cortes ultrafinos), as membranas mostram aspecto típico. Isto se baseia na alta reatividade do tetróxido de ósmio, composto usado no processamento de amostras para microscopia eletrônica (ver capítulo 3), com as regiões polares das moléculas de fosfolipídios da bicamada lipídica, levando-as a aparecer escuras, enquanto o centro da membrana aparece claro (Figura 6.6). Portanto, as membranas biológicas observadas ao MET são classicamente reconhecidas por seu aspecto "trilaminar", no qual as cabeças hidrofílicas de fosfato formam duas lâminas elétron-densas separadas por uma lâmina elétron-lúcida. Essa lâmina central corresponde às caudas dos ácidos graxos, uma vez que o tetróxido de ósmio não reage com as regiões hidrofóbicas da membrana (Figura 6.6). O aspecto trilaminar permite a identificação universal tanto da membrana plasmática como das membranas que revestem organelas e vesículas (Figura 6.7). A estrutura trilaminar, pelo fato de constituir todas as biomembranas, foi denominada de unidade de membrana ou membrana unitária. No entanto, as diversas unidades de membrana, apesar de serem formadas por uma bicamada lipídica, não são exatamente iguais, diferindo em composição química, espessura e funções. Algumas organelas como a mitocôndria e o núcleo são delimitadas por duas unidades de membrana, ou seja, duas membranas.

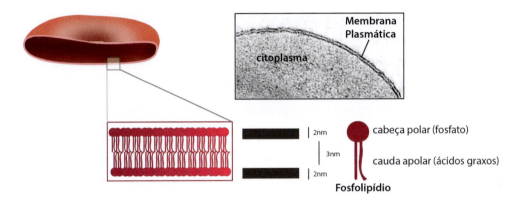

Figura 6.6 Aspecto trilaminar da membrana plasmática visto em cortes ultrafinos ao microscópio eletrônico de transmissão.

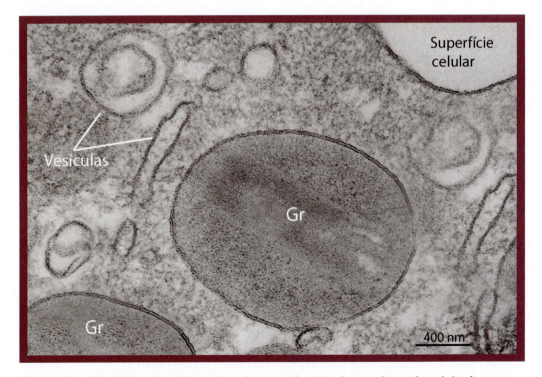

Figura 6.7 Eletromicrografia mostrando parte do citoplasma de um leucócito humano.
O aspecto trilaminar da membrana plasmática que reveste a superfície celular é também observado ao redor de grânulos de secreção (Gr) e vesículas.

Em criofraturas

A criofratura estabeleceu-se em meados da década de 1960 como técnica valiosa para o conhecimento da organização estrutural de membranas, pois revela aspectos que não podem ser observados em cortes ultrafinos de amostras biológicas. A técnica consiste em quebrar uma amostra congelada e produzir um molde (réplica metálica) do plano da fratura para observação ao MET. Existem quatro etapas principais para obtenção da réplica metálica: 1) congelamento rápido da amostra em nitrogênio líquido; 2) fratura em baixa temperatura com a utilização de uma lâmina; 3) deposição, sob vácuo, de platina e carbono sobre a superfície fraturada; e 4) digestão dos restos celulares. A réplica é posteriormente analisada ao MET.

A técnica da criofratura é única entre as técnicas de microscopia eletrônica pelo fato de oferecer vistas da organização interna das membranas e, por isso, promoveu avanços importantes no entendimento de estruturas juncionais intercelulares, descritas a seguir. Isto ocorre porque existe uma tendência do plano de fratura incidir no interior hidrofóbico das membranas, onde as ligações são mais fracas. Dessa forma, a criofratura de uma membrana separa a bicamada em dois folhetos, o que cria perspectivas tridimensionais da organização das membranas nas quais as vistas *en face* (do interior da membrana) são trazidas para fora. Em grandes aumentos, os detalhes da estrutura das membranas podem ser observados em resolução macromolecular. Em particular, a distribuição e organização de proteínas integrais podem ser apreciadas.

Existe uma nomenclatura para identificação das superfícies e faces das imagens geradas a partir da técnica de criofratura. Cada folheto da bicamada tem uma superfície e uma face. A superfície do folheto voltada para o meio extracelular é chamada superfície extracelular (SE), enquanto a superfície do folheto voltada para o meio intracelular (protoplasmático) é denominada superfície protoplasmática (SP). Após fratura da membrana, a SE expõe a face chamada "face E", enquanto a SP expõe a face denominada "face P" (Figura 6.8).

Em geral, as proteínas da membrana não são fraturadas, permanecendo associadas predominantemente ao folheto protoplasmático, o que é explicado pelo fato da maioria das proteínas estarem ancoradas ao meio intracelular. Portanto, quando se analisa uma micrografia eletrônica de criofratura, notam-se partículas principalmente na face P e depressões complementares na face E, como mostrado no esquema (Figura 6.8). A técnica de criofratura pode ser associada com imunomarcação para detectar proteínas específicas com o uso de anticorpos conjugados com partículas de ouro (ver capítulo 4) (Figura 6.9).

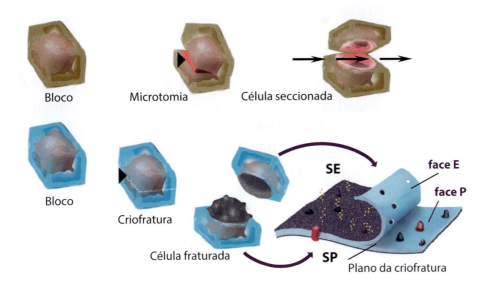

Figura 6.8 Comparação entre microtomia e criofratura.
Na microtomia, a célula é seccionada em diferentes planos. A técnica de criofratura quebra a célula na região central das membranas, formando dois folhetos e revelando vistas (faces E e P) do interior da membrana a partir de réplicas metálicas. SE: superfície extracelular; SP: superfície protoplasmática.

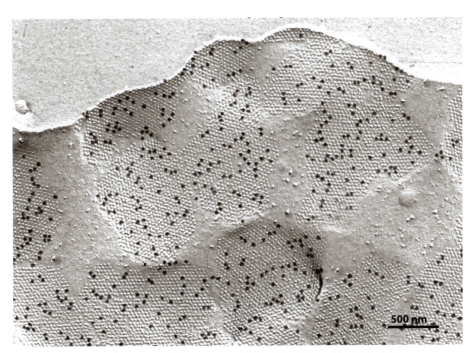

Figura 6.9 Eletromicrografia de uma criofratura da região apical da membrana plasmática (face E) de células uroteliais.
Após criofratura, foi aplicada imunomarcação para a proteína uroplaquina, detectada com partículas de ouro elétron-densas conjugadas com anticorpos.
Fonte: reproduzida de Kreft & Robenek, Plos One, 2012, sob os termos da licença Creative Commons (CC BY), disponível em https:// creativecommons.org/licenses/by/4.0/legalcode.

Estruturas juncionais

A membrana plasmática pode apresentar modificações estruturais ao longo de sua extensão. Nesses locais, as proteínas têm composição e arranjo diferenciado do restante da membrana, compondo estruturas juncionais intercelulares (microdomínios especializados que envolvem as membranas plasmáticas de duas células vizinhas). Esses complexos juncionais servem principalmente para promover maior união entre as células, vedação entre uma célula e outra e comunicação intercelular.

Junção aderente e desmossomo

Em tecidos sujeitos a atrito e tensão mecânica, como epitélios e músculo cardíaco, são encontradas estruturas juncionais denominadas junções aderentes e desmossomos. A junção (ou zônula) aderente tem morfologia variada e frequentemente forma um cinturão contínuo ao redor de células epiteliais. Os desmossomos são placas constituídas pelas membranas de duas células vizinhas (Figura 6.10). Filamentos do citoesqueleto (ver capítulo 8) ancoram na face citoplasmática das junções aderentes e dos desmossomos enquanto proteínas transmembranas da família das caderinas se estendem da membrana plasmática para o espaço intercelular, garantindo assim coesão estrutural entre as células (Figura 6.10). Ao MET, essas estruturas juncionais aparecem como regiões espessas e elétron-densas da membrana plasmática, com material amorfo elétron-denso associado (Figura 6.10). O espaço intermembranoso na região dos desmossomos e zônulas de adesão é cerca de 20 nm. Na região basal de células epiteliais são observados também os hemidesmossomos, os quais promovem união dessas células com o tecido conjuntivo subjacente através da lâmina basal (camada de matriz extracelular que suporta a superfície basal do epitélio).

Junção oclusiva

A junção (ou zônula) oclusiva tem a função de selar duas células vizinhas, impedindo a passagem de moléculas entre elas. Isso é importante para o controle celular de íons e outras moléculas, impedindo a difusão destes e criando potenciais elétricos diferentes. Além disso, as junções oclusivas apresentam papel na manutenção da polaridade celular, pois mantêm o domínio apical da membrana plasmática diferente da porção basal ou basolateral. Em eletromicrografias, essas junções aparecem como uma região de fusão das membranas plasmáticas de duas células adjacentes. Proteínas da família das claudinas são importantes constituintes das junções oclusivas e, por esta razão, a imunomarcação dessas proteínas é usada para detectar a ocorrência dessas junções por microscopia de luz.

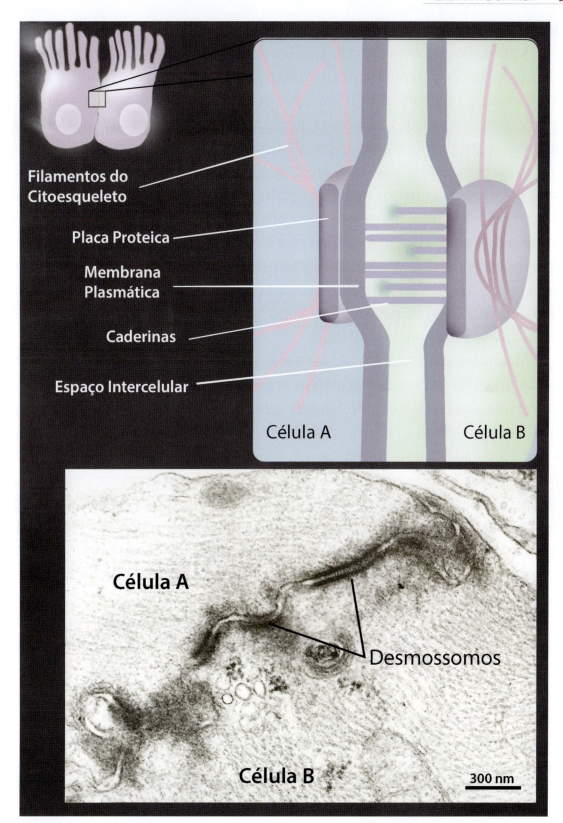

Figura 6.10 **Representação esquemática e eletromicrografia de desmossomos.**
No espaço intercelular, proteínas transmembranas de duas células vizinhas (caderinas) se estendem para promover união.

Junções comunicantes

A comunicação entre as células é um fator essencial para o funcionamento celular. As junções comunicantes, também chamadas de junções gap ou nexos, são canais para comunicação direta entre duas células adjacentes. Por meio dessas junções, as atividades das células que constituem os tecidos são coordenadas, permitindo, assim, o funcionamento integrado destes. Isso é importante, por exemplo, para contração eficiente dos cardiomiócitos no tecido muscular cardíaco. No sistema nervoso central, os neurônios estão organizados em redes por meio das junções comunicantes (nesse caso também chamadas de sinapses elétricas) que estabelecem comunicação essencial entre eles. Além disso, junções comunicantes têm papel central para sinalização de processos morfogenéticos durante o desenvolvimento. A comunicação entre as células promovida pelas junções comunicantes ocorre por meio da passagem de impulsos elétricos ou moléculas como íons, mensageiros e pequenos metabólitos.

As junções comunicantes são formadas por um conjunto de complexos proteicos (tubos proteicos) que aparecem como partículas distintas em réplicas de criofraturas. Cada tubo é constituído pela aposição de dois tubos menores (conexônios), provenientes de cada uma das células vizinhas, que se conectam no espaço intercelular. Cada conexônio, por sua vez, é formado por seis unidades de proteínas transmembranas chamadas conexinas (Figura 6.11). Essas proteínas constituem uma família com muitas isoformas que variam conforme o tipo celular/organismo. Os conexônios podem ser formados por isoformas idênticas ou diferentes de conexinas, as quais têm nomenclatura de acordo com o peso molecular. A conexina 43 (Cx43), por exemplo, é a conexina de 43 kDa predominante no miocárdio. As junções comunicantes entre neurônios podem ser compostas por Cx36, Cx45 ou Cx57.

Em cortes ultrafinos observados ao MET, principalmente em maior aumento, a junção comunicante aparece como uma estrutura pentalaminar, formada pela aposição de duas unidades de membrana (das duas células adjacentes) intimamente associadas. Nas junções comunicantes, essas membranas quase se tocam. O espaço intermembranoso (entre as duas unidades de membrana justapostas) é tão pequeno (cerca de 2-4 nm) que as lâminas elétron-densas voltadas para o meio externo aparecem como uma única banda, conferindo assim o aspecto pentalaminar (Figura 6.11). Essa morfologia típica permite distinguir as junções comunicantes daquelas envolvidas com adesão celular (desmossomos e junções aderentes), as quais apresentam as unidades de membranas das duas células em aposição separadas por espaço maior, de aproximadamente 20 nm. Além disso, as faces citoplasmáticas das junções comunicantes mostram uma camada muito fina de material amorfo elétron-denso enquanto essa camada é mais espessa e facilmente observada nas junções aderentes e desmossomos (Figura 6.10).

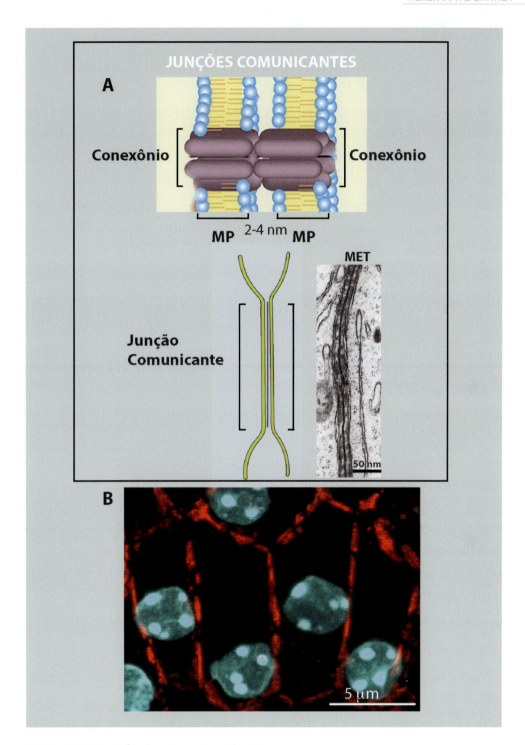

Figura 6.11 Estrutura das junções comunicantes.
(A) Observe a estrutura de dois conexônios que formam um canal entre células adjacentes. Ao microscópio eletrônico de transmissão (MET), as junções comunicantes aparecem como estruturas alongadas, com comprimento variável e aspecto pentalaminar, resultante da proximidade das membranas plasmáticas (MP). (B) Imunomarcação para a proteína conexina 30 (em vermelho) em junções comunicantes de células da cóclea (ouvido interno). O núcleo das células foi corado com DAPI.
Fonte: painel B: imagem reproduzida de Kidokoro et al. PLos One, 2014, sob os termos da licença Creative Commons (CC BY), disponível em https://creativecommons.org/licenses/by/4.0/legalcode.

Bibliografia

Alberts B, Johnson A, Lewis JC, Morgan D, Raff M, Roberts K, et al. Molecular Biology of the Cell. Garland Science, 2014. 1464 p.

Bell CL, Murray SA. Adrenocortical gap junctions and their functions. Front Endocrinol (Lausanne). 2016;7:82.

De Zorzi R, Mi W, Liao M, Walz T. Single-particle electron microscopy in the study of membrane protein structure. Microscopy (Oxf). 2016;65:81-96.

Freund-Michel V, Muller B, Marthan R, Savineau JP, Guibert C. Expression and role of connexin-based gap junctions in pulmonary inflammatory diseases. Pharmacol Ther. 2016;164:105-19.

Junqueira LC, Carneiro J. Biologia Celular e Molecular. Guanabara Koogan, 2012. 364 p.

Kidokoro Y, Karasawa K, Minowa O, Sugitani Y, Noda T, Ikeda K, et al. Deficiency of transcription factor Brn4 disrupts cochlear gap junction plaques in a model of DFN3 non-syndromic deafness. PLoS One. 2014;9:e108216.

Lodish H, Berk A, Kaiser CA, Krieger M, Bretscher A, Ploegh H, et al. Cell Biology. New York: W.H. Freeman, 2016. 1280 p.

Lombard J. Once upon a time the cell membranes: 175 years of cell boundary research. Biol Direct. 2014;9:32.

Marquardt D, Kucerka N, Wassall SR, Harroun TA, Katsaras J. Cholesterol's location in lipid bilayers. Chem Phys Lipids. 2016;199:17-25.

Nicolson GL. The Fluid-Mosaic Model of Membrane Structure: still relevant to understanding the structure, function and dynamics of biological membranes after more than 40 years. Biochim Biophys Acta. 2014;1838:1451-66.

Nicolson GL, Singer SJ. Electron microscopic localization of macromolecules on membrane surfaces. Ann N Y Acad Sci. 1972;195:368-75.

Ponuwei GA. A glimpse of the ERM proteins. J Biomed Sci. 2016;23:35.

Robertson JD. Membrane structure. J Cell Biol. 1981;91:189s-204s.

Rossy J, Ma Y, Gaus K. The organisation of the cell membrane: do proteins rule lipids? Curr Opin Chem Biol. 2014;20:54-9.

Severs NJ. Microscopy of the gap junction: a historical perspective. Microsc Res Tech. 1995;31:338-46.

Severs NJ, Gourdie RG, Harfst E, Peters NS, Green CR. Intercellular junctions and the application of microscopical techniques: the cardiac gap junction as a case model. J Microsc. 1993;169:299-328.

Singer SJ, Nicolson GL. The fluid mosaic model of the structure of cell membranes. Science. 1972;175:720-31.

Stroemlund LW, Jensen CF, Qvortrup K, Delmar M, Nielsen MS. Gap junctions – guards of excitability. Biochem Soc Trans. 2015;43:508-12.

7

ENDOCITOSE

ENDOCITOSE

Endocitose é o processo de internalização de materiais do meio extracelular para o meio intracelular por intermédio de alterações morfológicas da superfície celular. Trata-se de transporte em quantidade para dentro da célula e os materiais podem ser fluidos, partículas, macromoléculas, microrganismos ou outras células.

Aspectos gerais

A endocitose tem início quando o material entra em contato com uma pequena porção da membrana plasmática e depois é englobado por esta, ficando confinado no interior de vesículas delimitadas pela membrana, denominadas vesículas endocíticas. Essas vesículas brotam e se destacam da membrana plasmática, aprofundando-se no citoplasma e seguindo uma via endocítica. Nesse caminho, as vesículas endocíticas interagem com componentes do compartimento endossômico, um conjunto de tubos e vacúolos (endossomos), os quais atuam na distribuição das vesículas endocíticas em diferentes vias dentro da célula. Os eventos de internalização são dependentes do citoesqueleto, que atua no remodelamento da membrana plasmática e auxilia na formação e no transporte das vesículas no citoplasma. As vias endocíticas podem receber diversas denominações e têm papel importante na captação de nutrientes e moléculas envolvidas na regulação celular, no direcionamento intracelular de agentes terapêuticos e na determinação do destino intracelular de patógenos e toxinas.

Processos de endocitose

A endocitose é geralmente classificada em dois processos básicos, identificados com relação ao tipo de material internalizado: a fagocitose (englobamento de partículas sólidas) e a pinocitose (englobamento de fluidos). No entanto, sabe-se que a endocitose é um processo celular muito mais complexo e que envolve diferentes mecanismos moleculares.

Fagocitose

A fagocitose é uma forma de endocitose fundamental para destruir microrganismos invasores e remover células senescentes ou em processo de degeneração/morte. Por exemplo, após cerca de 120 dias em circulação, as hemácias precisam ser eliminadas por causa de alterações degenerativas e esgotamento metabólico. A fagocitose dessas hemácias é feita por macrófagos presentes em número elevado em órgãos como fígado e baço. Células em processo de morte por apoptose (ver capítulo 13) formam corpos apoptóticos, vacúolos envoltos por membrana que contêm organelas celulares, as quais também são removidas por fagocitose. O processo de fagocitose de corpos apoptóticos é conhecido como eferocitose.

A fagocitose depende da interação com receptores específicos presentes na superfície da célula fagocitária. Esses receptores reconhecem anticorpos ou outras moléculas que recobrem a partícula, levando à adesão e à internalização desta por meio de projeções da membrana plasmática, chamadas de pseudópodes. As vesículas endocíticas formadas na fagocitose são denominadas fagossomos (Figura 7.1).

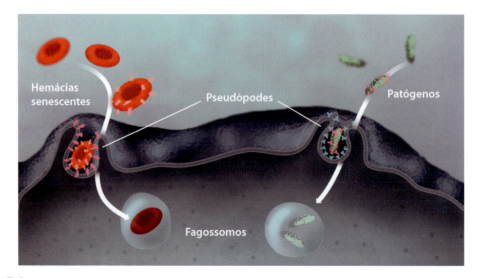

Figura 7.1
Esquema mostrando o processo de fagocitose de microrganismos patogênicos e hemácias.
O processo depende do reconhecimento de anticorpos na superfície do patógeno ou do fator C3 do complemento (proteína do plasma sanguíneo) que recobre hemácias senescentes.

Tabela 7.1 Principais características da fagocitose

Material englobado	• Partículas grandes: restos celulares, hemácias velhas e microrganismos
Vesículas endocíticas formadas	• Grandes (0,5 a 10 µm de diâmetro) • Denominadas de fagossomos
Células que realizam	• Macrófagos • Leucócitos (monócitos, neutrófilos e eosinófilos)
Participação de receptores específicos da membrana plasmática	• Sim; o que permite selecionar o material a ser internalizado pela célula
Alteração morfológica de célula	• Formação de pseudópodes (projeções da superfície celular)
Funções	• Defesa contra infecções e agentes estranhos ao organismo • Remoção de restos celulares • Remoção de corpos apoptóticos • Degradação de hemácias velhas e outras células alteradas
Observação do processo	• Ao microscópio de luz e eletrônico

Maturação do fagossomo

Fagossomos recém-formados (nascentes) são imaturos e incapazes de matar patógenos fagocitados. Esses fagossomos passam por uma série de modificações à medida que são direcionados na via endocítica, mediante eventos sequenciais de fusão e brotamento com e/ou a partir de organelas dessa via. Essas modificações, caracterizadas principalmente por aquisição de determinadas moléculas e aumento gradativo da acidez fazem parte do processo de maturação do fagossomo, imprescindível para degradar microrganismos.

Imediatamente após formação, o fagossomo se funde com o compartimento denominado endossomo inicial ou precoce, quando forma o fagossomo inicial ou precoce (Figura 7.2) e adquire moléculas como a GTPase Rab5. O fagossomo precoce tem conteúdo com acidez moderada (pH 6,1-6,5) e atividade hidrolítica pobre. Durante essa etapa, ocorre ainda a reciclagem da membrana e dos receptores que foram internalizados, os quais retornam para a membrana plasmática (Figura 7.2). Em uma etapa posterior, o fagossomo precoce se funde com o compartimento denominado endossomo tardio, tornando-se enriquecido com proteases e outras proteínas e aumentando a acidez de seu interior (pH 5,5-6,0). O fagossomo resultante é denominado fagossomo tardio (Figura 7.2), o qual possui a GTPase Rab7.

O processo de maturação culmina com a formação do fagolisossomo (também chamado de vacúolo digestivo) (Figura 7.2), formado pela fusão do fagossomo tardio com o lisossomo por um mecanismo dependente de Rab7. Fagolisossomos são altamente acídicos (pH entre 4,0-5,0), criando assim um ambiente hostil no qual o patógeno ingerido é degradado. Eles são equipados com um conjunto de proteases hidrolíticas e outras moléculas que inibem o metabolismo e a replicação dos patógenos englobados.

Um aspecto interessante e que tem sido objeto de muitas pesquisas é a habilidade que vários patógenos desenvolveram para escapar da maquinaria fagocítica de macrófagos e neutrófilos. Por exemplo, o *Mycobacterium tuberculosis* é capaz de sobreviver dentro de macrófagos por inibição da maturação do fagossomo. Essa bactéria escapa da formação do fagolisossomo usando estratégias que alteram eventos de sinalização intracelular do hospedeiro e, dessa forma, consegue escapar da via que leva à fusão do fagossomo com o lisossomo.

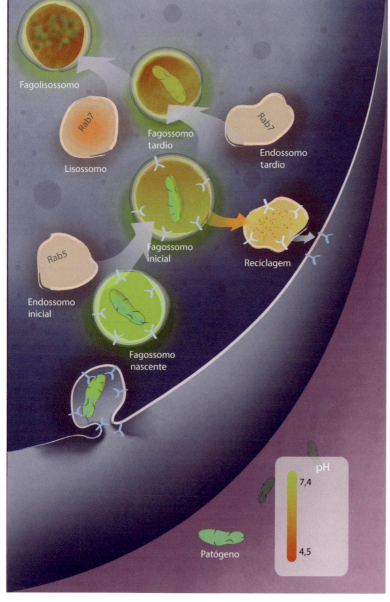

Figura 7.2 **Esquema mostrando o processo de maturação do fagossomo após fagocitose de um patógeno.** Uma vez formado, o fagossomo nascente segue uma via endocítica que envolve fusão sequencial com o endossomo inicial, endossomo tardio e lisossomo, formando, respectivamente fagossomo inicial, fagossomo tardio e fagolisossomo. A maturação envolve a aquisição de moléculas como Rab5 e Rab7 e o aumento gradativo da acidez, culminando na degradação do patógeno. Receptores envolvidos na internalização retornam para a membrana plasmática.

Observação da fagocitose

O processo de fagocitose, por envolver internalização de partículas de grande dimensões, geralmente acima de 0,5 μm, pode ser observado ao microscópio de luz. No entanto, para a visualização detalhada do processo, por exemplo, das características morfológicas do fagossomo e de suas interações com compartimentos endossômicos ou com outras organelas, é necessário o uso da microscopia eletrônica. A Figura 7.3 mostra as etapas iniciais da fagocitose observada à microscopia eletrônica de transmissão.

Figura 7.3 Etapas da fagocitose.

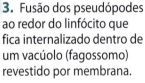

1. Interação da partícula a ser fagocitada com a superfície celular. No caso, um linfócito imunologicamente alterado é reconhecido por um macrófago. Essa etapa envolve a participação de anticorpos que recobrem a célula alterada e receptores para esses anticorpos na superfície do macrófago.

2. Formação de pseudópodes, projeções da superfície celular em forma de cálice que envolvem gradualmente o linfócito.

3. Fusão dos pseudópodes ao redor do linfócito que fica internalizado dentro de um vacúolo (fagossomo) revestido por membrana.

Ultraestrutura de fagossomos

Ao observar a ultraestrutura dos fagossomos, nota-se que são delimitados por membrana e que podem apresentar tamanhos variados (Figura 7.4). Fagolisossomos são identificados por apresentarem diferentes formas e conteúdo muito heterogêneo com elétron-densidades distintas (Figura 7.4). Fagolisossomos de grandes dimensões são frequentemente vistos em células com atividade fagocítica elevada, como os neutrófilos e macrófagos, após ingestão de patógenos ou células em processo de morte (Figura 7.4).

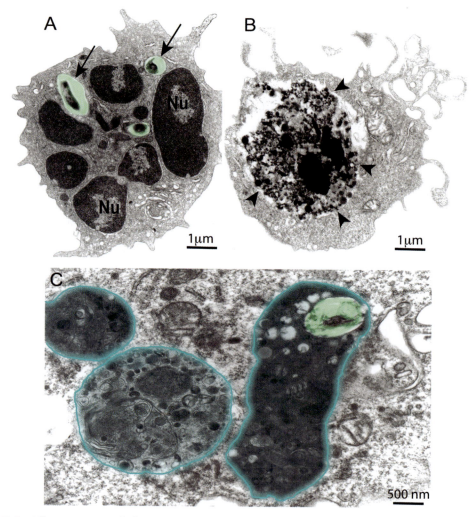

Figura 7.4 **Ultraestrutura de fagossomos no citoplasma de células fagocíticas coletadas da cavidade pleural de camundongos infectados experimentalmente com micobactéria (modelo de tuberculose).**
Em (A), fagossomos nascentes com micobactérias fagocitadas (destacadas em verde-claro, setas) são vistos no citoplasma de um neutrófilo. Observe o núcleo (Nu) multiforme dessa célula. Em (B), pseudópodes de um macrófago envolvem uma célula em processo de morte por apoptose (cabeças de setas). Em (C), observe fagolisossomos típicos (verde-escuro) no citoplasma de um macrófago. Esses vacúolos apresentam tamanho, forma e elétron-densidade variáveis e conteúdo heterogêneo. Uma bactéria em degeneração é vista dentro do fagolisossomo.
Fonte: reproduzida de Melo, RCN & Dvorak, AMD, Plos Pathogens, 2012, sob os termos da licença Creative Commons (CC BY), disponível em: https://creativecommons.org/licenses/by/4.0/

Pinocitose

A pinocitose é um processo de endocitose realizado pela maioria dos tipos celulares. A pinocitose é geralmente classificada em dois processos básicos: pinocitose não seletiva (macropinocitose), capaz de aprisionar quaisquer moléculas que estejam presentes no fluido extracelular, ou pinocitose seletiva (endocitose dependente de clatrina), quando a célula capta macromoléculas específicas do fluido extracelular.

Tabela 7.2 Principais características da pinocitose

	NÃO SELETIVA (macropinocitose)	SELETIVA (endocitose dependente de clatrina)
Material englobado	• Fluidos contendo partículas ou macromoléculas Obs.: Alguns patógenos como vírus e *Salmonella* spp. exploram a macropinocitose para ganhar entrada na célula	• Fluidos contendo macromoléculas específicas (receptores e seus ligantes) P.ex.: hormônios, fatores de crescimento, lipoproteínas, transferrina e outras proteínas
Vesículas endocíticas formadas	• 0,2 a 5 µm de diâmetro • Denominadas de macropinossomos	• Possuem capas constituídas pela proteína clatrina, que forma uma rede em arranjo poligonal ao redor das vesículas (vesículas revestidas de clatrina) e tem papel no seu aprofundamento • Diâmetro variável dependendo do material internalizado e do tipo celular (35-200 nm) • Denominados de pinossomos
Células que realizam	• Macrófagos • Células dendríticas • Células endoteliais • Células epiteliais • Linfócitos • Fibroblastos	• Maioria das células eucarióticas
Participação de receptores específicos da membrana plasmática	• Não	• Sim; o que permite à célula selecionar o material a ser internalizado • Receptores com ou sem ligantes podem ser internalizados • Os receptores internalizados são posteriormente reciclados e reenviados à membrana plasmática
Alteração morfológica de célula	• Formação de projeções na superfície celular	• Invaginações de áreas específicas da membrana plasmática (depressões onde se concentram os receptores). A face citosólica dessas invaginações é revestida pela molécula clatrina
Funções	• Internalização de antígenos, nutrientes e materiais inespecíficos	• Internalização de nutrientes, reciclagem de vesículas sinápticas e regulação de receptores de superfície
Observação do processo	• Ao microscópio de luz e eletrônico	• Somente ao microscópio eletrônico

Outros mecanismos de pinocitose

Embora a endocitose mediada por clatrina represente o processo de pinocitose mais conhecido, existem outros mecanismos de endocitose, independentes de clatrina, que também são importantes para a internalização seletiva de moléculas (Figura 7.5). Esses mecanismos, embora ainda não estejam completamente elucidados, vêm ganhando maior reconhecimento na biologia celular, por exemplo, a endocitose mediada pela proteína caveolina (endocitose caveolar), feita via pequenas invaginações da membrana plasmática, denominadas cavéolas. As cavéolas têm cerca de 50-100 nm de diâmetro e são ricas em moléculas de colesterol e caveolina. Esse tipo de endocitose é observado em células de vertebrados, como nas células musculares, endoteliais (Figura 7.6), nas células de Schwann, nos adipócitos e em alguns tipos neuronais. Além da endocitose mediada por caveolina, há outros mecanismos que não requerem clatrina ou caveolina e, por essa razão, são classificados como endocitose independente de clatrina e caveolina (Figura 7.5).

A endocitose, de maneira geral, diminui a área de superfície da membrana plasmática, uma vez que as vesículas endocíticas brotam dessa membrana (Figura 7.6). No entanto, a ocorrência de processo celular inverso (exocitose), a síntese e, principalmente, a reciclagem de componentes da membrana plasmática garantem a sua reposição. Ocorre, portanto, um fluxo constante de membranas na célula, o que permite a manutenção do tamanho celular.

Vias endocíticas e destino do material internalizado

O tráfego endocítico é complexo. Existem várias vias endocíticas interligadas, pelas quais as vesículas endocíticas formadas na pinocitose podem seguir (Figura 7.5). Essas rotas envolvem fusão com diversos compartimentos endossômicos, culminando no transporte do material internalizado para diferentes destinos dentro da célula. Um dos exemplos mais conhecidos é a endocitose de lipoproteínas LDL (*low density lipoprotein*), absorvidas pelas células intestinais. As moléculas de LDL se ligam a receptores específicos na superfície dessas células por um mecanismo dependente de clatrina. Após formação de vesículas endocíticas revestidas de clatrina e desacoplamento dessa molécula, as vesículas se fundem sequencialmente com endossomos iniciais, endossomos tardios e lisossomos (Figura 7.5), ocorrendo nesses últimos, em função do pH elevado, a degradação de LDL em aminoácidos, colesterol e ácidos graxos, que serão utilizados pela célula.

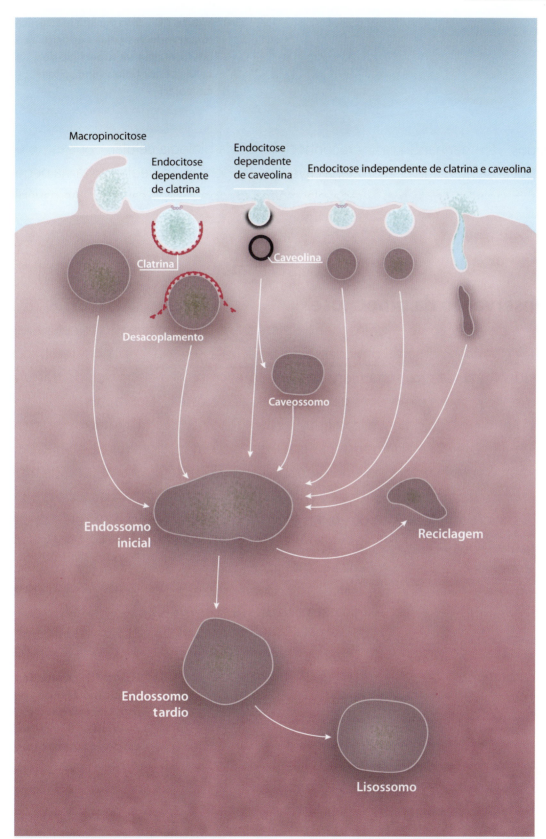

Figura 7.5 Vias de endocitose.
Após formação das vesículas endocíticas, estas podem seguir rotas diferentes ou interligadas a partir de eventos de fusão e brotamento. Note que a rota da endocitose dependente de caveolina envolve o caveossomo, antes da fusão com o endossomo inicial.

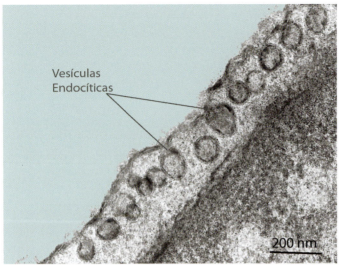

Figura 7.6 **Micrografia eletrônica mostrando vesículas endocíticas em formação na superfície de células endoteliais (endocitose caveolar).** Observe a membrana envoltora das vesículas, identificada pelo aspecto trilaminar.

Observação da pinocitose

A observação de invaginações da membrana plasmática e de vesículas endocíticas formadas durante o processo de pinocitose seletiva, dependente ou independente de clatrina, somente é possível ao microscópio eletrônico de transmissão, por causa das dimensões diminutas dessas estruturas (Figura 7.6).

Ao microscópio de luz, somente a pinocitose não seletiva (macropinocitose) pode ser observada e demonstrada, por exemplo, em macrófagos de animal de laboratório após injeção intravenosa de solução que contém corante (azul de tripan ou tinta nanquim). Órgãos ricos em macrófagos, como fígado, baço, pele e pulmões, são posteriormente coletados e processados por técnicas histológicas. Assim, macrófagos que fagocitaram o corante *in vivo* mostram o citoplasma marcado quando observados aos microscópio de luz (Figura 7.7). Essa técnica é um exemplo de coloração vital, pois sua realização ocorre enquanto o organismo está vivo e é também utilizada para demonstrar a elevada atividade endocítica de macrófagos, células de difícil visualização com colorações histológicas rotineiras.

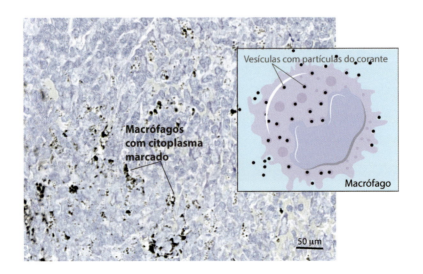

Figura 7.7 **Corte de fígado mostrando áreas com macrófagos (células de Küpffer) marcados em preto (coloração vital).** Essas células endocitam *in vivo* as partículas de corante que vão se acumulando no citoplasma, dentro de vesículas endocíticas. Contracoloração: azul de toluidina.

Ultraestrutura de endossomos

Endossomos são vacúolos variáveis em tamanho, composição e localização. Ao microscópio eletrônico de transmissão, eles são geralmente observados como vacúolos morfologicamente heterogêneos, envoltos por membrana e contendo vesículas no lúmen. O número dessas vesículas internas aumenta à medida que o endossomo inicial amadurece em endossomo tardio. O endossomo inicial tem localização mais periférica, na proximidade da membrana plasmática. Esse tipo de endossomo pode ter forma complexa (com domínios tubulares e arredondados), presença de pequeno número de vesículas no seu interior e redes de clatrina em algumas áreas de sua face externa (citosólica) (Figura 7.8). A proteína clatrina tem morfologia característica quando observada ao microscópio eletrônico de transmissão, aparecendo com aspecto filamentoso ("cerdas") nas secções ultrafinas (Figura 7.8). Esse aspecto permite a identificação de clatrina também em vesículas revestidas por essa proteína e na face citosólica de invaginações da membrana plasmática (endocitose dependente de clatrina).

O endossomo tardio é geralmente arredondado e pode ter maior dimensão em comparação com o endossomo inicial. Ele é também chamado de corpo multivesicular pelo fato de apresentar muitas vesículas intraluminais com diâmetro entre 50-100 nm (Figura 7.8). Além dessas características morfológicas, os endossomos podem ser identificados com base em estudos imunocitoquímicos, com marcação para Rab5 e Rab7, proteínas típicas de endossomos inicial e tardio, respectivamente. O amadurecimento do endossomo inicial para o tardio leva também a um aumento gradativo do pH no interior desses vacúolos.

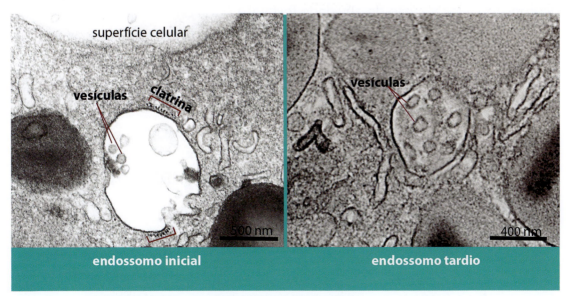

Figura 7.8 **Ultraestrutura de um endossomo inicial e tardio.**
Observe a presença de redes de clatrina na face citosólica do endossomo inicial e vesículas no lúmen de ambos.

Fatos históricos e ultraestrutura de lisossomos

Lisossomos são organelas especializadas na degradação tanto de materiais endocitados como intracelulares e na regulação da homeostase celular. Estudos recentes revelam que essas organelas controlam diversas vias de sinalização relacionadas com o metabolismo celular. A importância dos lisossomos é evidenciada pelo número crescente de doenças humanas associadas com defeitos no funcionamento lisossomal (ver capítulo 13).

A descoberta do lisossomo aconteceu na década de 1950, quando existia uma intrigante questão de biologia celular: como as células poderiam exercer atividade proteolítica sem serem digeridas por autólise? Uma combinação de experimentos realizados nos laboratórios de Christian de Duve e Albert Claude mostrou resultados interessantes com relação à presença de atividade fosfatase ácida (atualmente conhecida como atividade lisossomal). Frações celulares de hepatócitos, preparadas a partir de um protocolo de isolamento suave, continham baixa atividade enzimática. No entanto, amostras obtidas com protocolo mais agressivo para as células ou amostras estocadas por alguns dias antes das análises mostravam níveis elevados de atividade fosfatase. Quando essa mesma situação foi demonstrada para outras quatro enzimas hidrolíticas, de Duve concluiu que essas enzimas estariam confinadas juntas em "partículas" envoltas por membrana para impedir tanto o extravasamento para o citoplasma como a entrada de elementos deste. O termo lisossomo foi introduzido em 1955 por de Duve para definir partícula lítica ou corpo digestivo. Em 1956, Novikoff e de Duve publicaram as primeiras micrografias eletrônicas de lisossomos, obtidas de frações celulares do fígado. Estudo posterior que demonstrou a localização de atividade fosfatase ácida em nível ultraestrutural em lisossomos de hepatócitos e de outras células levou à evidência direta da associação dessas organelas com enzimas hidrolíticas.

Os lisossomos são frequentemente observados ao microscópio eletrônico de transmissão como organelas arredondadas, envoltas por uma unidade de membrana, com diâmetros variáveis e conteúdo elétron-denso (Figura 7.9). No entanto, o aspecto do conteúdo lisossomal pode variar dependendo do tipo celular. Ele pode ser heterogêneo e conter resíduos provenientes da digestão parcial de componentes celulares.

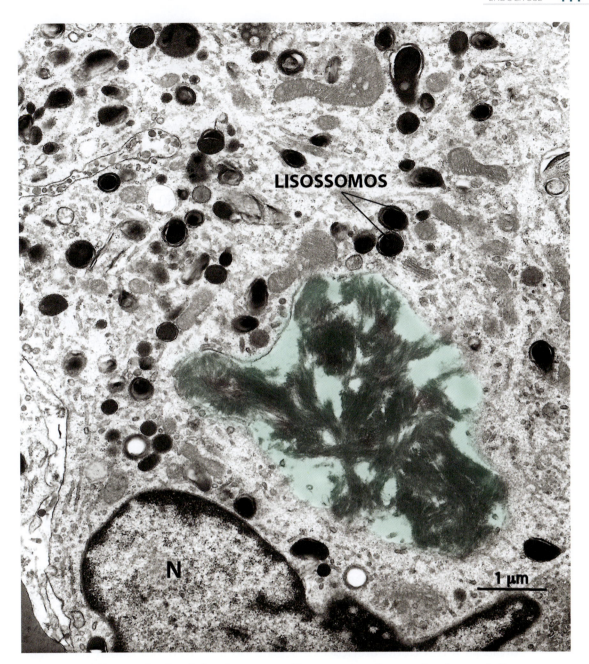

Figura 7.9 Micrografia eletrônica de um macrófago mostrando grande número de lisossomos no citoplasma.
Note a presença de um fagolisossomo (destacado em verde) com material em processo de degradação. N: núcleo.

Autofagia

Autofagia, também referida como macroautofagia, é o processo de degradação de organelas e outros componentes intracelulares após estes serem capturados em um vacúolo. Diferentemente da fagocitose, na qual o vacúolo se forma a partir da membrana plasmática, o vacúolo gerado pela autofagia (vacúolo autofágico ou autofagossomo) origina-se de membranas intracelulares, principalmente do retículo endoplasmático. A formação desses vacúolos envolve três eventos distintos: indução/iniciação, quando uma membrana de isolamento denominada fagóforo começa a formar o vacúolo no citoplasma; alongamento dessa membrana com aprisionamento de estruturas celulares, e maturação do vacúolo (Figura 7.10). Uma vez formados, os autofagossomos podem interagir com a via endossomal e, posteriormente, com lisossomos, originando assim os autofagolisossomos ou autolisossomos, onde o material englobado é digerido.

O termo autofagia foi descrito pela primeira vez em 1963 por Christian de Duve (prêmio Nobel em 1974), que mostrou, com o uso de microscopia eletrônica de transmissão, vesículas circundadas por membrana dupla que contêm partes do citoplasma, inclusive com organelas em diversos estágios de degradação. Dessa forma, morfologicamente, o vacúolo autofágico é caracterizado por dupla membrana em seu envoltório (Figura 7.10) e a microscopia eletrônica de transmissão é considerada padrão ouro para identificação de autofagia porque distingue autofagossomos de outros vacúolos como fagossomos e lisossomos, os quais são delimitados por membrana unitária. Em termos moleculares, a proteína LC3 (cadeia leve 3 da proteína 1, associada a microtúbulos) é um marcador clássico de autofagia. A LC3 encontra-se no citoplasma na forma LC3-I, mas na presença de um sinal pró-autofágico é convertida à forma II (LC3-II) que é recrutada às membranas do autofagossomo. Após fusão do autofagossomo com o lisossomo, essa proteína é degradada.

A autofagia tem obtido atenção crescente na literatura por causa da relação tanto com processos fisiológicos como patológicos. A autofagia é um mecanismo importante de renovação celular contínua que atua como via de reciclagem durante processos biológicos vitais, tais como desenvolvimento, diferenciação, imunidade inata e adaptativa, envelhecimento e morte celular. Também encontra-se documentado que a fome, o estresse e o exercício físico são fortes indutores de autofagia, gerando uma resposta celular para adaptação rápida e sobrevivência da célula. A autofagia ainda está associada com patologias como câncer, doenças cardíacas, condições neurodegenerativas e doenças infecciosas. Nesse último caso, a autofagia pode atuar na defesa da célula hospedeira contra patógenos intracelulares. Em 2016, o prêmio Nobel em Medicina e/ou Fisiologia foi concedido ao cientista japonês Yoshinori Ohsumi por suas descobertas relacionadas com mecanismos de autofagia.

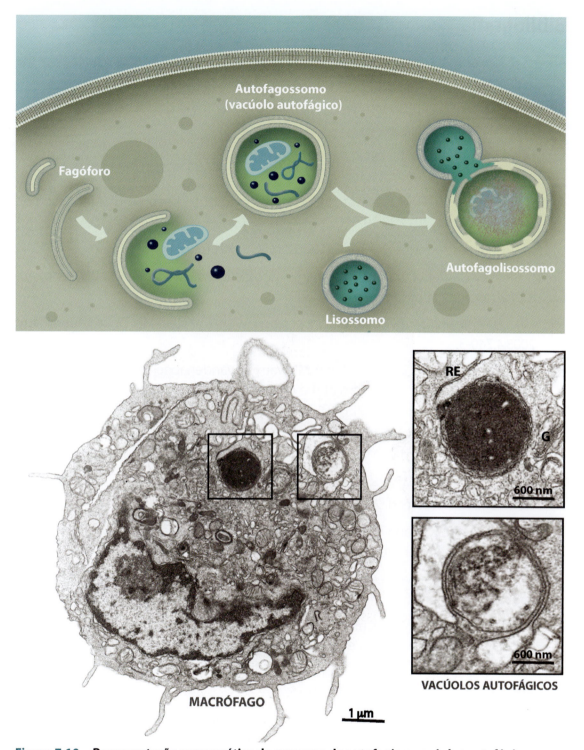

Figura 7.10 **Representação esquemática do processo de autofagia e vacúolos autofágicos observados por microscopia eletrônica de transmissão.**
O autofagossomo começa a ser formado a partir de uma membrana (fagóforo) que se alonga e aprisiona estruturas celulares, as quais são posteriormente digeridas a partir da fusão do autofagossomo com o lisossomo. Observe em maior aumento na micrografia de um macrófago que o vacúolo autofágico encontra-se delimitado por dupla membrana e apresenta conteúdo heterogêneo. Um dos vacúolos mostra proximidade com o retículo endoplasmático (RE) e complexo de Golgi (G).

Bibliografia

Alberts B, Johnson A, Lewis JC, Morgan D, Raff M, Roberts K, et al. Molecular Biology of the Cell. Garland Science, 2014. 1464 p.

Ariosa AR, Klionsky DJ. Autophagy core machinery: overcoming spatial barriers in neurons. J Mol Med (Berl). 2016;94:1217-27.

Fader CM, Colombo MI. Autophagy and multivesicular bodies: two closely related partners. Cell Death Differ. 2009;16:70-8.

Fairn GD, Grinstein S. How nascent phagosomes mature to become phagolysosomes. Trends Immunol. 2012;33:397-405.

Huotari J, Helenius A. Endosome maturation. EMBO J. 2011;30:3481-500.

Jin M, Klionsky DJ. Regulation of autophagy: Modulation of the size and number of autophagosomes. FEBS Lett. 2014;588:2457-63.

Klionsky DJ. Autophagy revisited: a conversation with Christian de Duve. Autophagy. 2008;4:740-3.

Kroemer G, El-Deiry WS, Golstein P, Peter ME, Vaux D, Vandenabeele P, et al. Classification of cell death: recommendations of the Nomenclature Committee on Cell Death. Cell Death Differ. 2005;12(Suppl 2):1463-7.

Lim JP, Gleeson PA. Macropinocytosis: an endocytic pathway for internalising large gulps. Immunol Cell Biol. 2011;89:836-43.

Lodish H, Berk A, Kaiser CA, Krieger M, Bretscher A, Ploegh H, et al. Molecular Cell Biology. New York: W.H. Freeman, 2016. 1280 p.

Lynch-Day MA, Mao K, Wang K, Zhao M, Klionsky DJ. The role of autophagy in Parkinson's disease. Cold Spring Harb Perspect Med. 2012;2:a009357.

Mayor S, Pagano RE. Pathways of clathrin-independent endocytosis. Nat Rev Mol Cell Biol. 2007;8:603-12.

Mcmahon HT, Boucrot E. Molecular mechanism and physiological functions of clathrin-mediated endocytosis. Nat Rev Mol Cell Biol. 2011;12:517-33.

Mizushima N, Levine B, Cuervo AM, Klionsky DJ. Autophagy fights disease through cellular self-digestion. Nature. 2008;451:1069-75.

Mizushima N. The exponential growth of autophagy-related research: from the humble yeast to the Nobel Prize. FEBS Lett. 2017;591:681-689.

Parzych KR, Klionsky DJ. An overview of autophagy: morphology, mechanism, and regulation. Antioxid Redox Signal. 2014;20:460-73.

Sandvig K, Pust S, Skotland T, Van Deurs B. Clathrin-independent endocytosis: mechanisms and function. Curr Opin Cell Biol. 2011;23:413-20.

Van Meel E, Klumperman J. Imaging and imagination: understanding the endo-lysosomal system. Histochem Cell Biol. 2008;129:253-66.

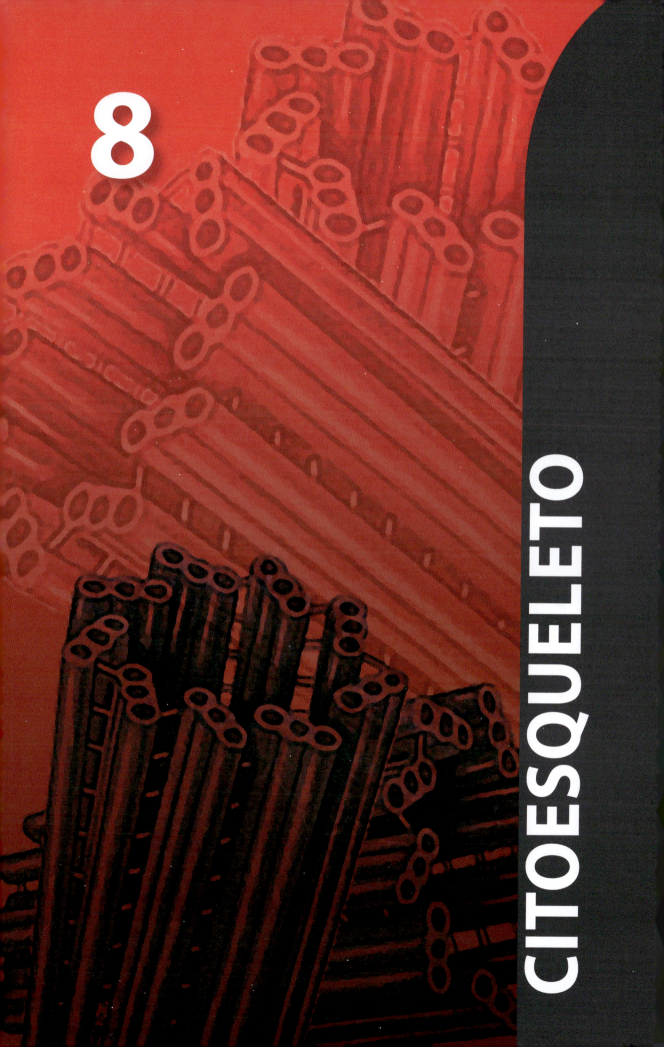

CITOESQUELETO

A célula é uma unidade dinâmica e altamente organizada. As organelas e outras estruturas celulares não são estáticas, movimentam-se no citoplasma enquanto milhões de reações químicas acontecem. Para organizar o citoplasma, promover motilidade, gerar forma e sustentação e conferir propriedades mecânicas, as células possuem um complexo de proteínas arranjadas em um sistema de filamentos e túbulos chamado de citoesqueleto. O citoesqueleto está presente em todas as células eucarióticas e procarióticas. No entanto, estrutura, função e comportamento dinâmico do citoesqueleto são diferentes dependendo do organismo e tipo celular.

Elementos do citoesqueleto

O citoesqueleto em células eucarióticas é composto por três elementos: filamentos de actina, filamentos intermediários e microtúbulos, os quais são distintos em termos estruturais, morfológicos e funcionais. Apesar dessas diferenças, esses elementos não existem como entidades separadas na célula, interagindo entre si para formar uma rede complexa que se estende desde a membrana plasmática até o núcleo. A interação entre os componentes do citoesqueleto é crucial para manter a integridade e a organização do citoplasma e para realizar várias funções celulares.

Os filamentos de actina, também denominados microfilamentos, constituem os filamentos mais finos do citoesqueleto, com cerca de 6-8 nm de espessura, formados a partir da polimerização de monômeros da proteína actina-G. Os polímeros filamentosos são constituídos por actina-F. Os filamentos intermediários medem cerca de 10 nm de diâmetro e são formados por várias famílias de proteínas dependendo do tipo celular, como queratina (células epiteliais), desmina (células musculares) e vimentina (células mesenquimais). Além disso, os filamentos intermediários constituídos pela proteína laminina também são encontrados dentro do núcleo onde formam uma rede, denominada lâmina nuclear, que circunda o nucleoplasma. Os microtúbulos são túbulos ocos com cerca de 23 nm de diâmetro e são formados por subunidades da proteína alfa- e beta-tubulina.

Os elementos do citoesqueleto encontram-se em constante interação com outras proteínas citoplasmáticas, denominadas acessórias ou associadas, o que garante grande eficiência e rapidez às atividades do citoesqueleto. Essas proteínas atuam na regulação de eventos de polimerização dos componentes do citoesqueleto (proteínas reguladoras), ligação dos elementos do citoesqueleto entre si e/ou com outros componentes do citoplasma (proteínas ligadoras) e locomoção de componentes intracelulares (proteínas motoras).

As proteínas motoras são assim chamadas porque funcionam como motores moleculares que transformam energia química (ATP) em energia mecânica. Dentre as principais proteínas motoras do citoesqueleto destacam-se famílias de proteínas chamadas cinesinas, dineínas e miosinas. As cinesinas e dineínas são proteínas que interagem com microtúbulos e facilitam o transporte de organelas, moléculas e outros componentes ao longo destes. As dineínas também atuam no processo de movimentação dos microtúbulos organizados nos cílios e flagelos. As miosinas associam-se com os filamentos de actina para gerar força e movimento durante diversos eventos celulares como a separação do citoplasma na divisão celular (citocinese) e contração das células musculares.

Funções

Elementos do citoesqueleto servem de apoio para a membrana plasmática e, no citoplasma, formam verdadeiros trilhos ao longo dos quais as organelas e estruturas celulares se movem. Movimentos internos, como transporte de vesículas, fluxo do citoplasma e separação dos cromossomos na divisão mitótica são fundamentais para a manutenção da vida celular e dependem da ação do citoesqueleto. Muitas células são capazes de realizar atividades como migração e formação de prolongamentos, os quais resultam em mudanças morfológicas acentuadas. Para isso, o citoesqueleto muda constantemente sua organização, a partir de eventos de polimerização-despolimerização das proteínas que constituem seus elementos. Estes atuam também na manutenção da forma celular, principalmente em células especializadas. O citoesqueleto oferece suporte, por exemplo, para os prolongamentos dos neurônios e para as microvilosidades das células intestinais. O citoesqueleto organiza-se, ainda, para formar estruturas celulares permanentes como centríolos, cílios e corpúsculos basais ou transitórias, como o fuso mitótico. As funções do citoesqueleto e principais elementos envolvidos encontram-se resumidos na Figura 8.1.

Figura 8.1 Funções do citoesqueleto e principais elementos envolvidos.

Observando o citoesqueleto

Ao microscópio de luz, é possível detectar as proteínas constituintes do citoesqueleto com o uso de técnicas imunocitoquímicas e, dessa forma, marcar a localização dos filamentos, microtúbulos ou proteínas acessórias no citoplasma (Figura 8.2). No entanto, uma vez que os filamentos e microtúbulos do citoesqueleto apresentam espessura na escala de nanômetros, estes só podem ser observados como estruturas individualizadas em alta resolução por microscopia eletrônica.

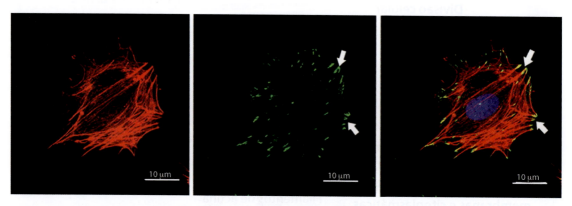

Figura 8.2 **Imunofluorescência para actina F (marcada em vermelho) revela a disposição dos filamentos de actina no citoplasma de uma célula endotelial em processo de migração.**
A fluorescência verde mostra a imunomarcação para a proteína paxilina, proteína associada ao citoesqueleto que participa na ligação das extremidades dos filamentos de actina com uma proteína transmembrana (integrina) da membrana plasmática. O conjunto formado pelas extremidades dos filamentos de actina, paxilina, outras proteínas ligadoras e integrina é chamado contato focal (setas), importante para interação com a matriz extracelular e migração. O núcleo da célula foi corado em azul com 4, 6-diamidino-2-phenylindole (DAPI).

Fonte: reproduzida de Zhang et al. Plos One, 2012, sob os termos da licença Creative Commons (CC BY), disponível em: https://creativecommons.org/licenses/by/4.0/legalcode.

O uso da microscopia eletrônica em conjunto com o aprimoramento de técnicas de preparação de amostras possibilitaram a descoberta do citoesqueleto na década de 1960. Por microscopia eletrônica de transmissão convencional, os filamentos do citoesqueleto são vistos em cortes longitudinais, de maneira geral, como estruturas alongadas e moderadamente elétron-densas. Em cortes transversais, o citoesqueleto mostra-se como estruturas puntiformes (filamentos de actina), amorfas (filamentos intermediários) (Figura 8.3) ou arredondadas e ocas (microtúbulos) (Figura 8.4). Ressalta-se que esses aspectos do citoesqueleto ocorrem porque as células são seccionadas durante a preparação, ou seja, são imagens do citoesqueleto em duas dimensões.

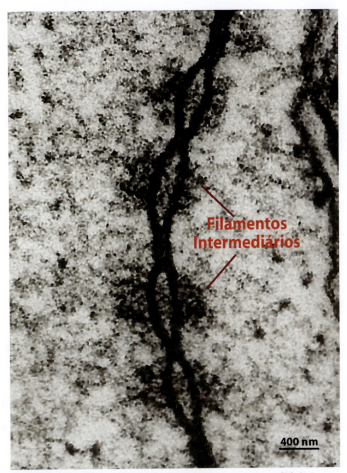

Figura 8.3 Micrografia eletrônica mostrando filamentos intermediários ancorados na face citoplasmática de junções celulares (desmossomos).
Esses filamentos oferecem resistência à tração, capacitando as células a suportar tensão mecânica gerada durante estiramento.

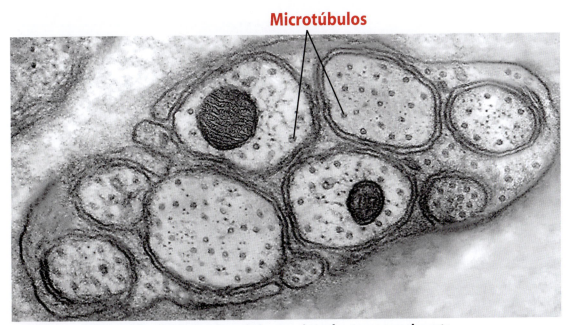

Figura 8.4 Micrografia eletrônica de axônios seccionados transversalmente.
Note a presença de inúmeros microtúbulos com aspecto arredondado e oco.

Para se observar a organização estrutural do citoesqueleto em três dimensões, em sua totalidade, é preciso aplicar técnicas especiais de microscopia eletrônica. Um desses métodos é a microscopia eletrônica de réplicas metálicas. Nesse caso, a amostra não é seccionada e passa por várias etapas para expor, preservar e permitir a visualização do citoesqueleto por completo. Para expor, é necessário extrair parte do conteúdo citoplasmático, deixando apenas os elementos de interesse que passam em seguida por processos de fixação, desidratação e secagem. Na última etapa, a amostra é coberta com uma fina camada de metal pesado, geralmente a platina, que cria um efeito diferencial de sombras (sombreamento metálico), permitindo contraste suficiente para observação da réplica metálica ao microscópio eletrônico de transmissão (Figuras 8.5 e 8.6).

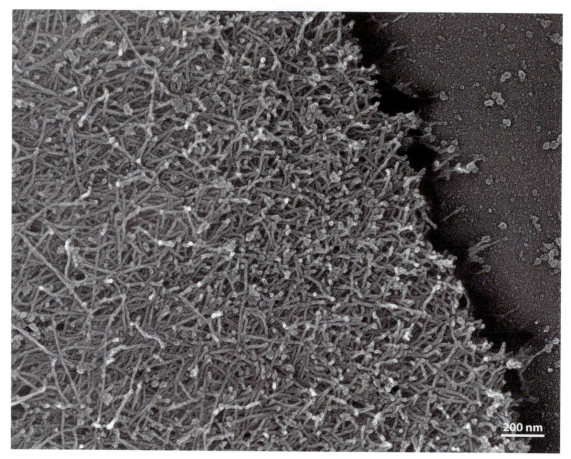

Figura 8.5 **Micrografia de um queratinócito de sapo (*Xenopus laevis*) preparado com a técnica de réplica metálica com platina e observado ao microscópio eletrônico de transmissão.**
A micrografia revela a organização estrutural de um lamelipódio (protrusão laminar da borda anterior da célula) preenchido com densa rede de filamentos de actina. A polimerização da actina nessa região empurra a célula para frente, possibilitando o processo de migração.
Fonte: cortesia de Tatyana Svitkina.

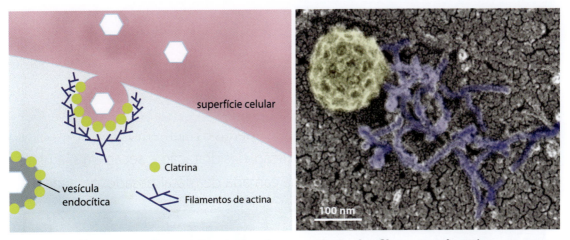

Figura 8.6 Esquema e micrografia mostrando a associação dos filamentos de actina com uma vesícula endocítica recoberta por clatrina.

Os filamentos de actina facilitam o aprofundamento da vesícula durante o processo de endocitose mediada por clatrina. A amostra (células humanas da linhagem U2OS) foi preparada com a técnica de réplica metálica com platina e observada ao microscópio eletrônico de transmissão. A capa de clatrina e os filamentos de actina foram coloridos artificialmente em amarelo e roxo, respectivamente.

Fonte: micrografia: cortesia de Tatyana Svitkina.

Os filamentos do citoesqueleto podem apresentar alto nível de organização em células especializadas. Por exemplo, nas células musculares estriadas, os componentes do citoesqueleto se organizam em feixes de miofibrilas, unidades contráteis que se dispõem ao longo do citoplasma (Figura 8.7). Cada miofibrila é composta por filamentos de actina e filamentos da proteína motora miosina, a qual forma filamentos espessos, além de outras proteínas associadas, como troponina e tropomiosina. A estrutura da miofibrila é claramente observada ao microscópio eletrônico de transmissão (Figura 8.7). Em cortes transversais da célula muscular estriada, os filamentos de actina e miosina aparecem com aspecto puntiforme, enquanto em cortes longitudinais nota-se a estrutura alongada desses filamentos constituída por unidades que se repetem, chamadas sarcômeros (Figura 8.7). Tal organização permite o deslizamento preciso dos filamentos de actina (filamentos finos) sobre os de miosina (filamentos espessos), resultando em contração ou relaxamento. A estrutura da miofibrila não pode ser observada em detalhe ao microscópio de luz, mas o conjunto de miofibrilas confere um aspecto de listras às células musculares, o que é facilmente identificado em cortes histológicos longitudinais de tecido muscular estriado (Figura 8.8).

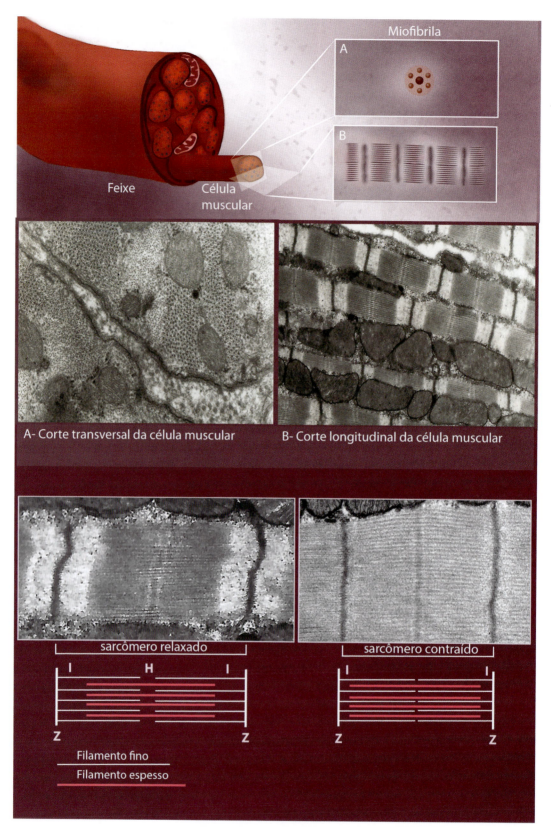

Figura 8.7 Ultraestrutura da célula muscular estriada mostrando as miofibrilas organizadas em sarcômeros.

Cada sarcômero corresponde à região situada entre duas linhas Z. Na contração, os filamentos finos deslizam sobre os espessos, aproximando as linhas Z e promovendo o desaparecimento da banda H e diminuição da banda I.

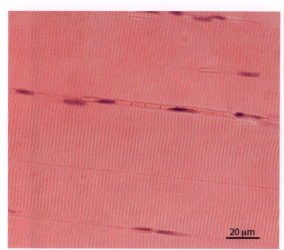

Figura 8.8 Corte de músculo estriado esquelético mostrando células musculares seccionadas longitudinalmente e observadas ao microscópio de luz.
Note o aspecto de listras conferido pela organização estrutural das inúmeras miofibrilas dentro de cada célula. Coloração: hematoxilina-eosina.

Cílios e flagelos

As organelas constituídas por microtúbulos como cílios (Figura 8.9), flagelos (Figura 8.10) e centríolos (Figura 8.11) são notavelmente conservadas desde protistas a mamíferos e podem ser facilmente identificadas ao microscópio eletrônico. Os cílios e flagelos têm a mesma estrutura interna (axonema), constituída por nove duplas de microtúbulos periféricos fundidos e um par de microtúbulos centrais não fundidos. O axonema possui ainda várias proteínas acessórias, como a dineína, as quais interagem com os microtúbulos facilitando a sua movimentação, com consequente batimento ciliar ou flagelar (Figura 8.10). O arranjo típico do axonema é claramente notado em cortes transversais de cílios e flagelos analisados ao microscópio eletrônico de transmissão e, portanto, a identificação morfológica do axonema indica a presença de cílios ou flagelos, dependendo do tipo celular ou condição (Figuras 8.9 e 8.10). Por exemplo, a identificação de axonemas em células musculares cardíacas de animais experimentalmente infectados com o protozoário *Trypanosoma cruzi* demonstra a entrada de formas flagelares desse parasito nesse tipo celular para fins de replicação (Figura 8.10).

Cílios e flagelos são organizados a partir de uma organela preexistente denominada corpúsculo basal (Figura 8.9), estruturalmente idêntica ao centríolo. Tanto o corpúsculo basal como o centríolo (Figura 8.11) são constituídos por nove trincas de microtúbulos periféricos fundidos e inúmeras proteínas associadas. A célula geralmente possui um par de centríolos envolto por um material amorfo e moderadamente elétron-denso (material pericentriolar). O conjunto de centríolos e material pericentriolar constituem a organela denominada centrossomo, que foi descoberta há mais de 100 anos e constitui um importante centro organizador de microtúbulos em células de mamíferos. O centrossomo tem papel na divisão celular, organizando o fuso mitótico e garantindo a normalidade da divisão, além de atuar na progressão eficiente do ciclo celular.

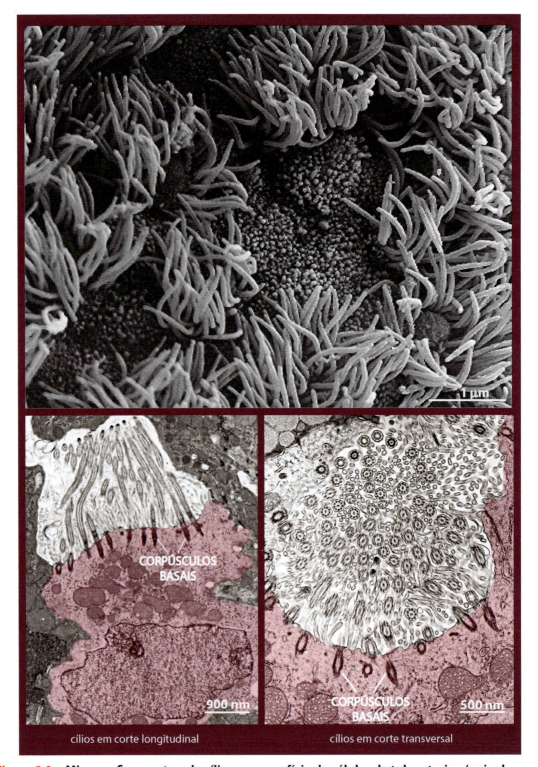

Figura 8.9 Micrografias mostrando cílios na superfície de células da tuba uterina (painel superior) e do trato respiratório (painel inferior).

A estrutura tridimensional dos cílios é revelada por microscopia eletrônica de varredura (painel superior), enquanto a organização interna (axonema) é mostrada em secções observadas ao microscópio eletrônico de transmissão (painel inferior). Note, no citoplasma apical, a presença dos corpúsculos basais, organelas que direcionam a formação dos cílios.

Fonte: micrografia (painel superior): cortesia de Débora Amaral.

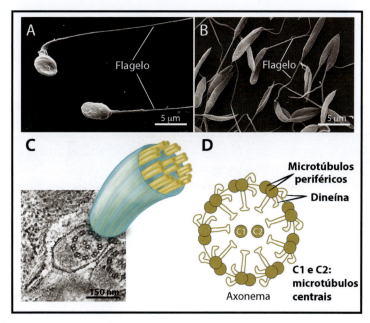

Figura 8.10 Diferentes aspectos de flagelos.
(A, B) Flagelos de espermatozoides humanos (A) e do parasito *Leishmania amazonensis* (B) vistos ao microscópio eletrônico de varredura. O flagelo aparece como uma estrutura única e alongada em cada célula. (C) Secção transversal do flagelo do parasito *Trypanosoma cruzi* dentro de uma célula muscular estriada cardíaca infectada. Observe a estrutura do axonema vista por microscopia eletrônica de transmissão e desenho em três dimensões. (D) Esquema mostrando a organização estrutural do axonema com nove duplas de microtúbulos periféricos fundidos e um par de microtúbulos centrais não fundidos.

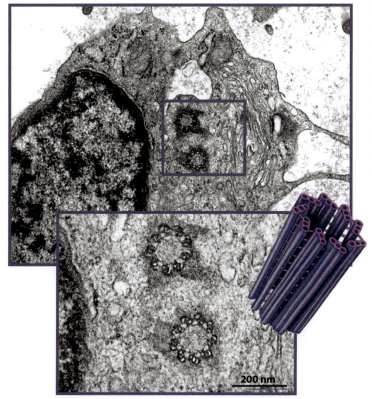

Figura 8.11 Micrografia eletrônica de um macrófago mostrando centríolos no citoplasma.
Em maior aumento, observe a estrutura do centríolo (corte transversal) formada por nove trincas de microtúbulos fundidos. O desenho mostra a estrutura cilíndrica do centríolo em três dimensões.

Bibliografia

Bhabha G, Johnson GT, Schroeder CM, Vale RD. How dynein moves along microtubules. Trends Biochem Sci. 2016;41:94-105.

Collins A, Warrington A, Taylor KA, Svitkina T. Structural organization of the actin cytoskeleton at sites of clathrin-mediated endocytosis. Curr Biol. 2001;21:1167-75.

Dey P, Togra J, Mitra S. Intermediate filament: structure, function, and applications in cytology. Diagn Cytopathol. 2014;42:628-35.

Freeman SA, Grinstein S. Phagocytosis: receptors, signal integration, and the cytoskeleton. Immunol Rev. 2014;262:193-215.

Kapitein LC, Hoogenraad CC. Building the neuronal microtubule cytoskeleton. Neuron. 2015;87:492-506.

Khadija SG, Chen F, Hadden T, Commissaris RL, Kowluru A. Biology and regulatory roles of nuclear lamins in cellular function and dysfunction. Recent Pat Endocr Metab Immune Drug Discov. 2015;9:111-20.

Koster DV, Mayor S. Cortical actin and the plasma membrane: inextricably intertwined. Curr Opin Cell Biol. 2016;38:81-9.

Lemiere J, Valentino F, Campillo C, Sykes C. How cellular membrane properties are affected by the actin cytoskeleton. Biochimie. 2016;130:33-40.

Mohan R, John A. Microtubule-associated proteins as direct crosslinkers of actin filaments and microtubules. IUBMB Life. 2015;67:395-403.

Sanchez AD, Feldman JL. Microtubule-organizing centers: from the centrosome to non--centrosomal sites. Curr Opin Cell Biol, 2016.

Stevenson RP, Veltman D, Machesky LM. Actin-bundling proteins in cancer progression at a glance. J Cell Sci. 2012;125:1073-9.

Svitkina T. Imaging Cytoskeleton components by electron microscopy. Methods Mol Biol. 2016;1365:99-118.

Vertii A, Hehnly H, Doxsey S. The centrosome, a multitalented renaissance organelle. Cold Spring Harb Perspect Biol. 2016a;8.

Vertii A, Hung HF, Hehnly H, Doxsey S. Human basal body basics. Cilia. 2016b;5:13.

Von Der Ecken J, Muller M, Lehman W, Manstein DJ, Penczek PA, Raunser S. Structure of the F-actin-tropomyosin complex. Nature. 2015;519:114-7.

Xiao Q, Hu X, Wei Z, Tam KY. Cytoskeleton molecular Mmotors: structures and their functions in neuron. Int J Biol Sci. 2016;12:1083-92.

Zhang LJ, Tao BB, Wang MJ, Jin HM, Zhu YC. PI3K p110alpha isoform-dependent Rho GTPase Rac1 activation mediates H2S-promoted endothelial cell migration via actin cytoskeleton reorganization. PLoS One. 2012:e44590.

9

SÍNTESE E SECREÇÃO

SÍNTESE E SECREÇÃO DE MACROMOLÉCULAS

A manutenção da vida celular depende da síntese de grande diversidade de moléculas. A célula produz proteínas, lipídios e carboidratos que são utilizados para renovar e/ou duplicar suas membranas e desempenhar suas atividades funcionais. A célula também gera compostos que são liberados para comunicar com outras células, como hormônios e mediadores do sistema imune e/ou para fornecer apoio estrutural e bioquímico ao meio circundante (matriz extracelular), como o colágeno. Rotas de transporte especializadas atuam na distribuição dos produtos sintetizados para locais intracelulares específicos e para o meio extracelular.

Maquinaria de síntese

Os mecanismos de síntese e secreção celular são bastante complexos e envolvem diversas organelas. Para a síntese e distribuição de seus produtos, a célula possui uma maquinaria que trabalha em conjunto – ribossomos, retículo endoplasmático, complexo de Golgi e vesículas transportadoras. A síntese de proteínas é orquestrada pelo núcleo, onde ocorre o processo conhecido como transcrição – formação de RNA mensageiro (RNAm) a partir da informação contida no DNA. O RNAm carrega, portanto, a mensagem sobre o tipo de proteína a ser sintetizada que é, posteriormente, decodificada pelos ribossomos em uma sequência de aminoácidos, durante o processo de síntese proteica (tradução) que ocorre no citoplasma.

Observação da maquinaria de síntese

Ao microscópio de luz, os componentes da maquinaria de síntese e secreção podem ser observados indiretamente com o uso de técnicas de coloração de rotina ou marcadores fluorescentes que se incorporam nas organelas ou ainda por meio de técnicas citoquímicas/imunocitoquímicas, as quais detectam produtos característicos desses componentes. Por exemplo, uma célula rica em ribossomos como o neurônio apresenta citoplasma basófilo quando corado com corantes rotineiros básicos, em função da predominância de RNA, conforme discutido no capítulo 4. A imunocitoquímica (ver capítulo 5), por sua vez, é utilizada para identificar enzimas, receptores e outras proteínas presentes nas organelas de síntese e secreção e, dessa forma, estudar sua composição molecular. A morfologia da maquinaria de síntese e secreção pode ser observada apenas em alta resolução, com o uso de microscopia eletrônica, conforme descrito abaixo.

Ribossomos

Ao microscópio eletrônico de transmissão (MET), os ribossomos aparecem como partículas muito pequenas e elétron-densas, livres no citoplasma ou ligadas à superfície externa (face citosólica) do retículo endoplasmático que, por essa razão, é denominado rugoso (RER) ou granular (REG) (Figura 9.1). Os ribossomos, tanto livres como associados ao RER, encontram-se organizados principalmente na forma de polirribossomos (polissomos), complexos de macromoléculas constituídos por grupos de ribossomos, RNAm, várias proteínas e outros tipos de RNA. Os polirribossomos são frequentemente observados em alta resolução como pequenas rosetas (Figura 9.1).

Retículo endoplasmático e complexo de Golgi

O retículo endoplasmático é um sistema contínuo de membranas com diferentes funções. Morfologicamente, ele pode ser dividido em três subcompartimentos interconectados: envoltório nuclear (ver capítulo 11), RER e retículo endoplasmático liso (REL). O RER (Figura 9.1) encontra-se envolvido, além da síntese proteica propriamente dita, com processos de montagem das moléculas proteicas em múltiplas cadeias polipeptídicas e glicosilação inicial das proteínas recém-sintetizadas. A região de transição do RER (RER-Golgi) é desprovida de polirribossomos e atua no empacotamento das proteínas sintetizadas que serão transportadas a partir do RER para o complexo de Golgi.

SÍNTESE E SECREÇÃO DE MACROMOLÉCULAS **133**

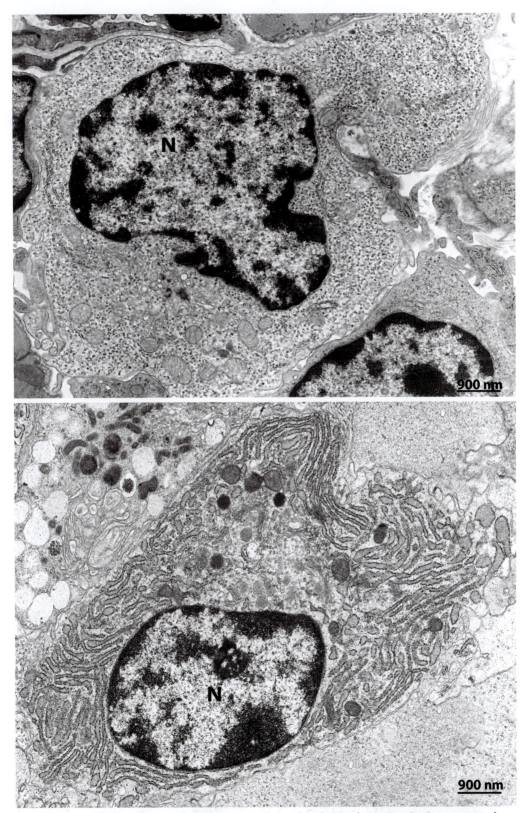

Figura 9.1 Células observadas ao microscópio eletrônico de transmissão mostrando citoplasma rico em ribossomos livres (painel superior) ou ligados ao retículo endoplasmático (painel inferior).
Os ribossomos aparecem como diminutas partículas elétron-densas e podem se agrupar em pequenas rosetas. N: núcleo.

O Golgi organiza-se em cisternas com regiões funcionalmente distintas: rede de cis Golgi, rede medial e rede de trans Golgi (Figura 9.2). São identificadas duas faces no Golgi: a face cis, voltada para o núcleo, e a face trans, voltada para a membrana plasmática (Figura 9.2). Diferentemente do retículo endoplasmático, onde os túbulos são intercomunicantes, as cisternas do Golgi não são estruturalmente conectadas.

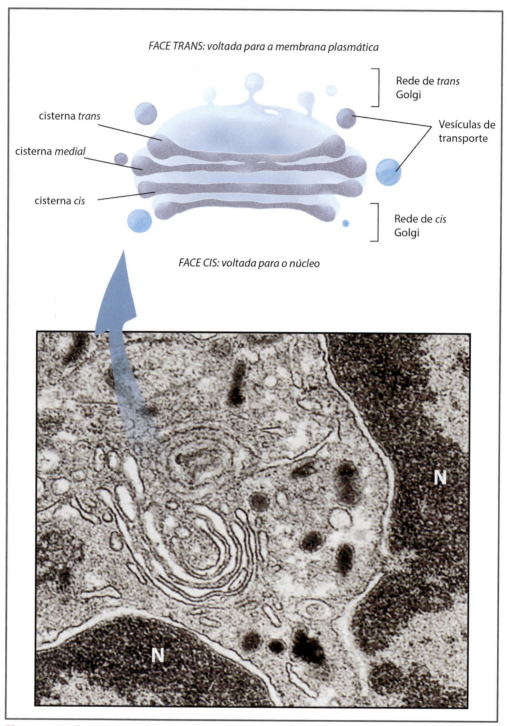

Figura 9.2 Esquema e eletromicrografia do complexo de Golgi.
N: núcleo.

Retículo endoplasmático liso

O REL, assim denominado por não apresentar ribossomos ligados à sua superfície externa (Figura 9.3), está associado com a síntese de lipídios. As membranas do REL são contínuas com as do RER, mas mostram diferenças em termos de composição molecular. Os fosfolipídios são intensamente produzidos no REL para renovar membranas desgastadas ou duplicá-las durante a divisão celular. O transporte dos fosfolipídios às membranas celulares é feito por meio de vesículas de transporte ou de proteínas transportadoras especiais. Em células especializadas na síntese de hormônios de natureza lipídica (hormônios esteroides), o REL ocupa grande parte do citoplasma (Figura 9.3). Nas células musculares estriadas, o REL é também muito desenvolvido e por isso recebe o nome de retículo sarcoplasmático, exercendo a função de armazenar e liberar íons cálcio, importante para a regulação da contração muscular. Outras funções do REL estão relacionadas com a degradação de substâncias tóxicas como álcool e medicamentos nas células hepáticas, mobilização do glicogênio e participação no processo inicial de autofagia.

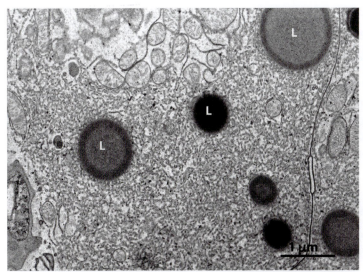

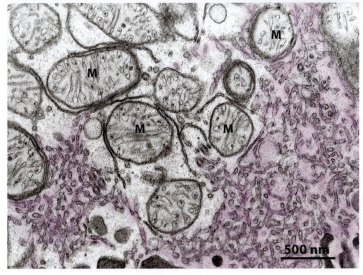

Figura 9.3 Eletromicrografias mostrando parte do citoplasma da célula de Leydig humana, presente no testículo e envolvida na síntese de hormônio esteroide de natureza lipídica (testosterona).
Observe área rica em retículo endoplasmático liso (destacada em lilás no painel inferior), gotículas lipídicas (L) e grande número de mitocôndrias (M).
Fonte: cortesia: Hélio Chiarini-Garcia.

Vesículas de transporte

Células eucarióticas são altamente compartimentalizadas e requerem um tráfego intenso de moléculas entre as organelas envolvidas em síntese e secreção. Para isso, as células possuem um sistema elaborado constituído por vesículas transportadoras que carregam proteínas e lipídios para destinos específicos. Por meio de eventos de fissão e fusão, essas vesículas possibilitam a passagem de moléculas por barreiras de membranas sem perturbar a segregação funcional conferida pelas organelas.

Existe uma complexidade de vesículas transportadoras, tanto em termos morfológicos como moleculares. Classicamente, as vesículas de transporte apresentam forma arredondada e dimensões muito pequenas com aproximadamente 50 nm de diâmetro (Figura 9.4). No entanto, o sistema de transporte intracelular envolve também vesículas grandes, com formas diversas, incluindo vesículas com morfologia tubular (carreadores túbulo-vesiculares) que possibilitam o transporte de macromoléculas cujo tamanho inviabiliza o empacotamento em vesículas pequenas. Além disso, vesículas tubulares oferecem maior área de superfície, importante para acomodar e transportar proteínas que não são carregadas no (lúmen) e sim presas à membrana vesicular. Um exemplo de molécula transportada da região trans do Golgi para a superfície da célula em vesículas tubulares é a E-caderina, que atua na adesão célula-célula (ver capítulo 6). Em células do sistema imune, como os eosinófilos e macrófagos, o sistema de transporte túbulo-vesicular está envolvido com a liberação de mediadores imunes (citocinas) em resposta a estímulos inflamatórios.

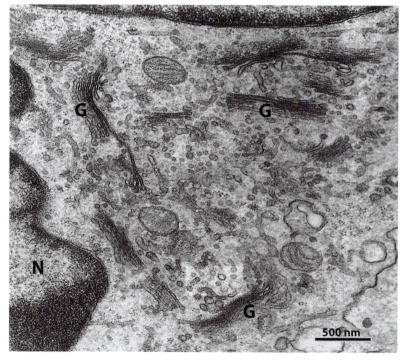

Figura 9.4 Ultraestrutura de vesículas transportadoras no citoplasma de um macrófago. Note a presença de grande número de vesículas pequenas e arredondadas, envoltas por membrana, em área citoplasmática rica em complexo de Golgi (G). N: núcleo.

Morfologia e fisiologia celular

A observação de aspectos morfológicos da célula, em especial de sua ultraestrutura, é importante para se conhecer a fisiologia celular. Isso significa que dados como tipo, tamanho, quantidade e distribuição das organelas e estruturas de uma determinada célula são indicadores de sua atividade funcional. Isso é perfeitamente válido para a maquinaria de síntese e secreção celular. Uma célula com citoplasma rico em retículo endoplasmático rugoso (Figura 9.1) e/ou complexo de Golgi (Figura 9.4), por exemplo, certamente possui alta capacidade de síntese proteica e secreção. A proximidade e interação entre organelas, como as notadas entre o REL e as mitocôndrias (Figura 9.3), podem ter significado no compartilhamento de funções e, por isso, devem ser vistas com atenção nas análises ultraestruturais. No caso, demonstrou-se que para ocorrer a síntese de hormônios esteroides em células especializadas, o colesterol, precursor desses hormônios, é mobilizado do REL para as mitocôndrias, onde ocorre uma série de etapas do processo de esteroidogênese.

Quando se observa a ultraestrutura do retículo endoplasmático, complexo de Golgi e vesículas de transporte, deve ser também lembrado que são imagens em duas dimensões, obtidas a partir de secções de células (ver capítulo 3). As micrografias mostram, portanto, perfis de túbulos e vesículas, aparentemente dispostos ao acaso (Figura 9.4). No entanto, as organelas encontram-se estruturalmente organizadas e integradas de modo a permitir a síntese e transporte eficiente de compostos.

Rota das proteínas sintetizadas no RER

As proteínas são compostos fundamentais da célula. Elas são sintetizadas nos polirribossomos e, portanto, podem ser lançadas diretamente no citoplasma (quando os polirribossomos estão livres neste) ou dentro do RER (quando os polirribossomos encontram-se ligados a essa organela). No primeiro caso, as proteínas permanecem soltas no citoplasma e são encaminhadas, graças à presença de sinais em suas cadeias, a determinados locais intracelulares, como, por exemplo, para o núcleo ou mitocôndrias. Quando segregadas no RER, as proteínas seguem uma rota a partir dessa organela para o complexo de Golgi. Elas são conduzidas por vesículas de transporte que brotam de um compartimento e se fundem com outro. Dessa forma, a carga de um compartimento passa para um segundo compartimento. Ao passar pelo RER e Golgi, as cadeias proteicas sofrem tipos diferentes de modificações químicas, como adição de cadeias laterais de carboidratos, pontes dissulfídicas e radicais fosfato, além de alterações estruturais. Essas alterações determinam o destino das proteínas sintetizadas e geram a grande diversidade delas no organismo. Antes de serem transferidas do RER para o Golgi, as proteínas sofrem rígido controle de qualidade para garantir que somente proteínas corretamente estruturadas e funcionais sejam entregues a seus destinos finais.

Ao atingirem a rede trans do Golgi, as proteínas são empacotadas por este em vesículas que brotam na face trans, podendo ter os seguintes destinos principais (Figura 9.5): i) inserir na membrana plasmática, constituindo parte desta; ii) fundir com a membrana plasmática e liberar seu conteúdo no meio extracelular; iii) formar lisossomos.

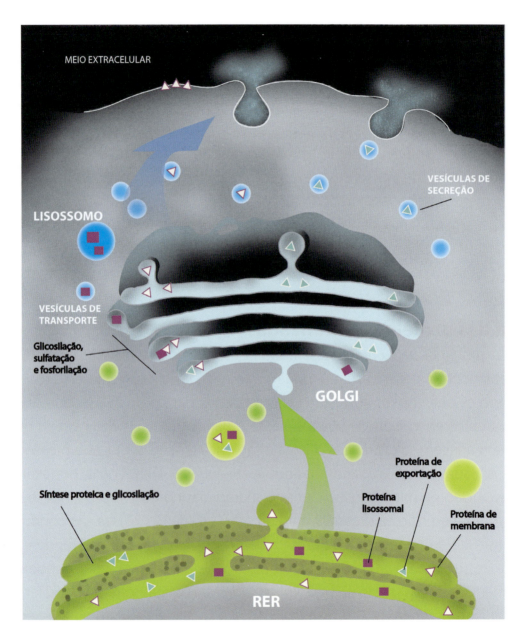

Figura 9.5 **Esquema mostrando o destino das proteínas sintetizadas e segregadas no retículo endoplasmático rugoso (RER).**

Após síntese em polirribossomos, as proteínas sofrem alterações no RER e complexo de Golgi e são transportadas por vesículas para sítios intracelulares ou exportadas para o meio extracelular.

Seleção e transporte de proteínas da via secretora

Conforme apontado acima, o processo de direcionar cada proteína individualmente, recém-formada no RER, a um destino particular, constitui evento diretamente associado à biogênese de vesículas de transporte. Para garantir o tráfego eficiente, existem diferentes tipos de vesículas, classificadas de acordo com suas capas proteicas. Essas vesículas podem ser revestidas por: i) clatrina; ii) complexo de proteínas de revestimento do tipo I (COPI); ou iii) complexo de proteínas de revestimento do tipo II (COPII). As vesículas com capa de clatrina formam-se na região trans do complexo de Golgi para se fundir com lisossomos e, portanto, atuam no transporte de proteínas que irão compor o conteúdo dessas organelas. As vesículas recobertas por COPII transportam proteínas a partir do retículo endoplasmático para o Golgi enquanto as vesículas com capa COPI transportam em sentido retrógrado (entre as cisternas do complexo de Golgi e entre a região cis-Golgi para o retículo endoplasmático). Ressalta-se que as vesículas com capa de clatrina também fazem parte da via endocítica (ver capítulo 7) e podem ser formadas a partir da membrana plasmática para se fundir com endossomos.

As capas proteicas têm a função de proporcionar deformações (curvatura) na membrana doadora para fins de gênese da vesícula assim como para facilitar o carregamento de determinada proteína pela vesícula. Cada capa é um complexo molecular com subunidades específicas, conhecidas como adaptadores de carregamento. Durante o processo de triagem, receptores presentes na membrana doadora, específicos para o tipo de proteína a ser carregada, ligam-se simultaneamente à proteína (carga) e ao adaptador. Uma vez estabelecida essa ligação, as vesículas são formadas (vesículas nascentes), contendo no seu interior a proteína selecionada. A partir da fusão da vesícula com o compartimento de destino e entrega da carga, os receptores e capa são liberados e reciclados, retornando para o compartimento doador para um novo evento de tráfego.

Secreção celular

A liberação de produtos sintetizados na célula para o meio extracelular é denominada secreção celular. A secreção constitutiva se refere à liberação contínua de compostos recém-sintetizados na célula. Após o trânsito pelo Golgi, os novos compostos são empacotados em vesículas de transporte (vesículas secretoras), as quais trafegam da região trans do Golgi em direção à superfície celular para imediata liberação após fusão dessas vesículas com a membrana plasmática. A secreção regulada envolve a liberação de produtos em resposta a um sinal específico. Nesse caso, os produtos sintetizados são também empacotados em vesículas, mas estas ficam armazenadas no citoplasma e, dependendo do tipo celular, recebem a denominação de grânulos de secreção. Dessa forma, a célula mantém uma reserva de produtos pré-formados, os quais são liberados apenas em resposta a estímulos como ação de um neurotransmissor, mediador do sistema imune ou interação com patógenos. Os processos de secreção regulada são diversos e incluem a exocitose clássica e composta e a desgranulação por *piecemeal*.

Exocitose clássica e composta

No processo denominado de exocitose, os grânulos de secreção podem se fundir individualmente com a membrana plasmática para liberar os produtos no meio externo (exocitose clássica) ou fundir-se entre si e com a membrana plasmática, formando uma câmara ou canal para secreção (exocitose composta) (Figura 9.6).

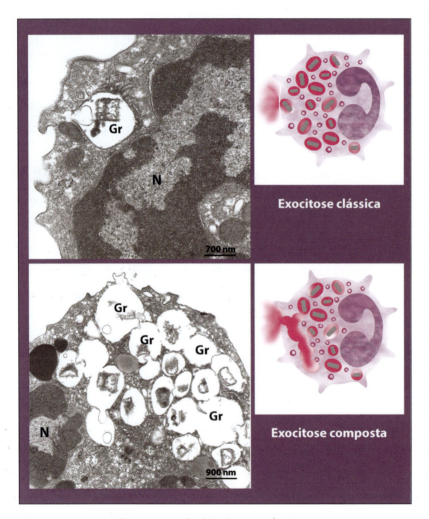

Figura 9.6 Processos de exocitose observados por microscopia eletrônica de transmissão em células do sistema imune humano (eosinófilos).

Na exocitose clássica, cada grânulo secretor (Gr) funde-se com a membrana plasmática (painel superior), enquanto na exocitose composta os grânulos fundem-se entre si formando uma câmara, com fusão do grânulo mais periférico desta com a membrana plasmática. N: Núcleo. Fonte: ilustrações reproduzidas de Spencer et al. Frontiers in Immunology, 2014, sob os termos da licença Creative Commons (CC BY), disponível em: https://creativecommons.org/licenses/by/4.0/legalcode.

Desgranulação por *piecemeal*

O processo de secreção denominado desgranulação por *piecemeal* (PMD, do inglês *piecemeal degranulation*) foi descrito em meados da década de 1970 e é reconhecido em diversos tipos celulares, como células do sistema imune e neuroendócrinas. Na PMD, vesículas transportam produtos armazenados nos grânulos secretores até a superfície celular. Essas vesículas brotam dos grânulos, após seleção do composto a ser secretado. Esse processo não envolve, portanto, fusão dos grânulos com a membrana plasmática. Os grânulos retêm suas membranas limitantes, atuando como contêineres com esvaziamento gradativo de seus conteúdos (Figura 9.7). Diferentemente das exocitoses clássica e composta, as quais descarregam todo o conteúdo do grânulo, a PMD leva à liberação de moléculas específicas, a partir de estímulos recebidos pela célula. A PMD é frequentemente observada durante doenças inflamatórias e alérgicas quando células como mastócitos, basófilos e eosinófilos respondem a determinados estímulos com secreção de produtos estocados em seus grânulos. A distinção precisa entre exocitose clássica, exocitose composta e PMD é feita por microscopia eletrônica de transmissão (Figura 9.7).

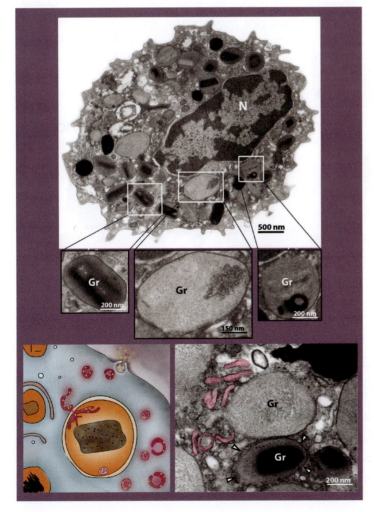

Figura 9.7 Ultraestrutura de um eosinófilo humano em processo de desgranulação por *piecemeal* (PMD).
Observe a diversidade morfológica dos grânulos secretores (Gr) com desestruturação parcial ou total do conteúdo, diminuição da elétron-densidade e/ou aumento de volume. Vesículas tubulares transportadoras (destacadas em rosa no esquema e na eletromicrografia) brotam do grânulo para transporte dos produtos até a superfície celular. Um grânulo intacto (cabeças de setas, painel inferior), com morfologia típica, caracterizada por região central elétron-densa (cristaloide), é visto ao lado de um grânulo sofrendo PMD. N: núcleo.

Fonte: micrografias reproduzidas, com modificações, de Spencer et al. Frontiers in Immunology, 2014, sob os termos da licença Creative Commons (CC BY), disponível em: https://creativecommons.org/licenses/by/4.0/legalcode.

Secreção de vesículas extracelulares

Outro processo de secreção regulada, descrito mais recentemente tanto em células eucarióticas como procarióticas, é a liberação de vesículas extracelulares. Vesículas envoltas por membrana, de dimensões variadas, são secretadas pela célula e servem como veículos para a transferência de compostos como proteínas, lipídios e RNA para outras células. Essas vesículas recebem o nome genérico de vesículas extracelulares. Quando elas brotam a partir da membrana plasmática são chamadas geralmente de microvesículas, também conhecidas como micropartículas (Figuras 9.8 e 9.9). Vesículas extracelulares podem também ter origem de compartimentos endossomais, especificamente de endossomos tardios, também chamados corpos multivesiculares (ver capítulo 7) que se fundem com a membrana plasmática, liberando múltiplas vesículas extracelulares denominadas exossomos (Figura 9.8).

A observação de vesículas extracelulares só é possível por meio de microscopia eletrônica, uma vez que o tamanho dessas estruturas é da ordem de nanômetros (Figuras 9.8 e 9.9). A microscopia eletrônica é considerada uma técnica padrão-ouro para a caracterização individual dessas vesículas e também para distingui-las de partículas celulares que não são envoltas por membrana, mas que apresentam tamanho similar.

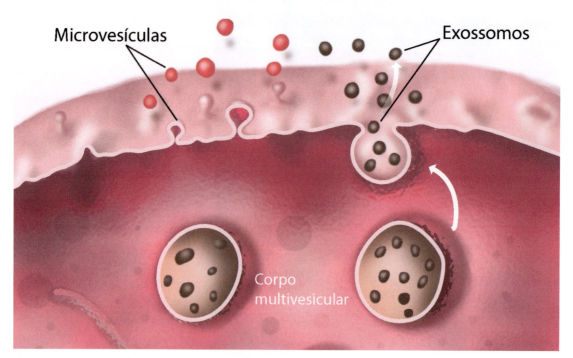

Figura 9.8 **Nomenclatura de vesículas extracelulares (VEs).**
Microvesículas são VEs formadas a partir da membrana plasmática, enquanto exossomos são VEs liberados do lúmen de um corpo multivesicular (endossomo tardio), após fusão deste com a membrana plasmática.

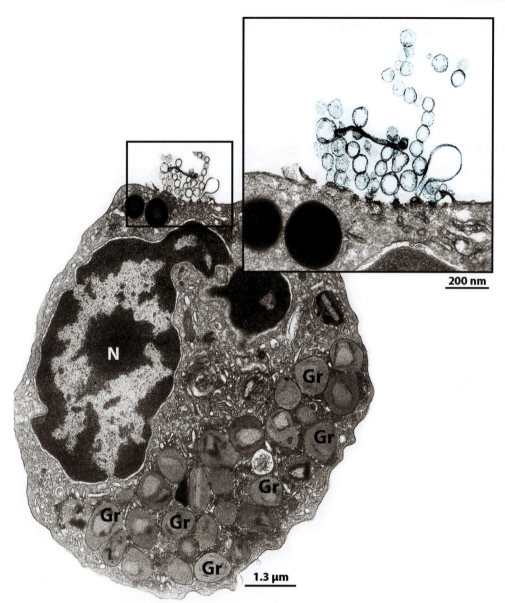

Figura 9.9 Eletromicrografia de um eosinófilo humano mostrando secreção de vesículas extracelulares na superfície celular.
Observe em maior aumento que as microvesículas (destacadas em verde) são formadas a partir da membrana plasmática. N: núcleo; Gr: grânulos de secreção.
Fonte: reproduzida de Akuthota et al. Frontiers in Cell and Dev. Biol., 2016, sob os termos da licença Creative Commons (CC BY), disponível em: https://creativecommons.org/licenses/by/4.0/legalcode.

O papel das vesículas extracelulares não se encontra completamente elucidado. No entanto, sabe-se que a secreção dessas vesículas é um processo geral da célula relacionado com a regulação de eventos fisiológicos e também com situações patológicas. Neste último caso, a liberação de vesículas extracelulares em fluidos biológicos, como o sangue periférico, possibilita transferência local ou a longas distâncias de moléculas bioativas como citocinas, as quais influenciam células-alvo que desempenham papel importante na inflamação. A detecção de vesículas extracelulares nesses fluidos é considerada um teste promissor para diagnóstico de doenças.

Células especializadas em secreção

O processo de secreção celular é observado na maioria das células. No entanto, diversos tipos celulares são especializados em secreção e possuem características morfológicas que refletem essa capacidade. Alguns exemplos são discutidos abaixo.

Célula caliciforme

A célula caliciforme encontra-se no epitélio dos intestinos (delgado e grosso) e do sistema respiratório e é um exemplo clássico de célula que sintetiza e secreta glicoproteínas armazenadas em grânulos de secreção. As células caliciformes coram-se mal com colorações histológicas, como a hematoxilina-eosina, pois o seu produto de secreção (muco), contido nos grânulos, não tem afinidade por esses corantes. Para visualizar as células caliciformes ao microscópio de luz, é preciso utilizar técnicas citoquímicas que marcam o conteúdo de carboidratos dos grânulos. Uma dessas técnicas é a reação do PAS, discutida no capítulo 5. Ao MET, a célula caliciforme é identificada pela presença de número elevado de grânulos de secreção geralmente elétron-lúcidos no citoplasma. As características morfológicas da célula caliciforme são mostradas na Figura 9.10.

Célula acinosa pancreática

As células acinosas do pâncreas (Figura 9.11) são células secretoras que produzem grande quantidade de enzimas digestivas. Estas são lançadas no intestino delgado (duodeno) para complementar a digestão dos alimentos. Têm forma piramidal, com núcleo esférico situado no terço médio da célula, dividindo o citoplasma em uma porção apical supranuclear e outra basal infranuclear. A porção basal da célula é caracterizada por intensa basofilia, decorrente do grande acúmulo de retículo endoplasmático rugoso e, por esta razão, é chamada de ergastoplasma (Figura 9.11). Nessa região, existem muitas mitocôndrias que garantem energia para captação dos aminoácidos necessários para síntese proteica. Os aminoácidos passam dos capilares sanguíneos para dentro da célula por processo ativo. Na região apical da célula, logo acima do núcleo, encontra-se o complexo de Golgi, que é bastante desenvolvido, e número elevado de grânulos de secreção que recebem o nome de grânulos de zimogênio.

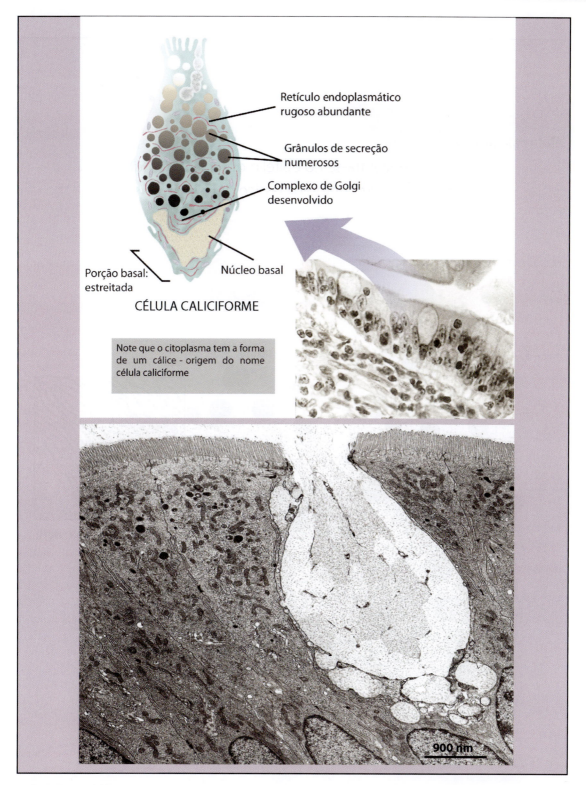

Figura 9.10 Características morfológicas da célula caliciforme ao microscópio de luz e eletrônico de transmissão.

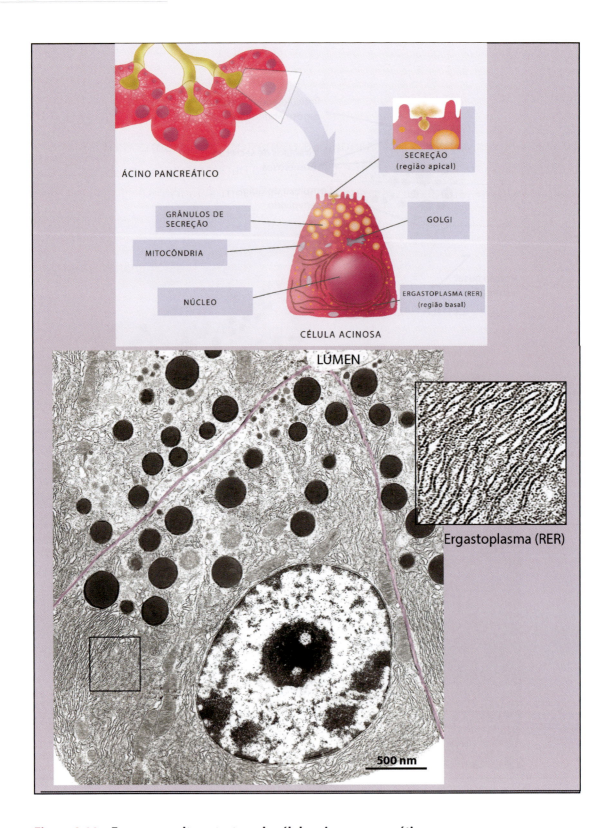

Figura 9.11 Esquema e ultraestrutura da célula acinosa pancreática.

Mastócito

Os mastócitos são células multifuncionais presentes no tecido conjuntivo, particularmente em regiões subepiteliais e ao redor de vasos sanguíneos, nervos, células musculares lisas e glândulas mucosas. Diferentemente de outras células de origem hematopoiética, as quais diferenciam e amadurecem na medula óssea antes de serem liberadas na corrente sanguínea, os mastócitos migram como células progenitoras imaturas através da corrente sanguínea para os tecidos onde completam o processo de maturação. Os mastócitos respondem a vários estímulos por meio da liberação de mediadores biologicamente ativos, incluindo mediadores lipídicos, citocinas e quimiocinas, armazenados em seus grânulos de secreção. Estas células estão envolvidas com processos fisiológicos como, por exemplo, angiogênese e reparo tecidual, e com respostas imunológicas e alérgicas.

Os mastócitos se caracterizam pela presença de núcleo arredondado e central e numerosos grânulos de secreção presentes no citoplasma. O conteúdo dos grânulos é de natureza basófila quando vistos à microscopia de luz e produz a clássica coloração metacromática de mastócitos (ver capítulo 4) (Figura 9.12). Ao MET, os grânulos secretores de mastócitos podem mostrar diferenças na forma, tamanho e elétron-densidade, dependendo do estado funcional ou de maturação da célula (Figura 9.12).

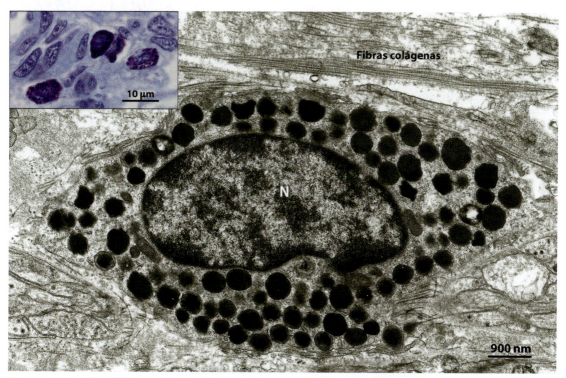

Figura 9.12 **Mastócitos maduros observados no tecido conjuntivo ao microscópio de luz (ML) e eletrônico de transmissão (MET).**
Os grânulos secretores ocupam grande parte do citoplasma e aparecem metacromáticos ao ML (painel superior) e elétron-densos ao MET (painel inferior). O núcleo (N) mostra-se arredondado e central. Note a presença de fibras colágenas, típicas do tecido conjuntivo.

Eosinófilo

Os eosinófilos são células derivadas da medula óssea, presentes no sangue circulante e nos tecidos. As funções de eosinófilos são muito variadas. Essas células têm papel tanto em condições de saúde como em processos alérgicos e inflamatórios. Produtos liberados dos eosinófilos são vitais para manter outras células metabolicamente ativas e para promover desenvolvimento de órgãos como a glândula mamária e maturação uterina. Os eosinófilos são recrutados em grande número em resposta a doenças parasitárias, como a esquistossomose (Figura 9.13) e outras infecções helmínticas, e alérgicas, como a asma. Nesse contexto, os eosinófilos foram historicamente considerados como células inflamatórias efetoras, mediando efeitos citotóxicos por meio da secreção de proteínas catiônicas. Os eosinófilos também promovem reparo e regeneração tecidual em situações de inflamação. Mais recentemente, o papel dos eosinófilos como células imunomoduladoras vem sendo destacado em condições fisiológicas e patológicas.

Os eosinófilos apresentam núcleo lobulado e citoplasma repleto de grânulos de secreção, chamados grânulos específicos ou cristalinos. À microscopia de luz, esses grânulos são fortemente acidófilos (Figura 9.13), devido ao elevado conteúdo de proteínas catiônicas, principalmente da chamada proteína básica principal que reage com corantes ácidos, como a eosina (ver capítulo 4). Ao microscópio eletrônico de transmissão (MET), os grânulos secretores de eosinófilos mostram morfologia única: um cristaloide central geralmente elétron-denso envolto por uma matriz elétron-lúcida (Figura 9.7 e 9.13). A observação dessas características ultraestruturais serve para diagnosticar a célula como um eosinófilo, pois são exclusivas desse tipo celular. Em pacientes com certas doenças inflamatórias e/ou alérgicas, é comum a presença de grânulos de eosinófilos fora da célula, dispersos nos tecidos após morte celular (citólise), o que pode ser facilmente identificado por MET por causa da morfologia granular típica.

Os eosinófilos armazenam uma diversidade de mediadores imunes em seus grânulos de secreção. Além das proteínas catiônicas, muitas citocinas e quimiocinas encontram-se pré-formadas nesses grânulos e são cruciais para as funções de eosinófilos. Em resposta a vários estímulos, eosinófilos são recrutados da circulação para focos inflamatórios teciduais onde orquestram respostas imunes por meio da liberação dos produtos derivados dos seus grânulos. Portanto, o estudo de processos de secreção em eosinófilos, assim como nos mastócitos e outras células, é importante para o entendimento de suas atividades funcionais, tanto em situações fisiológicas como em diversas doenças.

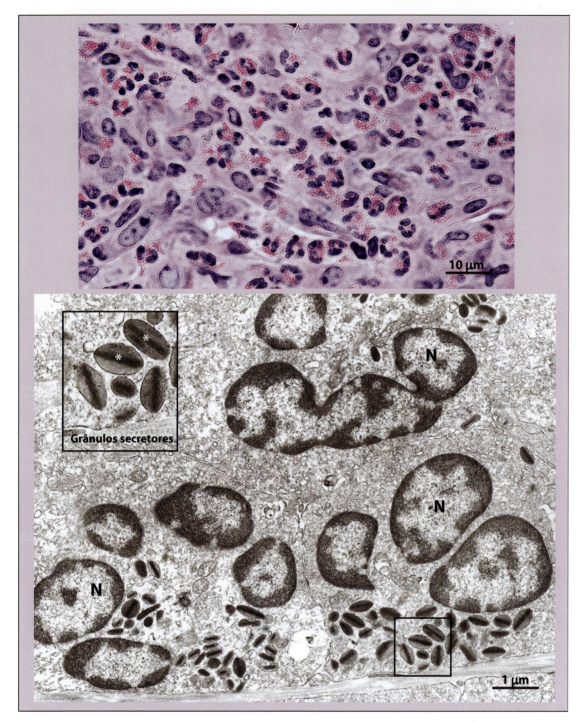

Figura 9.13 Eosinófilos infiltrados no fígado de camundongo infectado experimentalmente com *Schistosoma mansoni*.
No corte histológico (painel superior), observe numerosos eosinófilos com intensa acidofilia citoplasmática. Na eletromicrografia, observe o núcleo (N) lobulado e a morfologia típica dos grânulos secretores, com cristaloide central elétron-denso (*) e matriz elétron-lúcida.

Bibliografia

Akuthota P, Carmo LA, Bonjour K, Murphy RO, Silva TP, Gamalier JP, et al. Extracellular microvesicle production by human eosinophils activated by "inflammatory" stimuli. Front Cell Dev Biol. 2016;4:117.

Boncompain G, Perez F. The many routes of Golgi-dependent trafficking. Histochem Cell Biol. 2013;140:251-60.

Buzas EI, György B, Nagy G, Falus A, Gay S. Emerging role of extracellular vesicles in inflammatory diseases. Nature Reviews Rheumatology. 2014;10:356-64.

Colombo M, Raposo G, Théry C. Biogenesis, secretion, and intercellular interactions of exosomes and other extracellular vesicles. Ann Rev Cell Dev Biol. 2014;30:255-89.

Daniels MJ, Brough D. Unconventional pathways of secretion contribute to inflammation. Int J Mol Sci. 2017:18.

Goetz JG, Nabi IR. Interaction of the smooth endoplasmic reticulum and mitochondria. Biochem Soc Trans. 2006:34:370-3.

Gomez-Navarro N, Miller E. Protein sorting at the ER-Golgi interface. J Cell Biol. 2016;215:769-78.

Kienzle C, Von Blume J. Secretory cargo sorting at the trans-Golgi network. Trends Cell Biol. 2014;24:584-93.

Lock JG, Hammond LA, Houghton F, Gleeson PA, Stow JL. E-cadherin transport from the trans-Golgi network in tubulovesicular carriers is selectively regulated by golgin-97. Traffic. 2005;6:1142-56.

Lunelli L, Bernabo P, Bolner A, Vaghi V, Marchioretto M, Viero G. Peering at brain polysomes with atomic force microscopy. J Vis Exp, 2016. doi: 10.3791/53851.

Melo RCN, Dvorak AM, Weller PF. Contributions of electron microscopy to understand secretion of immune mediators by human eosinophils. Microsc Microanal. 2010;10:653-60.

Melo RCN, Weller PF. Piecemeal degranulation in human eosinophils: a distinct secretion mechanism underlying inflammatory responses. Histol Histopathol. 2010;25:1341-54.

Spencer LA, Bonjour K, Melo RCN, Weller PF. Eosinophil secretion of granule-derived cytokines. Front Immunol. 2014;5:496.

Stow JL, Murray RZ. Intracellular trafficking and secretion of inflammatory cytokines. Cytokine Growth Factor Rev. 2013;24:227-39.

Weller PF, Spencer LA. Functions of tissue-resident eosinophils. Nat Rev Immunol. 2017;17:746-60.

Wernersson S, Pejler G. Mast cell secretory granules: armed for battle. Nat Rev Immunol. 2014;14:478-94.

Zanetti G, Pahuja KB, Studer S, Shim S, Schekman R. COPII and the regulation of protein sorting in mammals. Nat Cell Biol. 2011;14:20-8.

10

MITOCÔNDRIAS

MITOCÔNDRIAS

As mitocôndrias são organelas multifuncionais e com arquitetura altamente dinâmica. Elas atuam primariamente na produção de energia e na biossíntese de macromoléculas, mas suas atividades funcionais vão além do metabolismo. As mitocôndrias são fundamentais em diversos processos celulares, tais como morte celular, homeostase de íons cálcio, expressão gênica, senescência celular, diferenciação e adaptação a estresses. Por essa razão, as mitocôndrias se tornaram um importante objeto de pesquisa nas últimas décadas, incluindo estudos sobre alterações mitocondriais em condições patológicas como cardiomiopatias, doenças degenerativas e câncer.

Aspectos funcionais

As mitocôndrias são frequentemente referidas como usinas da célula. Isso se deve ao fato de essas organelas serem a principal fonte de ATP, o combustível essencial da célula. As mitocôndrias realizam o processo de transformação da energia de nutrientes (glicose e ácidos graxos) em ATP. Esse processo envolve o consumo de oxigênio e a síntese de ATP pela adição de um grupamento de fosfato ao ADP (fosforilação), e portanto é denominado de fosforilação oxidativa. Essa via metabólica requer diversas enzimas coordenadas por uma cascata de reações de redução-oxidação (reações redox) em complexos proteicos da membrana mitocondrial interna onde elétrons são transferidos para o oxigênio (cadeia transportadora de elétrons ou cadeia respiratória), com geração de energia que é usada para formar ATP. As mitocôndrias também participam na produção de calor e na síntese de macromoléculas, tais como nucleotídeos, lipídios, proteínas e heme.

As mitocôndrias são consideradas organelas de sinalização. Moléculas produzidas nas mitocôndrias tais como fatores específicos, metabólitos e baixos níveis de espécies reativas de oxigênio (ROS) atuam como moléculas sinalizadoras de vias intracelulares para manutenção de atividades fisiológicas, como diferenciação celular apropriada e regeneração tecidual. As mitocôndrias têm também função central na regulação de várias formas de morte celular. Elas contêm um arsenal de fatores envolvidos em mecanismos de desencadeamento de morte celular programada, processo fisiológico fundamental para a renovação celular (ver capítulo 13). Além disso, as mitocôndrias participam de respostas a infecções virais e bacterianas e a estresses celulares promovidos por acúmulo de moléculas indicadoras de danos às células, chamadas DAMPs (padrões moleculares assoaciados a danos). Portanto, a função mitocondrial como organela sinalizadora tem impacto na imunidade inata, oferecendo apoio à expressão gênica de marcadores inflamatórios.

Origem das mitocôndrias

As mitocôndrias contêm DNA e RNA próprios, o que lhes permite dividir e sintetizar algumas de suas proteínas. Tal capacidade, somada à habilidade de produzir ATP e estrutura morfológica com dupla membrana envoltória, são considerados indicativos da origem das mitocôndrias a partir de bactérias aeróbias que estabeleceram relação simbiótica com as células anaeróbias ancestrais, precursoras das células eucarióticas modernas.

O genoma mitocondrial humano contém informação genética para 13 proteínas constituintes de complexos da cadeia respiratória, inseridos na membrana mitocondrial interna. No entanto, as mitocôndrias são compostas por mais de 1.000 proteínas e essa composição varia tanto entre espécies como entre tipos celulares. A origem do proteoma mitocondrial é, portanto, considerada uma mistura de proteínas "antigas" e "novas", derivadas da bactéria ancestral e da célula eucariótica, respectivamente. Como parte do processo de adquirir novas funções durante a evolução, a maioria do material genômico da bactéria ancestral foi perdido ou transferido para o genoma nuclear. Dessa forma, acredita-se que o comportamento da mitocôndria dentro da célula eucariótica mudou de maneira drástica para se tornar uma organela responsiva às necessidades de cada célula.

Observação de mitocôndrias

Ao microscópio de luz, as mitocôndrias podem ser detectadas com o emprego de técnicas de identificação específicas que marcam essas organelas e revelam sua presença e distribuição no citoplasma. Técnicas citoquímicas para enzimas mitocondriais ou impregnações metálicas com sais de prata e urânio que apresentam afinidades pelos componentes químicos das membranas da organela podem ser utilizadas para esse fim. Além disso, existem vários tipos de marcadores fluorescentes para mitocôndrias, os quais, em função de sua estrutura molecular, se ligam a grupamentos químicos de moléculas mitocondriais, acumulando-se na matriz dessa organela (Figura 10.1). No entanto, somente o microscópio eletrônico (Figuras 10.1 e 10.2) permite a observação da morfologia mitocondrial que pode variar dependendo do tipo celular e do estado funcional da célula.

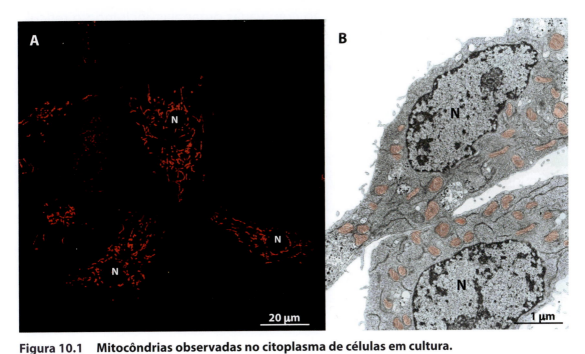

Figura 10.1 **Mitocôndrias observadas no citoplasma de células em cultura.**
Em (A), as mitocôndrias foram identificadas *in vivo* com marcador fluorescente vermelho (MitoTracker®). Note que o núcleo aparece em imagem negativa. Em (B), as mitocôndrias (destacadas digitalmente em vermelho) são vistas em corte ultrafino ao microscópio eletrônico de transmissão. Observe a distribuição das mitocôndrias em todo o citoplasma. N: núcleo.

Ultraestrutura mitocondrial

Cada mitocôndria é envolvida por duas membranas, uma externa e uma interna, as quais definem dois compartimentos: o espaço intermembranoso (entre as duas membranas) e a matriz mitocondrial (envolvida pela membrana mitocondrial interna) (Figura 10.2).

Membrana mitocondrial externa

A membrana mitocondrial externa (MME) (Figura 10.2) funciona como uma barreira e também como uma plataforma para trocas. Ela impede a difusão de pequenas moléculas e protege o citoplasma de produtos mitocondriais que podem ser nocivos como ROS, DNA imunogênico mitocondrial e moléculas sinalizadoras de morte celular. A composição da bicamada da MME possibilita trocas de metabólitos e cátions entre o citoplasma e o espaço intermembranoso. Por meio da MME, as mitocôndrias estabelecem interação com várias organelas, incluindo o retículo endoplasmático, núcleo e ribossomos. Essas interações, em conjunto com elementos do citoesqueleto, influenciam a morfologia da MME.

Membrana mitocondrial interna

A membrana mitocondrial interna (MMI) (Figura 10.2) é complexa e apresenta regiões especializadas tanto em termos estruturais como funcionais, identificadas como: sítios de contato entre a MMI e a MME, cristas e regiões de junção com as cristas (base das cristas). Os locais de contato entre as duas membranas contêm complexos moleculares específicos e enzimas que participam na transferência de energia da matriz para o citoplasma, importação de proteínas, processo de apoptose e transferência de lipídios entre a MMI e a MME. Em determinadas regiões da MMI, a continuidade desta é interrompida para formar invaginações profundas para o interior da matriz – as chamadas cristas mitocondriais. Na base das cristas, a MMI apresenta constrições com aberturas mais estreitas (20-50 nm de diâmetro) em comparação com o restante das cristas. Essas constrições parecem atuar tanto na prevenção de difusão como no controle da passagem do conteúdo das cristas.

As cristas (Figura 10.2) aumentam a área de superfície da MMI e são caracterizadas por diversidade de formas. Em eletromicrografias, as cristas são vistas em vários planos de corte e podem aparecer como estruturas desconectadas da MMI. Em diversas células, as cristas têm o formato de prateleiras (lamelares) ou de tubos estreitos. Nas células que sintetizam esteroides, as cristas formam tubos de grande diâmetro, o que leva à observação, em secções, de estruturas circulares dentro das

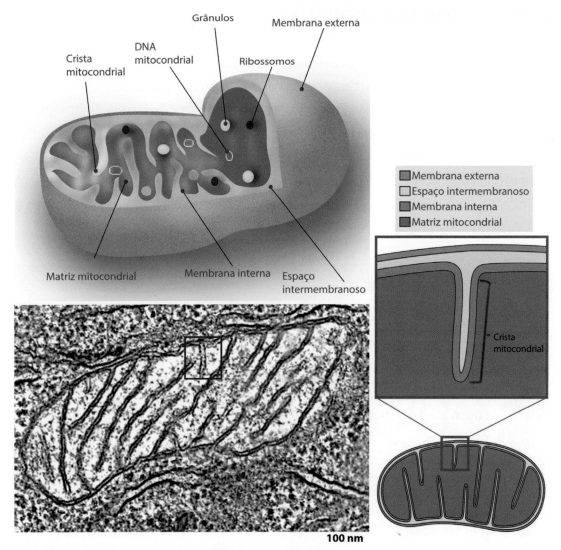

Figura 10.2 Aspectos ultraestruturais das mitocôndrias.

mitocôndrias (Figura 10.3). Outro exemplo é a célula de Sertoli, onde mitocôndrias seccionadas mostram cristas mitocondriais em arranjo vacuolar (Figura 10.3).

Matriz mitocondrial

A matriz mitocondrial (Figura 10.2) mostra-se homogênea e finamente granulosa nas micrografias eletrônicas pela presença de centenas de enzimas, DNA, RNA e ribossomos. Ocasionalmente, apresenta grânulos densos contendo cálcio. A matriz é o local onde numerosas reações químicas acontecem: ciclo do ácido cítrico, oxidação de ácidos graxos, replicação e transcrição do DNA e síntese proteica. A elétron-densidade da matriz das mitocôndrias pode se alterar como resultado de atividade metabólica ou dano mitocondrial.

Distribuição das mitocôndrias

O número de mitocôndrias varia de acordo com o tipo celular e pode ocupar até 25% do volume citoplasmático. Essas organelas são numerosas em células com metabolismo energético alto, onde se dispõem na proximidade dos locais que necessitam diretamente de ATP. Um exemplo clássico é a célula muscular estriada. Nessa célula, as mitocôndrias mostram cristas numerosas e ocupam posição específica no citoplasma, paralelamente dispostas entre as miofibrilas (Figura 10.4), estruturas proteicas do citoesqueleto envolvidas na contração muscular (ver capítulo 8), processo que requer alto gasto de energia. Na maioria das células, no entanto, as mitocôndrias distribuem-se por todo o citoplasma (Figura 10.1).

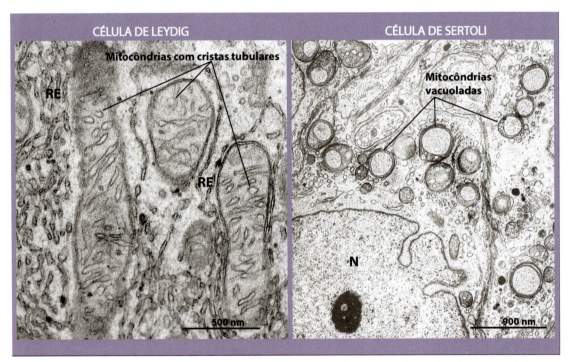

Figura 10.3 **Ultraestrutura de mitocôndrias mostrando cristas com diversidade morfológica, dependendo do tipo celular.**
Observe na célula de Leydig a presença de numerosos perfis do retículo endoplasmático (RE), com o qual as mitocôndrias interagem. N: núcleo.
Fonte: cortesia de Hélio Chiarini-Garcia (célula de Leydig) e Gleydes Gambogi Parreira (célula de Sertoli).

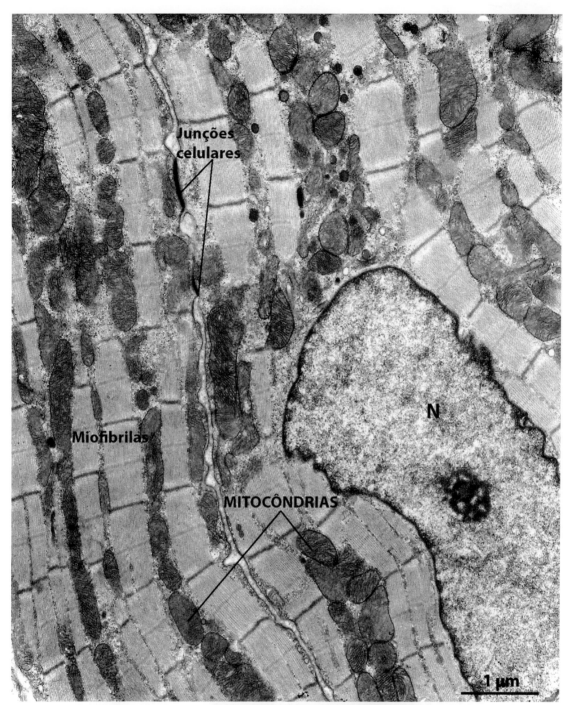
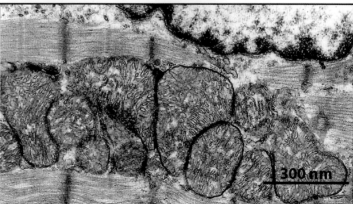

Figura 10.4 Eletromicrografia de cardiomiócitos mostrando o arranjo de mitocôndrias entre as miofibrilas.
Em maior aumento, note o grande número de cristas mitocondriais.
N: núcleo.

Interação com outras organelas

A interação das mitocôndrias com outras organelas, representada por contato físico, é observada com frequência no citoplasma. Um dos exemplos mais documentados é a associação com o retículo endoplasmático (Figuras 10.3 e 10.5), importante tanto para a síntese de moléculas, por exemplo, hormônios esteroides (ver capítulo 9), como para a detecção/controle de estresses no retículo. A interação das mitocôndrias com corpúsculos lipídicos (Figura 10.5), organelas ricas em lipídios (ver capítulo 12), é também encontrada em diversos tipos celulares e pode ter significados distintos. Em células que sofrem estresses nutricionais (jejum) e autofagia, o contato mitocôndria-corpúsculo lipídico tem sido alvo de muitas pesquisas. Em respostas a essas situações, a célula altera seu metabolismo, perdendo a dependência de glicose para realizar a betaoxidação de ácidos graxos. As mitocôndrias representam os sítios primários onde ocorre tal oxidação a partir da quebra de ácidos graxos, importante para sustentar os níveis de energia da célula. Isso requer que as mitocôndrias importem essas moléculas a partir dos corpúsculos lipídicos. O fluxo de ácidos graxos dessas organelas para as mitocôndrias envolve o contato entre as duas organelas e também a fusão entre mitocôndrias, com formação de mitocôndrias alongadas (tubulosas) (Figura 10.5). O processo de fusão garante que os ácidos graxos sejam distribuídos através das mitocôndrias para máxima oxidação, garantindo, assim, a sobrevivência da célula.

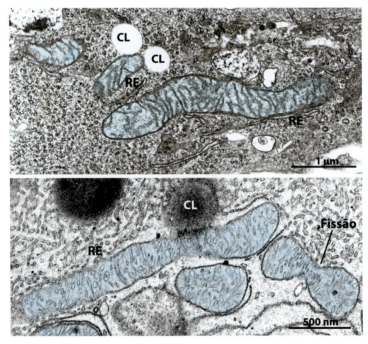

Figura 10.5 Eletromicrografias mostrando mitocôndrias em interação com corpúsculos lipídicos (CLs) e com o retículo endoplasmático (RE).

Observe a presença de mitocôndrias alongadas, resultantes do processo de fusão e mitocôndria em processo de divisão (fissão). As mitocôndrias foram coloridas digitalmente em azul.

Mitocôndrias alteram a forma para atender às necessidades da célula

Remodelagem das cristas

Eletromicrografias de mitocôndrias durante processos celulares tais como apoptose, resposta a jejum, quimiotaxia, sinalização imune, embriogênese e muitos outros, revelam amplo espectro de alterações morfológicas das cristas. Elas podem variar em extensão, largura, alinhamento lateral, rigidez e angularidade. As cristas também podem aumentar em número, sofrer espessamento ou alargamento de suas áreas basais em função do meio em que a célula se encontra. Células em cultura mantidas sem substrato (jejum), por exemplo, mostram redução na largura das cristas, o que resulta em maior eficiência respiratória. Essa notável habilidade de transformação morfológica é denominada de "remodelagem das cristas" e, em conjunto com os processos de fusão e divisão, descritos a seguir, recebe, coletivamente, o nome de "dinâmica mitocondrial", diretamente associada com a funcionalidade das mitocôndrias em resposta às necessidades da célula.

Fusão e fissão

As mitocôndrias têm habilidade de fusão e fissão (divisão) (Figura 10.5), processos sem instrução nuclear e conservados em todas as células eucarióticas com mitocôndrias. O evento de fusão acontece em menos de dois minutos e permite a comunicação entre mitocôndrias por transferência do DNA mitocondrial, proteínas, lipídios e metabólitos. Para isso, duas mitocôndrias devem estabelecer íntima associação para que proteínas da MME e da MMI formem complexos entre as organelas e promovam a fusão. Esse processo é considerado essencial para a vida da célula eucariótica e sua eliminação resulta em morte embrionária em camundongos. O citoplasma, por meio de proteínas ou solutos, pode ativar ou inibir a fusão, demonstrando que esse evento é uma forma de "casamento" da função mitocondrial com o estado da célula. Estresses nutricionais e certas infecções virais induzem alongamento de mitocôndrias por fusão, importante para garantir energia para a célula e sinalização antiviral, respectivamente. Assim como a fusão, a fissão (Figura 10.5) é uma forma da mitocôndria responder às demandas da célula. O processo envolve elementos do retículo endoplasmático e do citoesqueleto, gerando duas mitocôndrias-filhas. A fissão é crucial para o tráfego mitocondrial e para preservar a qualidade da população de mitocôndrias, a partir da segregação de mitocôndrias danificadas. Além disso, é fundamental para células em divisão para supri-las com número adequado de mitocôndrias. Os processos de fusão e fissão permitem a reorganização mitocondrial e o funcionamento adequado da vida celular.

Bibliografia

Friedman JR, Lackner LL, West M, Dibenedetto JR, Nunnari J, Voeltz GK. ER tubules mark sites of mitochondrial division. Science. 2011;334:358-62.

Friedman JR, Nunnari J. Mitochondrial form and function. Nature. 2014;505:335-43.

Goetz JG, Nabi IR. Interaction of the smooth endoplasmic reticulum and mitochondria. Biochem Soc Trans. 2006;34:370-3.

Hamasaki M, Furuta N, Matsuda A, Nezu A, Yamamoto A, Fujita N, et al. Autophagosomes form at ER-mitochondria contact sites. Nature. 2013;495:389-93.

Mannella CA. Structure and dynamics of the mitochondrial inner membrane cristae. Biochim Biophys Acta. 2006;1763:542-8.

Mannella CA, Buttle K, Rath BK, Marko M. Electron microscopic tomography of rat-liver mitochondria and their interaction with the endoplasmic reticulum. Biofactors. 1998;8:225-8.

Perkins EM, Mccaffery JM. Conventional and immunoelectron microscopy of mitochondria. Methods Mol Biol. 2007;372:467-83.

Perkins G, Bossy-Wetzel E, Ellisman MH. New insights into mitochondrial structure during cell death. Exp Neurol. 2009;218:183-92.

Rambold AS, Cohen S, Lippincott-Schwartz J. Fatty acid trafficking in starved cells: regulation by lipid droplet lipolysis, autophagy, and mitochondrial fusion dynamics. Dev Cell. 2015;32:678-92.

Stone SJ, Levin MC, Zhou P, Han J, Walther TC, Farese Jr. RV. The endoplasmic reticulum enzyme DGAT2 is found in mitochondria-associated membranes and has a mitochondrial targeting signal that promotes its association with mitochondria. J Biol Chem, 284, 5352-61, 2009.

Vakifahmetoglu-Norberg H, Ouchida AT, Norberg E. The role of mitochondria in metabolism and cell death. Biochem Biophys Res Commun. 2017;482:426-31.

Wang K, Klionsky DJ. Mitochondria removal by autophagy. Autophagy. 2011;7:297-300.

Yamaguchi R, Perkins G. Dynamics of mitochondrial structure during apoptosis and the enigma of Opa1. Biochim Biophys Acta. 2009;1787:963-72.

Zick M, Rabl R, Reichert AS. Cristae formation-linking ultrastructure and function of mitochondria. Biochim Biophys Acta. 2009;1793:5-19.

11

NÚCLEO

NÚCLEO

Uma característica marcante da vida eucariótica é a compartimentalização da célula na forma de organelas envoltas por membrana. Por meio do estabelecimento de um núcleo, eucariotos separaram espacialmente o processo de transcrição (síntese de RNAm) do de tradução (síntese proteica), possibilitando a regulação sofisticada da expressão gênica. O núcleo é uma organela altamente especializada que atua como centro administrativo da célula e apresenta duas funções principais: armazenar o material hereditário (DNA) e coordenar as diferentes atividades celulares.

Ciclo celular

As células se originam de células preexistentes. Essa ideia, popularizada com a frase "Omnis cellula e cellula" no livro *Cellularpathologie*, publicado em 1858 por Rudolf Virchow, marcou o início de fascinantes pesquisas sobre a complexidade da reprodução celular. Na década de 1860, Rudolf Kölliker observou que a clivagem de embriões reflete uma série de divisões celulares, gerando novas células que se diferenciam em tecidos especializados. Nos anos 1880, cientistas concluíram que todos os organismos multicelulares, independentemente de suas complexidades, emergem de uma simples célula. Portanto, todas as células passam por uma sequência de eventos de crescimento e reprodução (divisão), os quais constituem a base para o desenvolvimento dos organismos. Associado à reprodução celular, encontra-se o sistema de hereditariedade que é fundamentado em genes e opera a partir de mecanismos moleculares. Os estudos de Gregor Mendel, também na década de 1860, e de outros cientistas dos séculos XIX e XX, trouxeram avanços no entendimento da hereditariedade e no comportamento dos cromossomos durante a divisão celular.

O ciclo de crescimento, quando a célula duplica seus componentes, e de divisão é denominado ciclo celular. A duração desse ciclo depende do tipo celular, mas a série de eventos do ciclo é basicamente a mesma em todas as células eucarióticas. O ciclo apresenta um total de quatro fases e é dividido em duas etapas denominadas de intérfase e mitose (divisão propriamente dita, chamada fase M). A intérfase é o período entre duas divisões sucessivas e compreende três estágios, classificados como fases G1, S e G2. Os períodos entre o nascimento da célula (logo após a divisão celular) e a fase S e entre a fase S e a fase M são, respectivamente, conhecidos como fases G1 e G2 (do inglês *gap*). A replicação do DNA nuclear é limitada à fase S, enquanto nas fases G1 e G2 ocorrem a transcrição de genes, síntese proteica e duplicação de organelas, ou seja, a célula cresce em massa. Quando células em intérfase são observadas ao microscópio, elas não mostram transformações morfológicas evidentes em seus núcleos, mas estas são dramáticas durante a mitose, conforme será discutido mais adiante.

Morfologia nuclear

As células em intérfase podem apresentar grande variabilidade quanto à morfologia de seus núcleos. Em geral, existe um núcleo por célula, o qual ocupa uma posição central (Figura 11.1). Em determinados casos, o núcleo é deslocado do centro, em consequência do acúmulo de materiais no citoplasma. Por exemplo, em algumas células secretoras de glicoproteínas, como as células caliciformes (ver capítulo 9), os núcleos são basais (Figura 11.1); em células musculares estriadas esqueléticas, por causa da grande quantidade de miofibrilas, eles são periféricos e, em adipócitos, o acúmulo de gordura desloca o núcleo para a periferia. Geralmente, a forma do núcleo acompanha a forma da célula. Células com formato cúbico apresentam núcleos esféricos e células cilíndricas têm núcleos alongados (Figura 11.1). Entre os leucócitos, observam-se núcleos multiformes e irregulares ou arredondados (Figura 11.2).

O número e o tamanho dos núcleos também variam e podem estar relacionados com a atividade metabólica da célula. Células com alta taxa de síntese proteica apresentam núcleos volumosos, como é o caso dos neurônios e ovócitos (Figura 11.2) ou podem conter dois núcleos, como os hepatócitos. O aumento do diâmetro nuclear está associado com descondensação da cromatina, acompanhada de intensa síntese de RNA. A ultraestrutura de células com essas características revela, com frequência, riqueza de RER ou de ribossomos livres no citoplasma (Figura 11.3).

A observação de núcleos ao microscópio de luz é comumente feita com o uso de corantes básicos, a partir da afinidade ácido-base (ver capítulo 4) ou com corantes fluorescentes que têm afinidade por DNA, como a laranja de acridina (Figura 11.2) e DAPI (4, 6-diamidino-2-phenylindole). A reação de Feulgen também é usada para marcar DNA (ver capítulo 5). Os detalhes da estrutura nuclear, como a presença do envoltório nuclear e organização da cromatina, só podem ser visualizados por microscopia eletrônica.

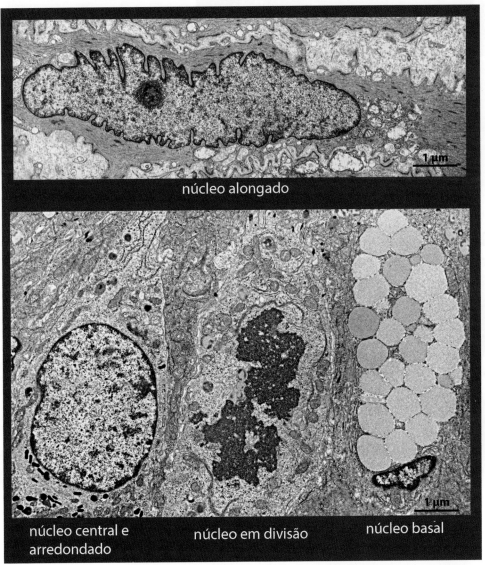

Figura 11.1 Eletromicrografias de célula muscular lisa (painel superior) e células do epitélio intestinal (painel inferior) mostrando núcleos com diferentes morfologias.

Note a condensação da cromatina e a ausência do envoltório nuclear no núcleo em divisão (metáfase). Os demais núcleos encontram-se em intérfase.

Fonte: cortesia de Ann M. Dvorak.

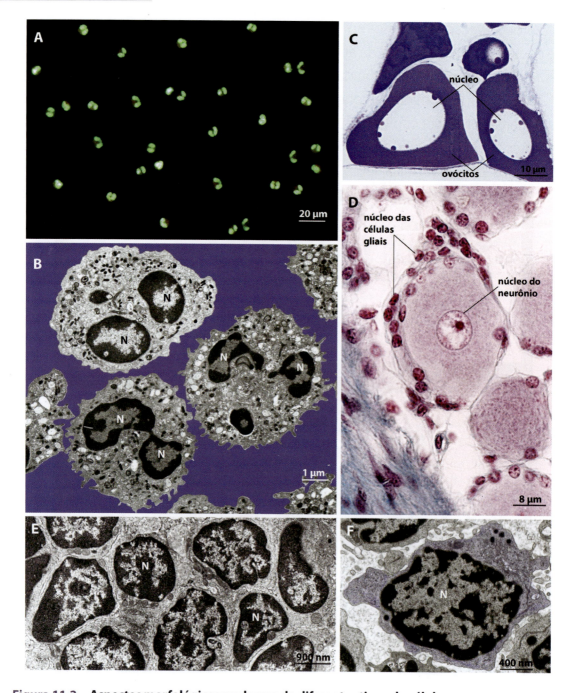

Figura 11.2 Aspectos morfológicos nucleares de diferentes tipos de células.

(A, B) Leucócitos humanos polimorfonucleares isolados do sangue periférico e observados ao microscópio de fluorescência (A, eosinófilos) ou MET (B, neutrófilos). (C, D) Cortes de ovário de peixe e gânglio nervoso mostrando núcleos volumosos, arredondados e com cromatina muito descondensada em ovócitos (C) e neurônio (D), respectivamente. Em C, observe vários nucléolos no núcleo dos ovócitos. Ao redor do corpo neuronal (D), note os núcleos pequenos e muito corados das células da glia. (E, F) Eletromicrografias de linfócitos. Nestas células, os núcleos são arredondados e ocupam a maior parte do citoplasma (destacados em lilás em F). Coloração: laranja de acridina (A), azul de toluidina (C) e tricrômico de Gomori (D). N: núcleo.

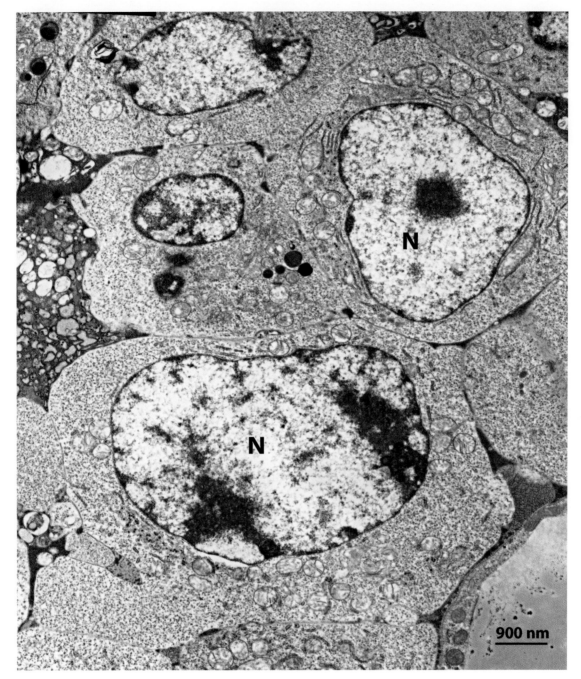

Figura 11.3 Eletromicrografia de células contendo núcleos volumosos e com cromatina descondensada.
Observe o citoplasma rico em ribossomos livres, indicativo de elevada atividade de síntese proteica. N: núcleo.

Estrutura nuclear

Envoltório nuclear

O conteúdo do núcleo é delimitado pelo envoltório nuclear (Figura 11.4), formado por duas unidades de membranas concêntricas: membrana interna e membrana externa, as quais limitam uma pequena cavidade denominada espaço perinuclear. A membrana interna apoia-se em uma fina camada (lâmina nuclear) constituída por filamentos do citoesqueleto (ver capítulo 8), os quais também envolvem a membrana externa, mas de forma menos estruturada. A membrana externa é contínua com o retículo endoplasmático rugoso (RER). Conforme descrito no capítulo 9, o envoltório nuclear é um subcompartimento do RE e apresenta em sua composição moléculas típicas dessa organela. A imunomarcação para a proteína dissulfeto isomerase (PDI), a qual participa na estruturação de proteínas no RE (dobramento de cadeias polipeptídicas e formação de pontes dissulfeto), mostra positividade no envoltório nuclear (Figura 11.4). As duas membranas do envoltório nuclear apresentam perfurações chamadas poros nucleares, complexos proteicos (nucleoporinas) que controlam a passagem de moléculas entre o núcleo e o citoplasma.

Nucléolo

Os nucléolos são subcompartimentos nucleares contendo RNA, DNA e proteínas, presentes em todas as células eucarióticas. O nucléolo é ativo e muito evidente no núcleo interfásico, quando pode ser identificado facilmente por microscopia de luz. Em geral, cada núcleo contém um nucléolo, mas dois ou mais nucléolos podem ser observados (Figura 11.2). O nucléolo é a fábrica de ribossomos da célula e corresponde a locais onde ocorrem diferentes etapas da biogênese de ribossomos: transcrição de genes ribossômicos (DNAr), maturação/processamento de RNAs ribossômicos (RNAr) e composição de RNAr com proteínas ribossômicas (ribonucleoproteínas) para formar as subunidades ribossômicas. Apesar do nucléolo estar envolvido com a formação dos ribossomos, atualmente ele é considerado um domínio multifuncional, com papel na regulação do ciclo celular e em diferentes vias de sinalização, por exemplo. De fato, outras proteínas e ribonucleoproteínas não relacionadas com a síntese de subunidades ribossômicas estão presentes nos nucléolos.

Os nucléolos têm estrutura molecular e morfológica complexa. Existe grande variabilidade na morfologia nucleolar dependendo do tipo celular e do estado funcional da célula. Tanto a organização estrutural como o tamanho do nucléolo estão diretamente relacionados com a produção de ribossomos. Células com alta atividade de síntese proteica apresentam nucléolos grandes e complexos e podem apresentar mais de um nucléolo em núcleo rico em eucromatina (Figura 11.2). O tamanho do nucléolo constitui parâmetro importante para avaliação de células cancerosas que mostram alta atividade proliferativa. Número, tamanho e posição do nucléolo, além do tamanho do núcleo e grau de compactação da cromatina, são também características usadas e consideradas fundamentais para identificar diferentes tipos de células germinativas no epitélio seminífero.

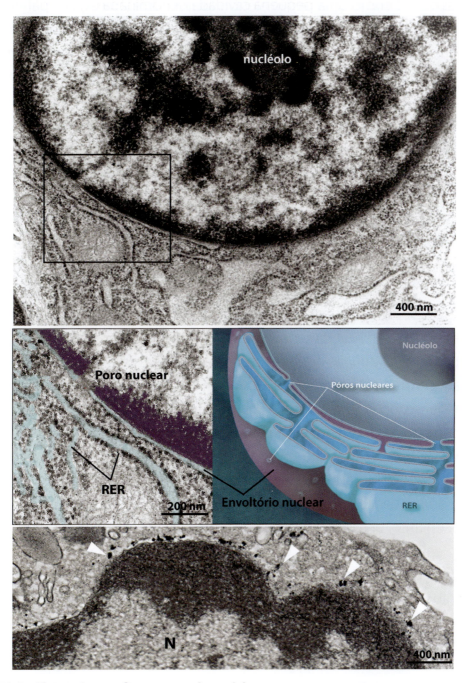

Figura 11.4 Eletromicrografias mostrando o núcleo e seus componentes.
Observe a continuidade do envoltório nuclear com o retículo endoplasmático rugoso (RER, destacado em azul).
O painel inferior mostra o envoltório nuclear imunomarcado para a proteína dissulfeto isomerase (PDI), típica do RER. A presença de PDI é indicada por partículas de ouro (cabeças de setas) associadas com anticorpos contra essa proteína.
N: núcleo.

Ultraestrutura do nucléolo

Ao microscópio eletrônico de transmissão, nota-se que o nucléolo é heterogêneo, com regiões distintas em aspectos de textura e contraste. Classicamente, identificam-se três componentes morfológicos no nucléolo: o centro fibrilar, o componente fibrilar denso, e o componente granular (Figura 11.5). O centro fibrilar aparece em geral como uma região elétron-lúcida e arredondada à qual se associa o componente fibrilar denso formado por fibrilas elétron-densas, de textura compacta e que circundam total ou parcialmente o centro fibrilar. Este e o componente fibrilar denso estão imersos no componente granular que consiste de grânulos de 15-20 nm de diâmetro, frouxamente distribuídos. Moléculas específicas, envolvidas na construção dos ribossomos e em outras atividades funcionais, organizam-se em cada um desses componentes. Por exemplo, o DNAr e outras moléculas participantes na transcrição do DNAr localizam-se no centro fibrilar.

O arranjo dos três componentes morfológicos do nucléolo é bastante variável. O número e o volume dos centros fibrilares estão correlacionados com a atividade de transcrição do DNAr. Uma célula como o linfócito maduro, que tem baixa atividade sintética, mostra centro fibrilar único e grande no nucléolo (Figura 11.5). No entanto, quando a biogênese de ribossomos é desencadeada nessa ou em outras células, em resposta a determinados estímulos, o nucléolo aumenta de volume e vários centros fibrilares de dimensões pequenas são gerados. Portanto, foi proposto que, quando a produção de ribossomos é ativada, os centros fibrilares se desdobram para permitir a transcrição do DNAr e formação subsequente do componente fibrilar denso, onde se encontra o RNAr recém-transcrito. O processamento final deste ocorre no componente granular.

Áreas de heterocromatina encontram-se, com frequência, associadas à periferia do nucléolo (Figura 11.5). Além disso, pequenos agregados de cromatina, vacúolos e/ou cavidades podem ser observados dentro dos nucléolos.

Em conjunto, análises ultraestruturais do nucléolo podem contribuir para o entendimento da atividade dos genes ribossômicos e do estado funcional da célula em diferentes contextos biológicos como proliferação, diferenciação, desenvolvimento e doenças. Durante a divisão celular, o nucléolo desaparece, mas é reconstituído no final da mitose, a partir de regiões chamadas de organizadoras do nucléolo, presentes nos cromossomos.

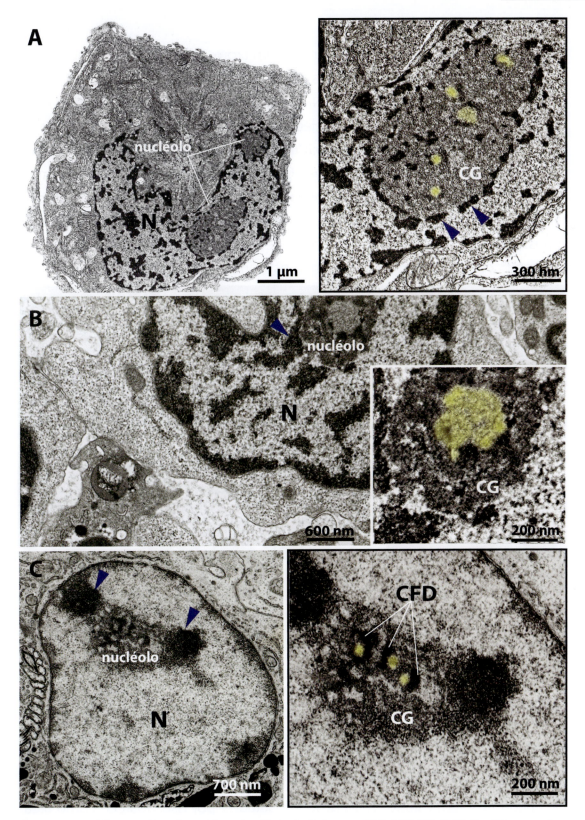

Figura 11.5 Micrografias eletrônicas de célula da linhagem RBL-2H3 (A), linfócito (B) e macrófago (C).
Observe, em maior aumento, a organização nucleolar em três regiões: componente fibrilar (região elétron-lúcida destacada em amarelo); componente fibrilar denso (CFD, região elétron-densa ao redor do componente fibrilar) e componente granular (CG). A heterocromatina associada ao nucléolo é indicada por cabeças de setas. N: núcleo.

Cromatina

A maioria do material nuclear consiste em cromatina que corresponde a moléculas de DNA associadas a proteínas específicas (histonas e não histonas). As histonas atuam na compactação do DNA, o que permite o alojamento de grandes quantidades de DNA dentro do núcleo. A cromatina apresenta vários níveis de compactação e o primeiro deles é o nucleossomo, que é DNA enrolado quase duas vezes em volta de um cerne de histonas. Os complexos de DNA e histonas formam fibras identificáveis ao MET e ao MEV quando a cromatina é isolada de núcleos interfásicos. As fibras aparecem como estruturas filamentosas de cerca de 30 nm de espessura ou arranjadas em redes mais espessas (Figura 11.6). As fibras de 30 nm são compactadas ainda mais para formar os cromossomos mitóticos.

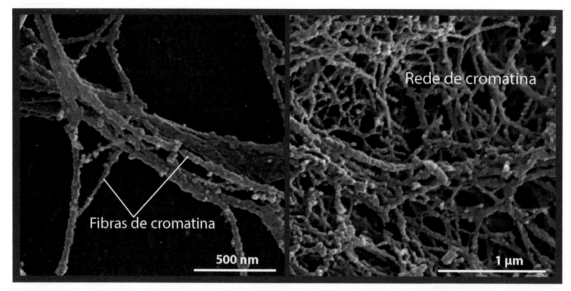

Figura 11.6   Fibras de cromatina observadas ao microscópio eletrônico de varredura após lise da célula.
Observe o aspecto filamentoso da cromatina e sua organização em redes espessas.

Existem dois tipos básicos de cromatina observados no núcleo em intérfase, os quais diferem em termos de compactação: heterocromatina e eucromatina. A heterocromatina é a forma mais compactada e aparece como regiões muito coradas, fortemente basófilas ao microscópio de luz e elétron-densas ao MET (Figura 11.7). A eucromatina corresponde tipicamente à maior proporção da cromatina interfásica. Ela encontra-se em estados mais descompactados, por isso, aparece como áreas menos coradas ao microscópio de luz (Figura 11.2) e elétron-lúcidas ao MET (Figura 11.7). A heterocromatina, assim como a cromatina mitótica, é inativa em termos de transcrição, enquanto a eucromatina é geneticamente ativa, facilmente disponível para o processo de transcrição.

De maneira geral, as células têm pequena proporção de heterocromatina na região mais periférica do núcleo. No entanto, o grau de condensação da cromatina pode variar de acordo com o tipo celular e com o estado funcional da célula (Figura 11.8). Há predominância de eucromatina em células envolvidas em síntese proteica intensa (Figuras 11.3 e 11.8), enquanto a maior proporção de heterocromatina no núcleo indica célula pouco ativa (Figura 11.8). As características morfológicas da cromatina e sua relação com a atividade celular estão resumidas abaixo.

Célula	Tipo de cromatina predominante	Características morfológicas da cromatina
Ativa	Eucromatina	Descondensada, pouco corada à microscopia de luz e elétron-lúcida ao MET.
Inativa	Heterocromatina	Condensada, muito corada à microscopia de luz (fortemente basófila) e elétron-densa ao MET.

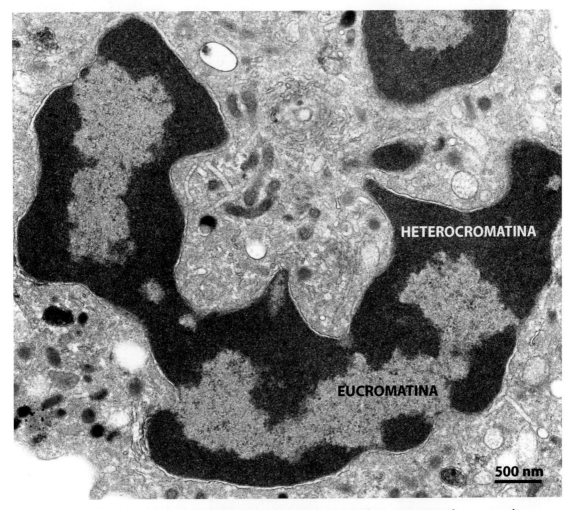

Figura 11.7 **Ultraestrutura nuclear mostrando heterocromatina e eucromatina, as quais aparecem ao MET como áreas elétron-densas e elétron-lúcidas, respectivamente.**

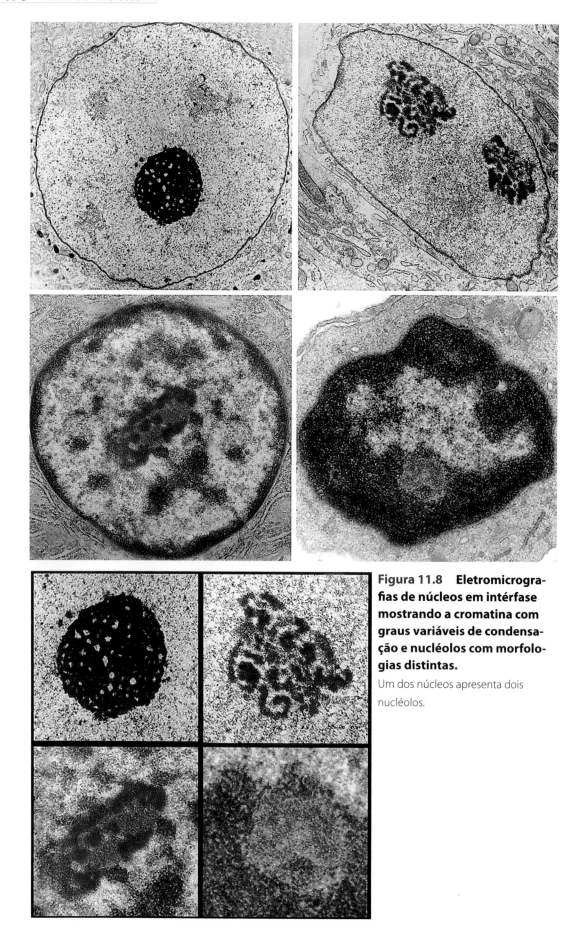

Figura 11.8 Eletromicrografias de núcleos em intérfase mostrando a cromatina com graus variáveis de condensação e nucléolos com morfologias distintas.

Um dos núcleos apresenta dois nucléolos.

Um mesmo tipo celular pode mostrar variação no grau de compactação da cromatina. Isso significa que, dependendo das necessidades ou da fase de vida da célula, a morfologia nuclear se altera. Um exemplo é o macrófago que, uma vez estimulado por agentes patogênicos ou por outras células do sistema imune, passa a apresentar núcleo maior e mais eucromático. Nesse caso, a descondensação da cromatina encontra-se relacionada com a alta atividade sintética necessária para aumentar a quantidade de organelas, processos celulares e produção de compostos microbicidas. O macrófago é reconhecido assim como "célula ativada" (Figura 11.9).

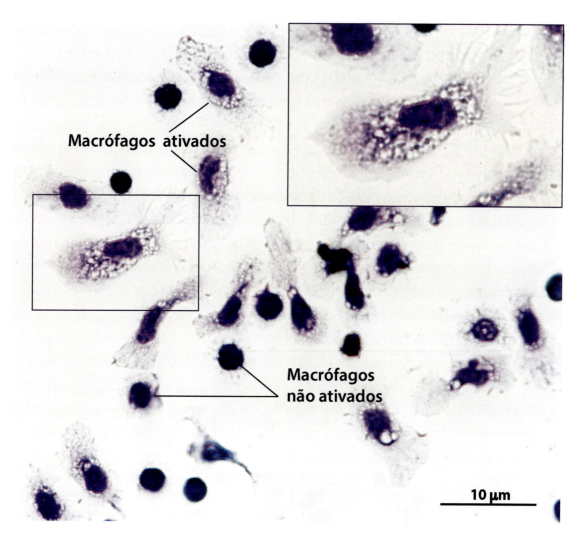

Figura 11.9 Macrófagos peritoniais observados ao microscópio de luz.
Após contato com bactéria patogênica, as células sofrem processo de ativação, mostrando maior volume, superfície irregular e cromatina menos densa, comparado com células não ativadas.

Cromatina e divisão celular

No período S da intérfase, a cromatina duplica-se para permitir a divisão celular (mitose) e se compacta muito para formar estruturas especializadas – os cromossomos. Como resultado da duplicação do DNA, cada cromossomo é formado por duas regiões longitudinais idênticas, denominadas cromátides, as quais são ligadas por uma área de constrição primária (centrômero). Cromatina e cromossomos representam, portanto, dois aspectos morfológicos da mesma estrutura. A compactação impede a transcrição porque as proteínas e enzimas envolvidas nesse mecanismo passam a não ter acesso às moléculas de DNA, o que é requerido para a expressão gênica. Durante a mitose, a cromatina mostra-se intensamente corada (basófila) ao microscópio de luz e elétron-densa ao MET (Figuras 11.1 e 11.10).

As fases da mitose são divididas em prófase, metáfase, anáfase e telófase. A cromatina condensa-se gradualmente na fase de prófase e descondensa-se no final da telófase. O grau de condensação é máximo na metáfase e, por isso, os cromossomos metafásicos são muito usados para estudos da estrutura cromossômica. As principais características morfológicas do ciclo celular são descritas na Figura 11.11, tendo como modelo clássico as observações em raiz de cebola, onde o ciclo é rápido e as fases facilmente identificadas ao microscópio de luz. Para fins didáticos, a prófase é dividida em prófase inicial e prófase final, esta última também chamada de prometáfase. A divisão do citoplasma (citocinese) se inicia na telófase com formação de duas células-filhas, geneticamente idênticas e com o mesmo número de cromossomos que a célula de origem (células diploides). No entanto, durante o processo de formação dos gametas (espermatozoides e ovócitos), as células germinativas passam por uma forma especializada de divisão celular (meiose), caracterizada por duas divisões celulares consecutivas, com produção de quatro células haploides (com metade do número de cromossomos que a célula-mãe) geneticamente não similares. Dessa forma, o número de cromossomos se mantém constante nos organismos de reprodução sexuada.

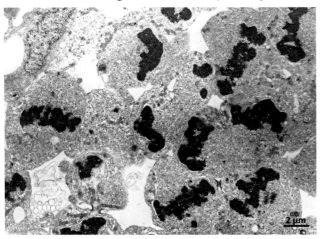

Figura 11.10 Eletromicrografia de células germinativas (espermatócitos de peixe) em divisão (metáfase).
Os cromossomos são muito elétron-densos e dispostos na região equatorial da célula.
Fonte: cortesia de Gleydes G. Parreira.

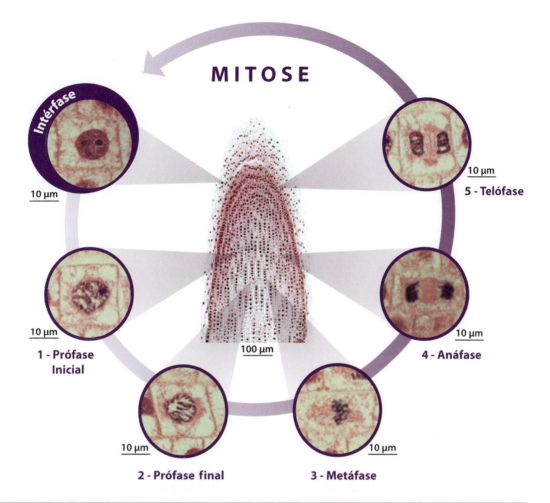

INTÉRFASE: Núcleo arredondado, cromatina em grânulos finos, nucléolo evidente.

1: Núcleo arredondado, condensação da cromatina (aspecto de grânulos grosseiros), nucléolo visível, início da formação do fuso mitótico;

2: Núcleo arredondado, condensação progressiva da cromatina (aspecto filamentoso), desestruturação do envoltório nuclear e do nucléolo;

3: Cromossomos em condensação máxima, cromátides individualizadas e dispostas na região equatorial da célula ligadas ao fuso mitótico;

4: Cromátides separadas migram para os polos opostos da célula;

5: Cromossomos nos polos, descondensação cromossômica, retorno à forma arredondada, reorganização do envoltório nuclear e do nucléolo, início da citocinese.

Figura 11.11   Fases da mitose conforme observado na extremidade da raiz de cebola (*Allium cepa*) ao microscópio de luz.

Observe, na telófase, o início da formação da parede celular que aparece como uma estrutura acidófila na região equatorial, entre os dois conjuntos de cromossomos. As duas células-filhas são separadas pela construção dessa nova parede dentro da célula. O processo de citocinese em células vegetais é diferente daquele de células animais, nas quais as células-filhas são separadas por ação de um anel contrátil a partir da superfície celular.

Bibliografia

Alberts B, Johnson A, Lewis JC, Morgan D, Raff M, Roberts K, Walter P. Molecular Biology of the Cell. Garland Science, 2014. 1464 p.

Dias FF, Amaral KB, Carmo LA, Shamri R, Dvorak AM, Weller PF, et al. Human eosinophil leukocytes express protein disulfide isomerase in secretory granules and vesicles: ultrastructural studies. J Histochem Cytochem. 2014;62:450-9.

Goodsell DS. Miniseries: illustrating the machinery of life: eukaryotic cell panorama. Biochem Mol Biol Educ. 2011; 39:91-101.

Hernandez-Verdun D, Roussel P, Thiry M, Sirri V, Lafontaine, DL. The nucleolus: structure/function relationship in RNA metabolism. Wiley Interdiscip Rev RNA, 1, 415-31, 2010.

Junqueira LC, Carneiro J. Biologia Celular e Molecular. Guanabara Koogan, 2012. 364 p.

Melo RCN. Acute heart inflammation: ultrastructural and functional aspects of macrophages elicited by *Trypanosoma cruzi* infection. J Cell Mol Med. 2009; 13:279-94.

Montanaro L, Trere D, Derenzini M. Nucleolus, ribosomes, and cancer. Am J Pathol. 2008; 173:301-10.

Nihi F, Gomes ML, Carvalho FA, Reis AB, Martello R, Melo RCN, et al. Revisiting the human seminiferous epithelium cycle. Hum Reprod. 2017;1-13.

Nurse P. The incredible life and times of biological cells. Science; 2000; 289:1711-6.

Prokocimer M, Davidovich M, Nissim-Rafinia M, Wiesel-Motiuk N, Bar DZ, Barkan R, et al. Nuclear lamins: key regulators of nuclear structure and activities. J Cell Mol Med. 2009; 13:1059-85.

Raska I, Shaw PJ, Cmarko D. Structure and function of the nucleolus in the spotlight. Curr Opin Cell Biol. 2006; 18:325-34.

Von Appen A, Beck M. Structure determination of the nuclear pore complex with three-dimensional cryo electron microscopy. J Mol Biol. 2016; 428:2001-10.

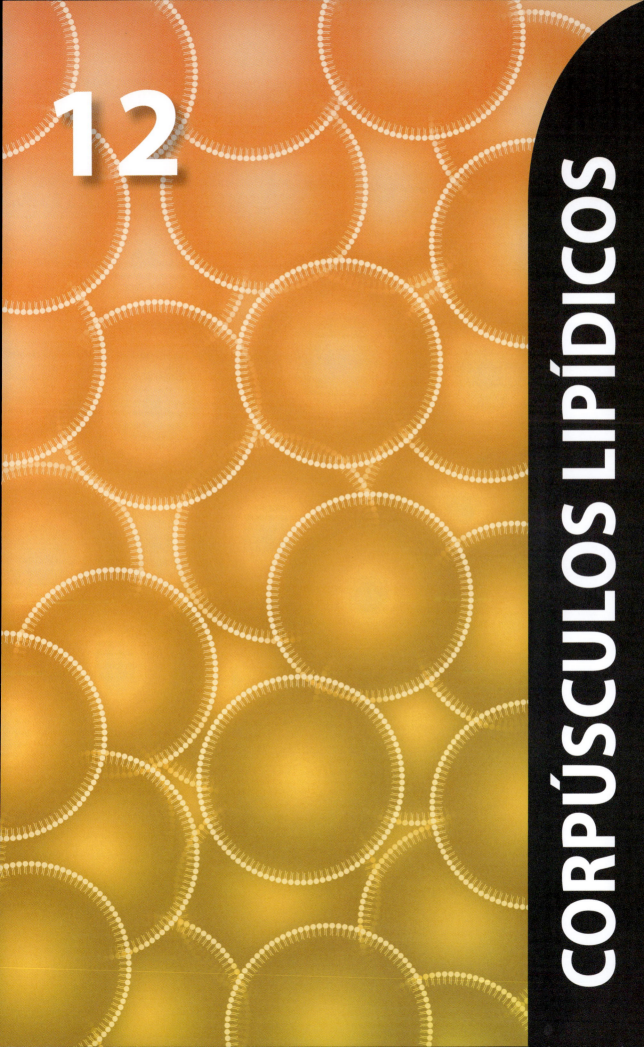

CORPÚSCULOS LIPÍDICOS

Corpúsculos lipídicos são organelas presentes em células procarióticas e eucarióticas. Considerados por longo tempo como simples inclusões citoplasmáticas, os corpúsculos lipídicos ganharam reconhecimento como organelas dinâmicas e multifuncionais por causa do envolvimento em diversos processos biológicos e doenças.

Aspectos gerais

Na maior parte do século XX, os corpúsculos lipídicos (CLs) foram rotulados como inclusões intracelulares inativas, especializadas em armazenamento lipídico, com renovação lenta e contidas em tipos celulares específicos tais como adipócitos e células esteroidogênicas de mamíferos. Entretanto, no final da década de 1980, surgiram evidências da distribuição mais ampla e do papel mais dinâmico para os CLs. A partir dos anos 1990, estudos mostraram que os CLs não são apenas locais passivos para estoque de ácidos graxos dentro da célula, mas organelas metabolicamente ativas, altamente reguladas e com numerosas funções.

Durante a última década, avanços em técnicas proteômicas e de biologia celular contribuíram de forma significativa para o conhecimento da estrutura, da composição, do comportamento e das atividades funcionais de CLs. Novos métodos para observação dessas organelas, incluindo marcadores para lipídios e proteínas, métodos de fixação para imunofluorescência, microscopia Raman, imunomarcação ultraestrutural em secções ultrafinas e em criofraturas, microscopia eletrônica quantitativa e microscopia em tempo real comprovaram o papel dos CLs em processos celulares fundamentais. Entre esses processos, destacam-se o metabolismo lipídico, o tráfego de proteínas, o transporte vesicular e a sinalização celular. Tornou-se também mais evidente a presença universal de CLs em praticamente todas as células, desde bactérias até células de mamíferos.

Os CLs tornaram-se foco de grande interesse ao serem relacionados com inúmeras condições degenerativas e doenças humanas como doença de Parkinson e de Alzheimer, alguns tipos de câncer, diabetes tipo 2, obesidade e doenças infecciosas. O papel dos CLs é reconhecido em inúmeras infecções causadas por vírus, bactérias ou parasitos, como hepatite C, dengue, tuberculose, hanseníase, doença de Chagas, malária e leishmaniose, entre outras.

O acúmulo de CLs no citoplasma de células do sistema imune, durante diferentes situações e doenças inflamatórias, levou à descoberta de funções especializadas de CLs como sítios onde ocorre a produção de mediadores inflamatórios. A associação dos CLs com inflamação será discutida em outro tópico deste capítulo. Mais recentemente, os CLs têm sido explorados para fins biotecnológicos como biocombustíveis ou carreadores de produtos farmacêuticos.

Estrutura e composição química

Apesar de variações na função, no aspecto e na composição, o que depende do organismo e tipo celular, todos os CLs são identificáveis por apresentar arquitetura típica: uma região central rica em lipídios neutros, delimitada por uma monocamada fosfolipídica à qual estão associadas várias proteínas. Portanto, em contraste com todas as demais organelas e vesículas citoplasmáticas, que têm um conteúdo aquoso circundado por uma bicamada lipídica, a superfície do CL não apresenta uma membrana envoltória típica. (Figura 12.1).

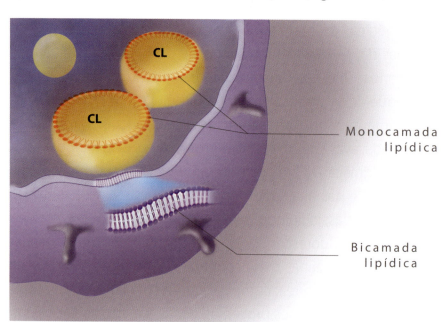

Figura 12.1
Corpúsculos lipídicos (CL) são delimitados apenas por uma monocamada lipídica. Eles têm organização estrutural distinta de todas as demais organelas, vesículas e membrana plasmática, que apresentam bicamada lipídica.

Os CLs da maioria das células contêm em seu interior triacilgliceróis (TAGs) e ésteres de esterol (EEs) (Figura 12.2). A proporção TAG/EE varia com o tipo celular. O precursor imediato e produto da degradação de TG, o diacilglicerol (DAG), também está presente em CLs. Análises com espectroscopia de massa de CLs isolados revelaram que a fosfatidilcolina e fosfatidiletanolamina são as principais espécies de fosfolipídios da monocamada lipídica em células de mamíferos.

Além de lipídios, CLs exibem uma coleção de proteínas com inúmeras funções biológicas. As perilipinas foram as primeiras proteínas a serem identificadas em CLs. Elas fazem parte da estutura dos CLs na maioria das células e se encontram inseridas principalmente na monocamada fosfolipídica. Três tipos principais de perilipinas são reconhecidas na superfície de CLs: perilipina 1 (PLIN 1); perilipina 2 (PLIN 2, também conhecida como adipofilina ou ADRP, do inglês *adipose differentiation-related protein*); e perilipina 3 (PLIN 3, anteriormente denominada TIP47, do inglês *tail-interacting protein of 47 kDa*) (Figura 12.2). As perilipinas parecem atuar como uma barreira de proteção contra lipólise.

Muitas proteínas também localizam-se no interior dos CLs, como as enzimas envolvidas na síntese e no metabolismo de lipídios. No entanto, análises proteômicas revelaram que nessas organelas existem ainda inúmeras proteínas não relacionadas diretamente com lipídios. Exemplos dessas proteínas são aquelas relacionadas com tráfego de membranas (GTPases da família Rab); proteínas típicas do retículo endoplasmático e de mitocôndrias; e as proteínas da família de chaperonas (Figura 12.2). O uso de imunocitoquímica ultraestrutural demonstrou também que perilipinas, caveolinas, quinases, proteínas associadas ao RNA e enzimas da síntese de mediadores inflamatórios existem dentro de CLs.

As espécies de proteínas encontradas em CLs diferem com o organismo, tipo e estado funcional da célula e refletem a diversidade de funções e a organização estrutural complexa dessas organelas. O uso de técnicas avançadas de imagem tem mostrado que os CLs não são organelas homogêneas e que podem conter membranas em seu interior. A tomografia eletrônica automatizada, técnica que mostra a organização interna da célula em três dimensões (ver capítulo 2), evidenciou, em CLs de leucócitos, membranas imersas no conteúdo lipídico. Esse fato poderia explicar como proteínas polares e transmembranas se acomodam no ambiente hidrofóbico do interior do CL.

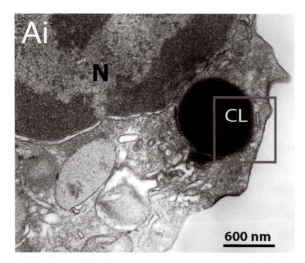
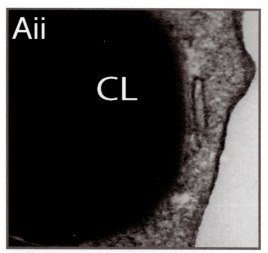
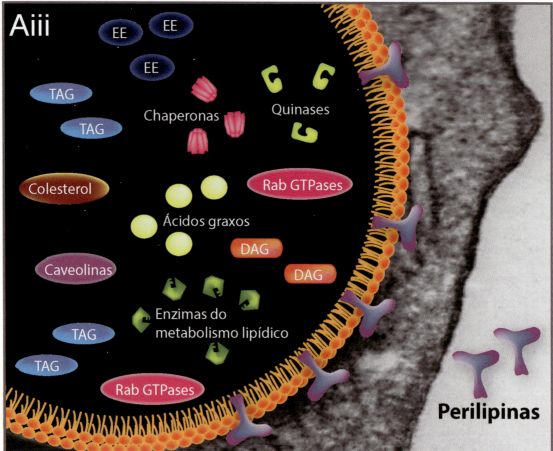

Figura 12.2 Composição e estrutura de corpúsculos lipídicos.
(Ai-Aiii) Eletromicrografia de um corpúsculo lipídico (CL) observado no citoplasma de um leucócito (eosinófilo) humano em diferentes aumentos (área delimitada em Ai é mostrada em Ai e Aii). Proteínas estruturais da família das perilipinas associam-se com a monocamada lipídica periférica enquanto o interior do CL contém ácidos graxos, ésteres de esterol (EE), triacilgliceróis (TAG), diacilglicerol (DAG), colesterol e numerosas proteínas como GTPases da família Rab, caveolinas, quinases e chaperonas. Observe a elétron-densidade acentuada do CL neste tipo celular.

Fonte: reproduzida, com modificações, de Melo & Dvorak. Plos Pathogens, 2012, sob os termos da licença Creative Commons (CC BY), disponível em: https://creativecommons.org/licenses/by/4.0/legalcode.

Observação de CLs

Microscopia de luz

Os CLs foram observados inicialmente como locais "vazios" no citoplasma de adipócitos, principalmente em adipócitos uniloculares, os quais contêm uma grande gotícula de gordura. Isso ocorre porque lipídios são extraídos durante a etapa de desidratação com álcool, necessária para o preparo convencional de amostras histológicas (ver capítulo 3). Nas demais células, os CLs encontram-se em número e/ou tamanho muito pequeno para serem vistos em "imagem negativa" nos cortes histológicos de rotina. Determinadas soluções fixadoras e corantes baseados em álcool também solubilizam CLs. Esse é o caso do uso de metanol como fixador ou de corantes hematológicos como o May-Grünwald-Giemsa. Além disso, CLs não são resistentes à secagem, o que pode ocorrer durante as etapas de preparação da amostra. Portanto, a observação de CLs por microscopia de luz apresenta limitações técnicas e, talvez por essa razão, CLs foram pouco apreciados como organelas celulares.

Durante os anos 1970, a aplicação de ósmio para fixar e preservar lipídios levou à observação de CLs como "inclusões citoplasmáticas" regulares em muitos tipos celulares, e até em leucócitos. Posteriormente, a fixação com paraformaldeído ou formaldeído, a coloração com tetróxido de ósmio e o uso de corantes e marcadores lipofílicos fluorescentes (Figura 12.3) identificaram definitivamente CLs na maioria das células, inclusive em bactérias.

O tetróxido de ósmio se liga a lipídios insaturados e a grupos polares ("cabeças") dos fosfolipídios da monocamada lipídica e, após redução com materiais orgânicos, forma ósmio elementar, que tem cor preta e é facilmente visível em microscopia de campo claro (Figura 12.3). Marcadores lipofílicos comumente usados para detectar CLs são: BODIPY, Nile red, ácido pireno dodecanoico (P-96, Figura 12.3) e Oil Red O (ORO), os quais emitem fluorescência quando associados com compartimentos lipídicos hidrofóbicos. O ORO (capítulo 5) pode ser visualizado tanto por microscopia de campo claro como de fluorescência. CLs também podem ser identificados por meio de imunomarcação de perilipinas que, conforme discutido anteriormente, decoram a superfície de CLs (Figura 12.3).

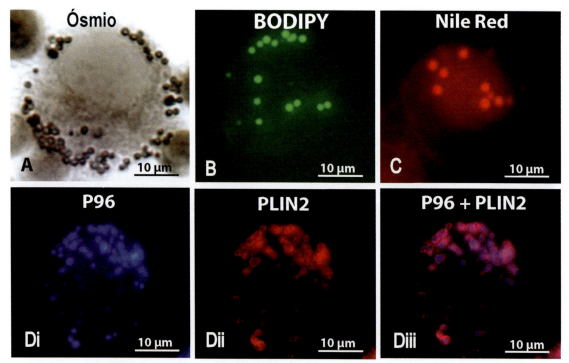

Figura 12.3 Corpúsculos lipídicos (CLs) no citoplasma de macrófagos observados por microscopia de campo claro (A) e de fluorescência (B-D).

CLs aparecem como organelas arredondadas após coloração com ósmio (A), BODIPY (B), Nile red (C) ou P96 (Di). A mesma célula corada com P96 foi imunomarcada para a proteína perilipina 2 (PLIN2) (Dii). Observe a colocalização de P96 e PLIN2 (Diii), com esta última detectada principalmente na superfície dos CLs.
Fonte: reproduzida de Melo et al. J. Histoch. Cytoch. 2011, com permissão.

Microscópio eletrônico de transmissão

Ao MET, CLs são identificados pela ausência de uma estrutura trilaminar envoltória que é como aparecem as membranas por esse tipo de microscopia (capítulo 6). Dessa forma, torna-se relativamente fácil distingui-los das demais organelas de células eucarióticas, as quais são membranosas (Figura 12.4). Análises ultraestruturais revelaram a grande variabilidade de tamanho (Figura 12.4). Na mesma célula, podem ser observados CLs de poucos nanômetros (aproximadamente 20 nm) até 5 μm; em células adiposas, o diâmetro dos CLs pode chegar até 100 μm. Portanto, quando se analisa a formação de CLs em células submetidas a diferentes situações ou no contexto de doenças, é importante a quantificação do número de CLs por célula ou secção celular e também do diâmetro dessas organelas. Tanto o aumento do número como do diâmetro podem indicar processos celulares importantes como ativação e participação em inflamação (Figura 12.4).

Os CLs são visualizados ao MET como organelas elétron-lúcidas ou elétron-densas, dependendo do tipo celular e/ou do estado funcional da célula. Por exemplo, adipócitos, neutrófilos (Figura 12.5), células do córtex da glândula suprarrenal (Figura 12.6) e várias linhagens celulares, como U937, CACO-2 (Figura 12.6) e RBL-H3 têm

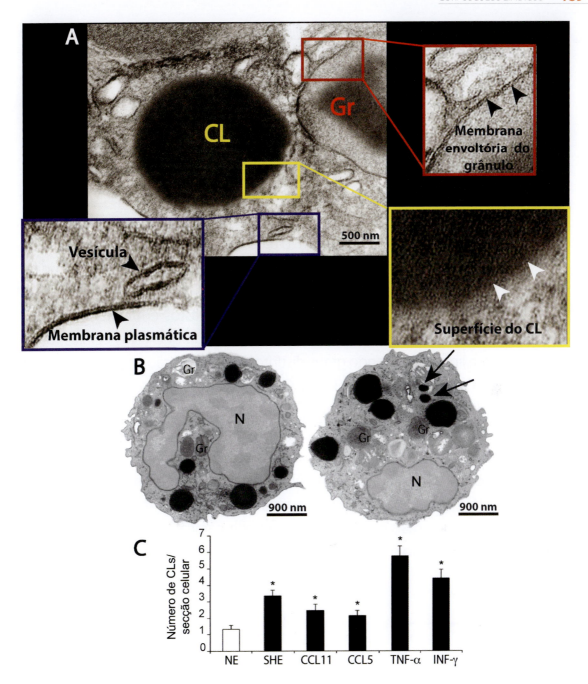

Figura 12.4 Corpúsculos lipídicos (CLs) observados no citoplasma de eosinófilos humanos ao microscópio eletrônico de transmissão.
(A) Note na superfície do CL a ausência de estrutura trilaminar, enquanto esta é vista na membrana plasmática e ao redor de vesículas e de grânulos de secreção (Gr). (B) CLs de tamanhos variáveis e muito elétron-densos. As setas indicam CLs de pequeno tamanho. (C) O número de CLs aumenta em resposta a diferentes estímulos inflamatórios em comparação com células não estimuladas (NE). Estímulos inflamatórios usados: quimiocina CCL11/eotaxina-1; quimiocina CCL5/RANTES; TNF-α, fator de necrose tumoral alfa; INF-γ, interferon gama. Pacientes com síndrome hipereosinofílica (SHE) têm eosinófilos naturalmente ativados, com número elevado de CLs, em comparação com eosinófilos não estimulados (NE) de indivíduos normais. (*) diferença estatística significativa ($P < 0,05$). N: núcleo. Os eosinófilos foram isolados do sangue periférico.
Fonte: painel A: reproduzido de Melo & Weller. J. Leuk. Biol., 2014, com permissão. Painéis B e C: reproduzidos de Melo et al. Plos One, 2013, sob os termos da licença Creative Commons (CC BY), disponível em: https://creativecommons.org/licenses/by/4.0/legalcode.

CLs elétron-lúcidos enquanto nos eosinófilos (Figuras 12.4 e 12.6) eles são muito elétron-densos. Nos macrófagos e hepatócitos (Figura 12.6), os CLs podem aparecer elétron-lúcidos, moderada ou fortemente elétron-densos. Uma mesma célula pode apresentar CLs com diferentes elétron-densidades. Além disso, CLs podem aparecer em alguns tipos celulares com superfície mais elétron-densa, resultante da maior afinidade da monocamada de fosfolipídios que recobre a periferia destas organelas pelo tetróxido de ósmio (Figura 12.5). Análises de CLs com programas computacionais demonstraram que eventos de fagocitose e de interação de macrófagos com patógenos levam a alterações de suas elétron-densidades. Esse é o caso de macrófagos infectados com micobactérias ou com o parasito *Trypanosoma cruzi* (Figura 12.7).

A elétron-densidade dos CLs pode estar relacionada com o conteúdo diferencial de lipídios, relação lipídios neutros/fosfolipídios ou com outros compostos sintetizados em CLs. Um experimento com fibroblastos em cultura, os quais apresentam CLs elétron-lúcidos, mostrou que, à medida que estas células foram incubadas com lipídios contendo graus distintos de insaturação em suas estruturas moleculares, o aspecto dos CLs mudou. Quanto maior o grau de insaturação do lipídio, mais elétron-densos se tornaram os CLs. Como o tetróxido de ósmio, usado na preparação de amostras para microscopia eletrônica, se liga preferencialmente a lipídios insaturados, a mudança no teor lipídico dos CLs refletiu a incorporação dos diferentes tipos de lipídios. Dessa forma, fibroblastos tratados com ácido docosahexaenoico (DHA; 22:6), que é um lipídio muito insaturado com seis ligações duplas, mostraram CLs muito mais elétron-densos em comparação com CLs de fibroblastos incubados com ácido oleico (AO; 18:1), lipídio monoinsaturado.

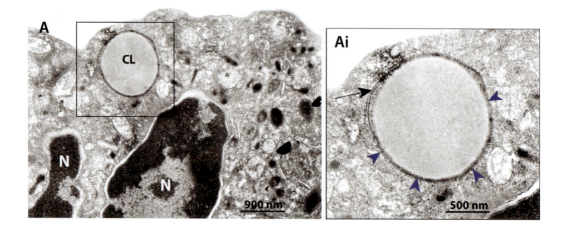

Figura 12.5 **Corpúsculo lipídico (CL) observado no citoplasma de um neutrófilo humano por microscopia eletrônica de transmissão. Note que a região periférica (cabeças de setas) mostra-se mais elétron-densa. A seta indica uma cisterna do retículo endoplasmático.** N: núcleo.
Fonte: painel (Ai): reproduzido de Bozza et al., Pharmacol Therap. 2007; com permissão.

CORPÚSCULOS LIPÍDICOS 191

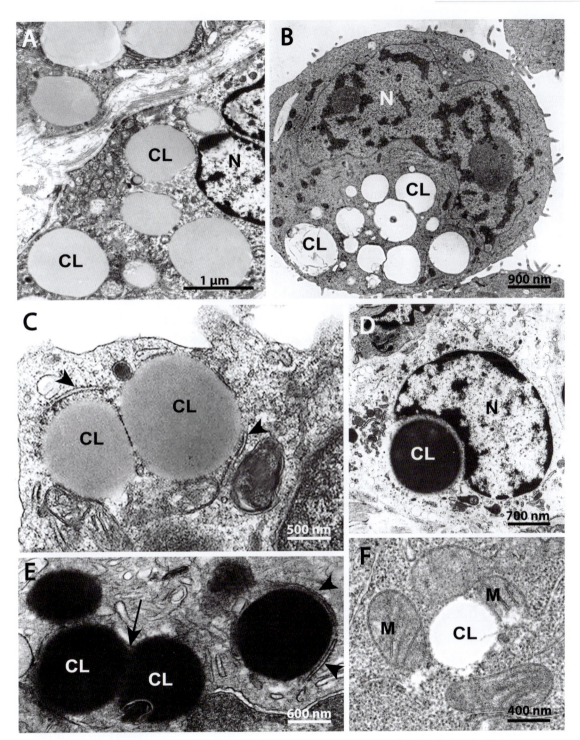

Figura 12.6 **Eletromicrografias de células da glândula suprarrenal (A), células da linhagem CACO-2 (B, F), macrófago (C), hepatócito (D) e eosinófilo (E).**
Os corpúsculos lipídicos (CLs) aparecem elétron-lúcidos (A, B, F), moderada (C) ou fortemente (D, E) elétron-densos, dependendo do tipo celular ou estado de ativação da célula. Note a interação entre CLs e retículo endoplasmático (cabeças de setas em C e E), entre CL e núcleo (em D) e entre CL e mitocôndrias (M) (em F). Em (E), a seta indica CLs fundidos. N: núcleo.
Fonte: micrografia (Painel A): cortesia de Ann M. Dvorak.

Interação com outras organelas e patógenos

Os CLs são observados com frequência na proximidade de outras organelas como mitocôndrias (Figura 12.6), núcleo (Figura 12.6) e retículo endoplasmático (RE) (Figuras 12.5 e 12.6), o que reflete a ocorrência de interações funcionais com elas. As análises proteômicas de CLs isolados detectaram proteínas típicas de outras organelas dentro de CLs, o que indica o compartilhamento de conteúdo. Conforme notado anteriormente, o exemplo mais conhecido é a presença de proteínas do RE no interior de CLs, o que também pode estar relacionado com a biogênese destes, discutida em seguida.

Outro tipo de interação que é intrigante e alvo de muita pesquisa é a estabelecida entre CLs e patógenos dentro de células infectadas. Vários patógenos intracelulares como vírus, bactérias e parasitos têm os CLs como alvo durante seus ciclos de vida e estabelecem íntima associação com essas organelas. Por exemplo, os vírus da hepatite C, da dengue e rotavírus usam CLs como plataformas para montagem de suas estruturas moleculares.

Bactérias como as micobactérias (*Mycobacterium tuberculosis* e *Mycobacterium leprae*) e clamídias; e parasitos como o *Trypanosoma cruzi*, *Toxoplasma gondii*, *Plasmodium berghei* e do gênero Leishmania são capazes de interagir com CLs, após fagocitose. Os fagossomos formados e que contêm os patógenos estabelecem íntimo contato com CLs, quando então pode ocorrer a passagem de lipídios do CL para dentro do fagossomo (Figura 12.7). Acredita-se, assim, que esses patógenos utilizam os CLs para fins de nutrição e sobrevivência na célula.

Biogênese de CLs

Uma das questões muito discutidas na biologia celular de CLs é como essas organelas são formadas. É aceito que CLs originam-se a partir do RE, o que explicaria a íntima associação de CLs com essa organela, observada em eletromicrografias de inúmeros tipos celulares (Figura 12.6). No entanto, existem diferentes modelos para explicar o mecanismo de formação de CLs. O modelo mais clássico considera que lipídios produzidos no RE se acumulam entre as duas monocamadas da bicamada lipídica do RE até determinado ponto em que ocorre um brotamento de CLs, os quais passam a ser delimitados apenas por uma monocamada lipídica. Em outro modelo, foi proposto que CLs são gerados por acúmulo de lipídios em regiões do RE que se destacam para formar CLs, incorporando assim membranas (bicamadas lipídicas) dentro dos CLs. Conforme discutido, CLs podem apresentar membranas em sua organização interna.

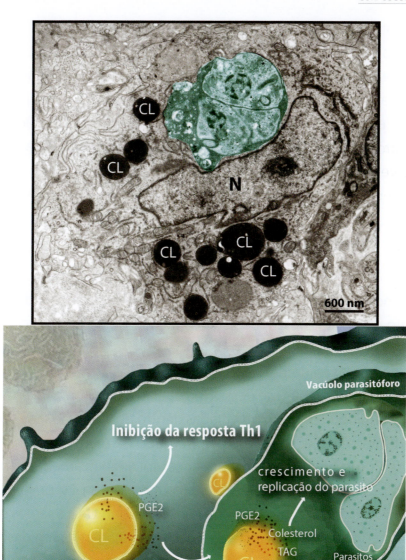

Figura 12.7 Corpúsculos lipídicos (CLs) acumulam-se no citoplasma de células do hospedeiro em resposta à interação com patógenos.
O painel superior mostra eletromicrografia de um macrófago infectado com *Trypanosoma cruzi*. Observe formas intracelulares do parasito (amastigotas, dentro de um fagossomo destacado em verde) e muitos CLs no citoplasma. No painel inferior, um modelo para explicar como a interação do parasito com CLs favorece seu crescimento e replicação. A interação dos CLs com o fagossomo (vacúolo resultante da fagocitose do parasito, chamado vacúolo parasitóforo) leva à transferência, para dentro do fagossomo, de lipídios, tais como colesterol, triacilgliceróis (TAG) e fosfatidilcolina, que servem como nutrientes para o parasito. CLs são também locais onde ocorre a síntese de mediadores inflamatórios, como a prostaglandina E2 (PGE2), que pode inibir a resposta imune do tipo Th1, diminuindo assim a capacidade microbicida do vacúolo parasitóforo. N: núcleo. Fonte: painel superior: reproduzido de Melo & Machado. Exp. Parasitol. 2001, com permissão. Painel inferior: reproduzido de Toledo et al. Front. Immunol. 2016, sob os termos da licença Creative Commons (CC BY), disponível em: https://creativecommons.org/licenses/by/4.0/legalcode

Outra questão intrigante é como os CLs crescem em tamanho. CLs parecem aumentar de tamanho por meio de três mecanismos: fusão CL-CL (Figura12.6), transferência de lipídios entre CLs ou síntese local de lipídios. Enzimas como a diacilglicerol aciltransferase (DGT1 e DGT2), detectadas nessas organelas, poderiam contribuir para essa síntese. Entretanto, tanto o processo de formação como o de crescimento de CLs ainda dependem de estudos futuros para serem completamente compreendidos.

CLs e inflamação

A associação de CLs com inflamação foi demonstrada na década de 1980 a partir de estudos em leucócitos humanos. Os trabalhos pioneiros mostraram que CLs presentes no citoplasma dessas células continham ácido araquidônico (Figura 12.8), substrato para a síntese de mediadores químicos da inflamação. Esses achados indicaram que CLs poderiam, em potencial, iniciar cascatas moleculares que culminariam na formação de mediadores inflamatórios. Nos anos 1990, as principais enzimas envolvidas na síntese dessas moléculas, a partir da conversão enzimática do ácido araquidônico, foram detectadas dentro de CLs de leucócitos ativados e, durante a década de 2000, a síntese de um grupo de mediadores inflamatórios, os eicosanoides (prostaglandinas e leucotrienos), foi definitivamente demonstrada em CLs. Esses mediadores não existem pré-formados nos CLs, ou seja, a síntese depende da ativação celular durante a inflamação. Portanto, CLs são organelas aptas a produzir mediadores da inflamação e, dessa forma, participam das atividades funcionais de leucócitos.

Durante respostas inflamatórias, CLs são formados no citoplasma de leucócitos e de outras células do sistema imune, como macrófagos e mastócitos. Em condições normais, essas células exibem pequeno número de CLs, mas este aumenta consideravelmente quando as células são ativadas durante situações de inflamação. Além disso, há nítida correlação entre a formação de CLs com níveis elevados de secreção de eicosanoides. Dessa forma, CLs são considerados "marcadores estruturais" da inflamação.

Inúmeros estudos mostraram que diferentes condições e doenças inflamatórias, como as alérgicas e as infecciosas, e até metabólicas, induzem gênese de CLs. O uso de estímulos inflamatórios que ativam os leucócitos também desencadeia formação dessas organelas. Por exemplo, o número de CLs aumenta significativamente após tratamento de eosinófilos humanos com quimiocinas (citocinas que recrutam leucócitos) ou citocinas pró-inflamatórias (Figura 12.4). Pacientes com síndrome de hipereosinofilia têm também número elevado de CLs em eosinófilos (Figura 12.4), pois estas células são naturalmente ativadas nessa doença.

O aumento acentuado do número e também do tamanho de CLs pode ser observado em células inflamatórias durante muitas doenças infecciosas causadas por vírus, bactérias ou parasitos. Um exemplo é a infecção por *Trypanosoma cruzi* que leva à formação de CLs e também à interação dessas organelas com fagossomos que contêm o parasito, além da secreção de eicosanoides (Figura 12.7). Acredita-se que a síntese de prostaglandina (PGE2) em CLs possa contribuir para a sobrevivência do patógeno no citoplasma da célula do hospedeiro, pois atua na inibição de resposta imune do tipo Th1, que está relacionada principalmente com a defesa do organismo (Figura 12.7).

As vias de sinalização para formação de CLs em respostas inflamatórias envolvem receptores específicos da superfície celular, os quais, uma vez combinados com seus respectivos ligantes, desencadeiam sinais intracelulares que resultam na gênese de CLs. Esse é o caso dos receptores CCR3, quando estimulados pelas citocinas CCL11 ou CCL5, e receptores do tipo Toll (TLR2), uma classe de receptores da imunidade inata, quando estimulados por patógenos como o *Trypanosoma cruzi* ou micobactéria.

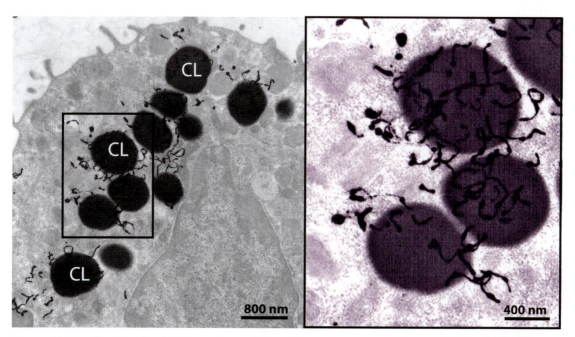

Figura 12.8 Corpúsculos lipídicos (CLs) observados no citoplasma de um mastócito humano preparado com técnica de radioautografia após tratamento com ácido araquidônico radioativo (3H-AA).

Após tratamento com 3H-AA, a amostra foi processada para microscopia eletrônica de transmissão. Cortes ultrafinos foram expostos à emulsão fotográfica por tempo adequado e, após revelação, analisados ao MET. Observe a incorporação de 3H-AA nos CLs, indicada pela presença de numerosos grânulos pretos de prata, os quais aparecem na forma de estruturas enoveladas.

Fonte: reproduzida de Melo et al. J. Histoch. Cytoch. 2011, com permissão.

Bibliografia

Bozza PT, Melo RCN, Bandeira-Melo C. Leukocyte lipid bodies regulation and function: contribution to allergy and host defense. Pharmacol Ther. 2007; 113:30-49.

Cheng J, Fujita A, Ohsaki Y, Suzuki M, Shinohara Y, Fujimoto T. Quantitative electron microscopy shows uniform incorporation of triglycerides into existing lipid droplets. Histochem Cell Biol. 2009;132:281-91.

Dias FF, Zarantonello VC, Parreira GG, Chiarini-Garcia H, Melo RCN. The Intriguing ultrastructure of lipid body organelles within activated macrophages. Microsc Microanal. 2014;1-10.

Fujimoto T, Ohsaki Y, Suzuki M, Cheng, J. Imaging lipid droplets by electron microscopy. Methods Cell Biol. 2013;116:227-51.

Melo RCN, D'Avila H, Wan HC, Bozza PT, Dvorak AM, Weller PF. Lipid bodies in inflammatory cells: structure, function, and current imaging techniques. J Histochem Cytochem. 2011b;59:540-56.

Melo RCN, Dvorak AM. Lipid body-phagosome interaction in macrophages during infectious diseases: host defense or pathogen survival strategy? PLoS Pathog. 2012;8:e1002729.

Melo RCN, Fabrino DL, Dias FF, Parreira GG. Lipid bodies: structural markers of inflammatory macrophages in innate immunity. Inflamm Res. 2006;55:342-8.

Melo RCN, Machado CRS. *Trypanosoma cruzi*: peripheral blood monocytes and heart macrophages in the resistance to acute experimental infection in rats. Exp Parasitol. 2001;97:15-23.

Melo RCN, Paganoti GF, Dvorak AM, Weller PF. The internal architecture of leukocyte lipid body organelles captured by three-dimensional electron microscopy tomography. PLoS One. 2013;8: e59578.

Melo RCN, Weller PF. Unraveling the complexity of lipid body organelles in human eosinophils. J Leukoc Biol. 2014;96:703-12.

Melo RCN, Weller PF. Lipid droplets in leukocytes: organelles linked to inflammatory responses. Exp Cell Res. 2016;340:193-7.

Murphy DJ. The dynamic roles of intracellular lipid droplets: from archaea to mammals. Protoplasma. 2012;249:541-85.

Ohsaki Y, Suzuki M, Fujimoto T. Open questions in lipid droplet biology. Chem Biol. 2014;21:86-96.

Roingeard P, Melo RCN. Lipid droplet hijacking by intracellular pathogens. Cell Microbiol. 2017;19.

Toledo DA, D'Avila H, Melo RC. Host lipid bodies as platforms for intracellular survival of protozoan parasites. Front Immunol. 2016;7:174.

Wan HC, Melo RCN, Jin Z, Dvorak AM, Weller PF. Roles and origins of leukocyte lipid bodies: proteomic and ultrastructural studies. FASEB J. 2007;21:167-78.

Welte MA. Expanding roles for lipid droplets. Curr Biol. 2015;25:R470-81.

13

A CÉLULA DOENTE

A CÉLULA DOENTE

No contexto de uma doença, as células podem apresentar defeitos em seus mecanismos de regulação gênica ou enzimática ou ser alvo direta ou indiretamente de agentes agressores. Surgem, assim, alterações funcionais e estruturais, uma vez que estrutura e função estão intimamente associadas. A visão da "célula doente", em especial de suas anormalidades ultraestruturais, são consideradas neste capítulo.

O comprometimento de um órgão reflete o comprometimento celular

A biologia das células e de suas moléculas é o ponto de partida para o conhecimento do organismo vivo, porque este é constituído por um conjunto de células em interação (Figura 13.1). O crescimento e a diferenciação celular originam os tecidos e órgãos cujo funcionamento e integração dependem dos eventos metabólicos de cada célula. Saber como a célula realiza e regula suas atividades é fundamental para se conhecer os mecanismos biológicos que operam em condições normais e nas doenças, pois a célula é a unidade geradora das respostas biológicas do organismo. É por isso que o avanço da ciência no tratamento, controle e prevenção de doenças tem sido direcionado para o comportamento celular. As doenças podem ser explicadas e tratadas em termos de biologia celular e molecular.

Como consequência do acometimento celular, toda a cadeia de inter-relações do sistema vivo pode ser modificada, produzindo reações em diferentes partes do organismo. O comprometimento de um órgão reflete, portanto, o comprometimento de suas células e dos mecanismos moleculares (Figura 13.1).

Figura 13.1 Esquema mostrando as inter-relações do organismo vivo.

Alterações observadas ao microscópio de luz

A identificação de alterações morfológicas celulares ao microscópio de luz é restringida pelo limite de resolução desse equipamento. Sob microscopia de luz, é possível observar anormalidades estruturais no núcleo e no citoplasma, descritas a seguir, porém, detalhes de organelas e estruturas envolvidas somente são detectáveis por microscopia eletrônica. Além disso, as alterações morfológicas a nível celular são mais evidentes ao microscópio de luz quando as células se encontram em estágio avançado de comprometimento. Técnicas imunocitoquímicas (capítulo 5), no entanto, são muito utilizadas em combinação com o microscópio de luz para detectar a presença e/ou distribuição anormal de proteínas e de outras moléculas associadas com doenças.

Núcleo

A observação da morfologia nuclear é um dos principais parâmetros para detectar o comprometimento da célula. O núcleo pode apresentar variações no tamanho, forma, número e na cromatina, além de alterações nucleolares. Aumento do volume nuclear, por exemplo, é uma característica identificada em inúmeros tipos de células cancerosas, ao microscópio de luz (Figura 13.2). A presença de irregularidades no contorno nuclear (indentações e protrusões), o que indica danos no envoltório nuclear, é também importante para diagnosticar células tumorais (Figura 13.2). O envoltório nuclear é interconectado com muitas atividades celulares e sua alteração corresponde a alterações funcionais que afetam o comportamento celular.

A observação do aspecto da cromatina, tanto na periferia como no interior do núcleo, é informativa em análises de células em degeneração. Ao microscópio de luz, núcleos anormais mostram-se frequentemente com cromatina muito compactada e corada (Figura 13.2), características conhecidas como picnose. Ainda, podem ocorrer fragmentação (cariorrexe) e dissolução do núcleo (cariólise), evidências de célula em processo de morte.

Citoplasma

As alterações citoplasmáticas visíveis ao microscópio de luz incluem: aparecimento de granulações ou vacúolos, dilatação e mudanças nas características de acidofilia/basofilia. A célula pode se romper e, nesse caso, seus limites tornam-se indistintos.

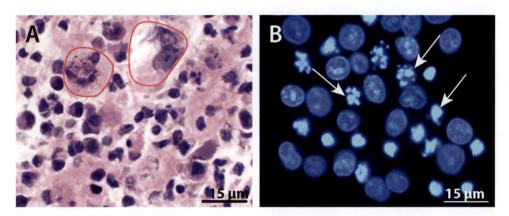

Figura 13.2 **Alterações na morfologia nuclear observadas ao microscópio de luz.**
(A) Células cancerosas (delimitadas em vermelho) em tecido linfático mostram núcleos com contorno irregular e aumento de volume. (B) Células em degeneração apresentando núcleos com cromatina muito condensada (setas). As células foram coradas com hematoxilina-eosina (A) ou Hoechst 33258 (B), marcador fluorescente para DNA, e observadas ao microscópio de campo claro ou de fluorescência, respectivamente.
Fonte: reproduzida de Mosoyan et al. Plos One, 2013 (painel A); Wang et al. Plos One, 2015, (painel B), sob os termos da licença Creative Commons (CC BY), disponível em: https://creativecommons.org/licenses/by/4.0/legalcode.

Alterações observadas ao microscópio eletrônico

A microscopia eletrônica é essencial para a detecção de anormalidades estruturais celulares. Enquanto o MEV revela alterações da superfície celular, o MET mostra, em detalhes, possíveis alterações de organelas e outros componentes citoplasmáticos (Figura 13.3). A identificação do acometimento celular é sempre feita a partir da comparação com a ultraestrutura de células normais (Figura 13.3).

O uso de microscopia eletrônica quantitativa, a partir da análise de eletromicrografias com programas de computador, é importante em trabalhos de pesquisa para quantificar a frequência de determinada alteração. Dependendo da estrutura ou das organelas analisadas, vários parâmetros podem ser quantificados, como número, diâmetro, perímetro, variações na elétron-densidade e distribuição por área celular/tecidual (Figura 13.4). Análises em três dimensões por tomografia eletrônica (capítulo 2) são também úteis para revelar o arranjo anormal de estruturas/organelas celulares, conforme mostrado mais adiante no tópico sobre mitocôndrias.

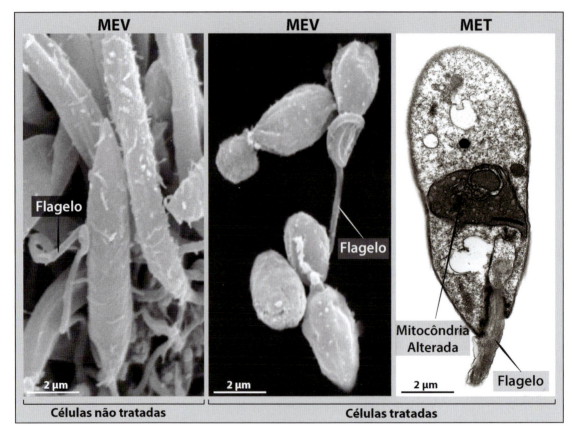

Figura 13.3 Ultraestrutura de formas promastigotas de *Leishmania amazonensis* observadas antes e após tratamento com droga antiparasitária.

Alterações induzidas pela droga são vistas na superfície celular ao MEV (arredondamento e perda/redução do flagelo) e no citoplasma ao MET (dilatação e aumento da elétron-densidade da mitocôndria e diminuição do flagelo). MEV: microscópio eletrônico de varredura; MET: microscópio eletrônico de transmissão.

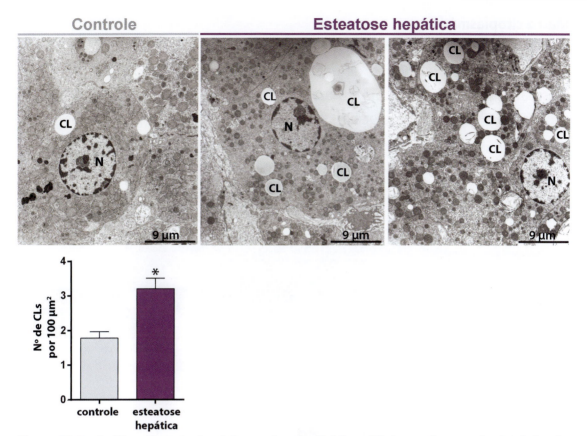

Figura 13.4 **Análise ultraestrutural de corpúsculos lipídicos (CLs) por microscopia eletrônica de transmissão quantitativa em fígado normal e com esteatose hepática (fígado gorduroso).**
Observe a formação de CLs no citoplasma de hepatócitos. A quantificação de CLs por área de tecido hepático mostrou aumento significativo do número dessas organelas no fígado gorduroso em comparação com o controle. (*) indica diferença estatística significativa quando os dois grupos foram comparados. N: núcleo.
Fonte: reproduzida de Amaral et al. Plos One, 2016, sob os termos da licença Creative Commons (CC BY), disponível em: https://creativecommons.org/licenses/by/4.0/legalcode.

Núcleo

As alterações de tamanho e forma nucleares, assim como do aspecto da cromatina, são facilmente identificadas ao MET. Células tumorais, por exemplo, podem apresentar núcleos retorcidos, com vacúolos e/ou dispersão da cromatina e alterações nucleolares. O núcleo em degeneração mostra, em geral, cromatina muito elétron-densa, envoltório nuclear irregular e diminuição do volume (Figura 13.5). Quando a célula entra em processo de morte, a morfologia nuclear pode apresentar dois padrões morfológicos: i) fragmentação do envoltório nuclear e desintegração de todo o núcleo; ii) compactação da cromatina em massas densas, as quais aparecem com frequência nas margens do envoltório nuclear. Essas características definem dois tipos de morte celular, respectivamente, necrose e apoptose, que serão discutidos mais adiante.

Matriz citoplasmática

Quando a célula encontra-se em situação de estresse metabólico e/ou doença, é frequente a observação de aumento da elétron-densidade da matriz citoplasmática, o que indica alteração da composição química proteica (presença de proteínas com alto peso molecular) (Figura 13.5).

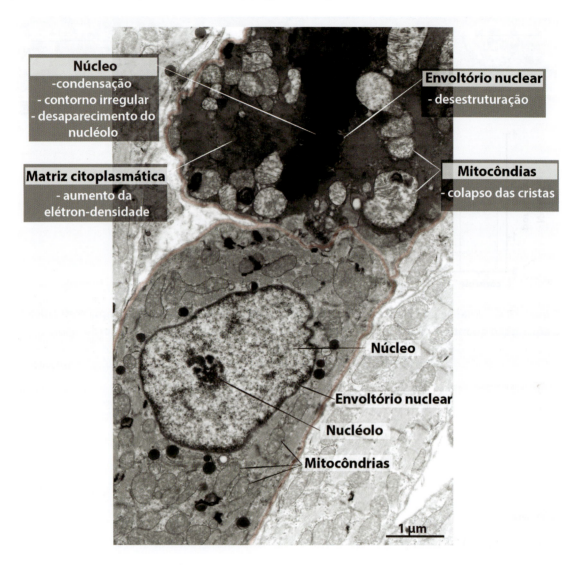

Figura 13.5 **Eletromicrografia de tecido muscular cardíaco observado ao MET na fase aguda da doença de Chagas.**
Compare a ultraestrutura do cardiomiócito mostrando aspecto normal com a do cardiomiócito em degeneração.
Fonte: reproduzida de Melo, RCN. Tissue and Cell,1999, com permissão.

Mitocôndrias

As mitocôndrias são organelas que têm atividades funcionais diretamente relacionadas aos seus aspectos morfológicos, em especial com a ultraestrutura de suas membranas. Danos na ultraestrutura mitocondrial, particularmente nas cristas, locais onde ocorre a fosforilação oxidativa, significa comprometimento dos mecanismos de sinalização e das funções metabólicas, o que pode contribuir para o surgimento de doenças. Mais de 50 tipos de doenças têm como causa a disfunção mitocondrial.

A ocorrência de mitocôndrias anormais é documentada em doenças como diabetes tipo II, doenças infecciosas (Figura 13.6), câncer (Figura 13.6) e miopatias (Figura13.7). Defeitos no metabolismo e na dinâmica mitocondrial estão ainda entre as características mais comuns das doenças neurodegenerativas, grupo de doenças incuráveis, caracterizado por degeneração progressiva da estrutura e função do sistema nervoso central. Na doença de Parkinson, por exemplo, danos nas mitocôndrias levam à morte de neurônios, células com alta demanda de energia e, por essa razão, muito vulneráveis à disfunção mitocondrial.

As alterações ultraestruturais documentadas em mitocôndrias (Figura 13.6), em geral, são: dilatação; vacuolização; rompimento das cristas; ausência de cristas; aparecimento de inclusões paracristalinas ou de corpos densos (estruturas elétron-densas, de natureza lipídica, resultantes do colapso das cristas); cristas concêntricas (formato de cebola); e aumento da elétron-densidade da matriz e/ou de suas membranas.

Mais recentemente, análises morfométricas ultraestruturais em três dimensões com tomografia eletrônica automatizada (capítulo 2) expandiram o espectro de alterações morfológicas mitocondriais. Em miopatias mitocondriais, grupo de doenças com anormalidades em células musculares esqueléticas, decorrentes de defeitos nas mitocôndrias, também foram observados (Figura 13.7): linearização das cristas, as quais perdem o aspecto normal das invaginações e adquirem formato linear; angulação anormal das cristas; compartimentalização da matriz mitocondrial (aparecimento de compartimentos de diversos tamanhos, envoltos por uma ou duas unidades de membrana e com elétron-densidade aumentada); projeções da membrana mitocondrial externa para o citoplasma; formação de canais membranosos entre mitocôndrias (nanotubos de tunelamento); e hiper-ramificação mitocondrial.

Condições patogênicas podem alterar a dinâmica mitocondrial, termo que se refere à notável capacidade de transformação morfológica das mitocôndrias (capítulo 10). Ciclos repetidos de processos de fusão e fissão regulam a morfologia mitocondrial e são fundamentais para o funcionamento normal da célula. O excesso de fusão (hiper-ramificação) ou fissão (hiper-fragmentação) gera alterações funcionais como aumento na peroxidação lipídica e na produção de espécies reativas de oxigênio (ROS); e redução na atividade respiratória e na formação de ATP. Ainda podem ocorrer aumento ou declínio no número de mitocôndrias. Diminuição da população de mitocôndrias e dano no DNA mitocondrial são relatados no câncer. O reconhecimento de anormalidades mitocondriais é importante para entender os mecanismos de inúmeras doenças e possibilitar a interferência em sua evolução.

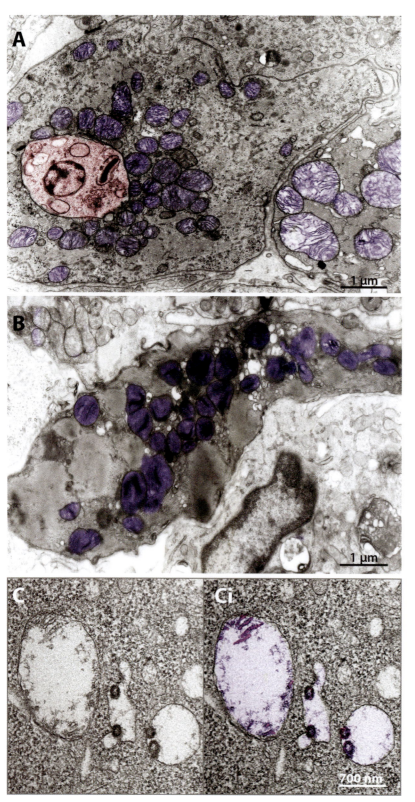

Figura 13.6 Alterações ultraestruturais de mitocôndrias observadas em cardiomiócitos durante a fase aguda da doença de Chagas (A, B) e em células cancerosas (C). As mitocôndrias (destacadas em roxo) mostram dilatação (A, C); condensação da matriz mitocondrial, a qual aparece mais elétron-densa (B); fragmentação e desaparecimento das cristas (C). Observe a presença de corpos densos (B, C), estruturas de natureza lipídica, formadas pelo colapso das membranas mitocondriais internas. O acúmulo de mitocôndrias é visto ao redor de forma intracelular (amastigota, colorida em vermelho) do parasito *Trypanosoma cruzi*, agente causal da doença de Chagas.

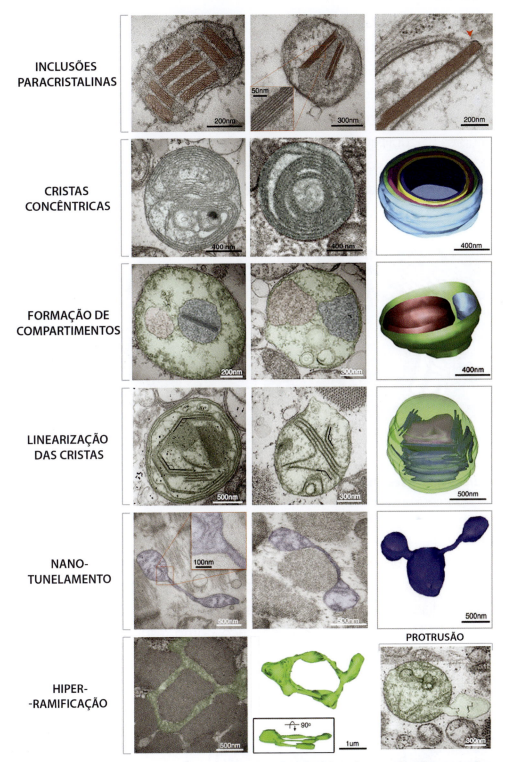

Figura 13.7 Alterações ultraestruturais de mitocôndrias observadas durante miopatias mitocondriais.
Alguns painéis mostram as alterações após reconstrução tridimensional a partir de tomografia eletrônica.
Fonte: reproduzida, com modificações, de Vincent et al. Scientific Reports, 2016, sob os termos da licença Creative Commons (CC BY), disponível em: https://creativecommons.org/licenses/by/4.0/legalcode.

Outras organelas membranosas

Alterações na distribuição e/ou estrutura do retículo endoplasmático, complexo de Golgi (Figura 13.8), lisossomos e grânulos de secreção são identificáveis em alta resolução, durante doenças e estresses celulares. As alterações morfológicas encontram-se associadas com disfunção dessas organelas e incluem o aparecimento de vacúolos (vacuolização), a desorganização e/ou a fragmentação da organela (Figura 13.8) e o acúmulo anormal de materiais. As doenças denominadas coletivamente de doenças de depósito lisossômico, por exemplo, são caracterizadas por disfunção dos lisossomos relacionada com deposição de materiais não digeridos.

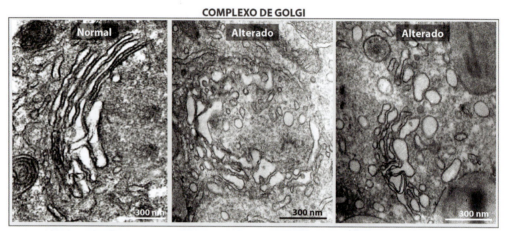

Figura 13.8 Eletromicrografias do complexo de Golgi normal e após tratamento com droga que desestabiliza essa organela (brefeldina A).
Note a fragmentação e dilatação das cistenas.

Citoesqueleto

O citoesqueleto pode sofrer desorganização de seus elementos quando as células estão envolvidas em doenças como câncer e doenças inflamatórias. As células musculares cardíacas (cardiomiócitos), por exemplo, mostram desestruturação das miofibrilas, com perda do arranjo característico, como resultado de anóxia, infecções com patógenos intracelulares ou outras formas de inflamação (Figura 13.9). Proteínas do citoesqueleto, como as caderinas, podem também ser alvos de doenças, levando à desorganização das estruturas juncionais.

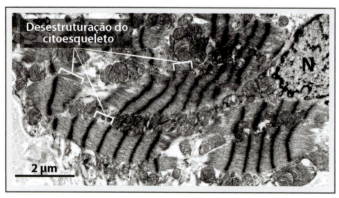

Figura 13.9 Eletromicrografia de um cardiomiócito em condição de inflamação (miocardite).
Note o aspecto anormal das miofibrilas.
N: núcleo.

Corpúsculos lipídicos

A formação aumentada de corpúsculos lipídicos ocorre em inúmeros tipos celulares durante doenças inflamatórias e metabólicas, conforme discutido no capítulo 12. Alterações do número (Figura 13.4), distribuição, diâmetro e elétron-densidade dessas organelas são frequentemente observadas.

Grânulos de glicogênio

Os grânulos de glicogênio existem como partículas elétron-densas individualizadas no citoplasma de diversos tipos celulares como hepatócitos, células musculares e leucócitos. Essas partículas atuam como reserva de energia em células com alto consumo de ATP.

O exercício físico prolongado leva à depleção de glicogênio no músculo esquelético. Análises ultraestruturais quantitativas mostraram que, após exaustão, ocorre ressíntese das partículas de glicogênio, as quais aumentam em número nas células musculares esqueléticas, algumas horas após o esforço físico. Em situações de doenças, como infecções com patógenos intracelulares e câncer, o acúmulo anormal de grânulos de glicogênio pode ser notado em várias células (Figura 13.10), indicando comprometimento metabólico.

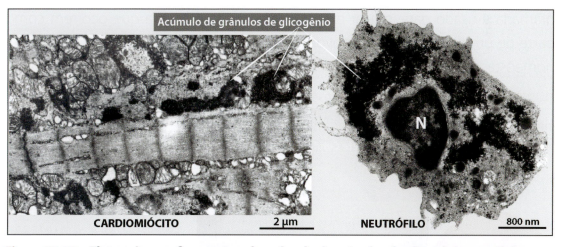

Figura 13.10 **Eletromicrografias mostrando acúmulo de grânulos de glicogênio em células envolvidas em infecções.**
O agrupamento dos grânulos forma áreas elétron-densas de diferentes tamanhos no citoplasma.
Fonte: a eletromicrografia de cardiomiócito foi reproduzida de Melo, RCN. Tissue and Cell,1999, com permissão.

Morte celular acidental e regulada

A morte celular pode ser classificada em duas grandes categoriais: acidental e regulada. A morte acidental é aquela causada quando as células são expostas a estímulos físicos, químicos ou mecânicos extremos, os quais levam à morte imediata e incontrolável, com perda da integridade estrutural celular. Esse tipo de morte não envolve, portanto, uma maquinaria molecular específica. Exemplos desses agentes agressores são: temperaturas/pressões muito altas ou exposição a detergentes potentes ou variações acentuadas de pH. Embora a morte acidental possa ocorrer *in vivo* como resultado de queimaduras ou lesões traumáticas, ela não pode ser impedida ou modulada e por isso não constitui alvo direto de intervenções terapêuticas.

A morte regulada envolve uma maquinaria molecular, geneticamente codificada. Dessa forma, o curso desse tipo de morte pode ser modificado, em alguma extensão, por meio de intervenções farmacológicas e/ou genéticas, tendo como alvo componentes-chave dessa maquinaria. Além disso, a morte regulada pode iniciar no contexto de respostas adaptativas, ou seja, numa tentativa sem sucesso de restaurar a homeostase celular. Dependendo do estímulo inicial, essas respostas podem envolver preferencialmente uma determinada organela ou operar de uma forma mais ampla na célula.

A morte regulada ocorre como consequência de perturbações do microambiente, durante respostas imunes e no contexto do desenvolvimento dos tecidos. Existem modalidades diferentes de morte regulada. O termo morte celular programada é usado para indicar exemplos de morte regulada que ocorrem como parte de um programa de desenvolvimento da célula/tecido ou para preservar a homeostase fisiológica destes.

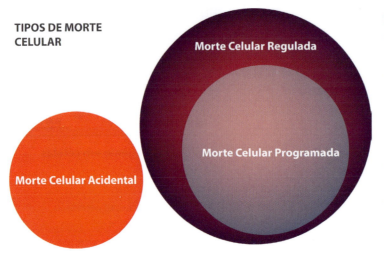

Figura 13.11 **Tipos de morte celular.**
A morte acidental é resultante de estímulos físicos, químicos ou mecânicos extremos e não envolve uma maquinaria molecular, enquanto a morte regulada é geneticamente codificada. Morte celular programada é um subtipo de morte regulada relacionado com desenvolvimento e homeostase fisiológica da célula/tecido.

Aspectos morfológicos da morte celular

A transição entre a vida e a morte de uma célula é complexa. O limite preciso entre uma alteração celular reversível e a perda irreversível das atividades celulares é considerado muito difícil ou mesmo quase impossível de ser definido. No entanto, existem manifestações bioquímicas e morfológicas da morte celular que podem ser detectadas e quantificadas. A seguir, são considerados apenas os aspectos morfológicos de morte celular, particularmente da apoptose e da necrose.

Apoptose

Em 1972, o patologista australiano John Kerr e seus colegas escoceses Andrew Wyllie e Alastair Currie cunharam o termo apoptose para descrever um estereótipo morfológico de morte celular. A partir de dados obtidos com microscopia eletrônica, esses autores demonstraram que diferentes tipos celulares em degeneração apresentavam as mesmas características ultraestruturais, as quais foram relacionadas com organogênese, renovação celular, involução de órgãos e regressão de tumores. O nome apoptose, palavra com etimologia grega que significa "caída de pétalas das flores ou de folhas das árvores", foi assim escolhido para definir um processo de morte celular que ocorre naturalmente.

A apoptose apresenta as seguintes características morfológicas: retração citoplasmática; condensação da cromatina que se inicia nas margens do envoltório nuclear (marginalização) e posteriormente envolve todo o núcleo (picnose); fragmentação nuclear (cariorrexe); alterações pouco acentuadas em outras organelas e formação de corpos distintos, os quais retêm a integridade da membrana plasmática (corpos apoptóticos). O destino destes é a fagocitose por macrófagos ou outras células com atividade fagocítica (Figura 13.13).

A apoptose é considerada um tipo de morte celular programada "imunologicamente silenciosa" ou, no mínimo, "tolerante", o que significa que não é acompanhada de reação inflamatória. Durante eventos apoptóticos ocorre a permeabilização da membrana mitocondrial externa e ativação de proteases da família das caspases, as quais podem ativar outras enzimas ou atuar diretamente na clivagem de estruturas. A detecção de caspases ativas e outras proteases envolvidas em mecanismos de apoptose pode ser feita com técnicas imunocitoquímicas, dentre outros métodos.

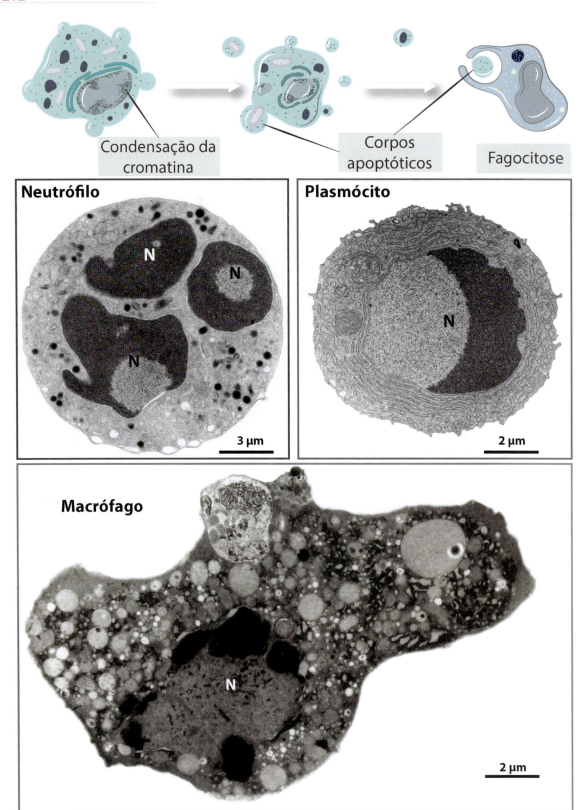

Figura 13.12 Representação esquemática do processo de apoptose e eletromicrografias de células em apoptose.
Observe a condensação da cromatina nuclear que forma massas densas na proximidade do envoltório nuclear. O citoplasma sofre retração gradativa, resultando na formação de corpos apoptóticos, os quais serão posteriormente fagocitados. N: núcleo.

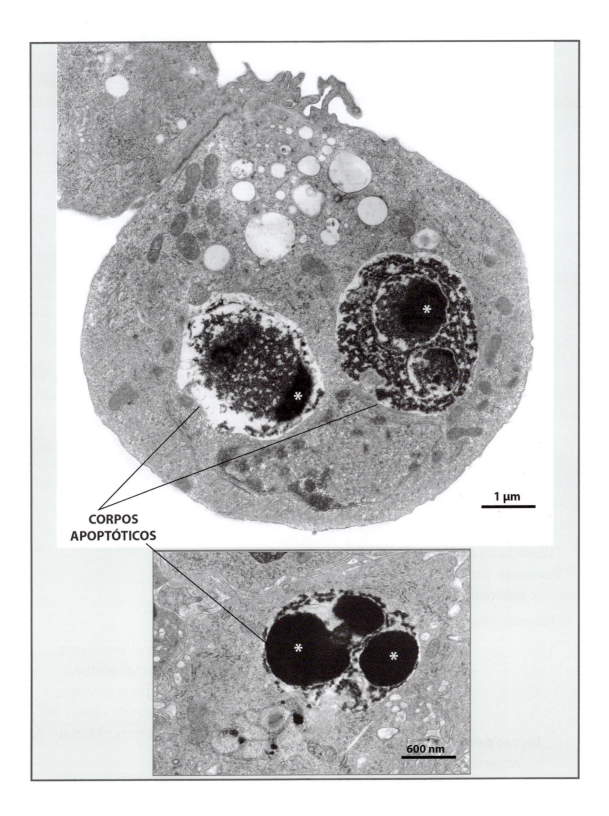

Figura 13.13 Eletromicrografias mostrando corpos apoptóticos no citoplasma de uma célula em cultura (painel superior) e de um macrófago (painel inferior).

Observe a presença de restos nucleares (*) no interior dos corpos apoptóticos.

Necrose

Outro tipo de morte celular, definida por critérios morfológicos, é a necrose. Esta se manifesta com um conjunto de características como: dilatação generalizada do citoplasma, o qual adquire um aspecto translúcido, e de organelas; alteração peculiar da cromatina que se condensa em agrupamentos pequenos e irregulares e sofre dissolução (cariólise), além de alteração do envoltório nuclear (dilatação e fragmentação) (Figura 13.14). Tais alterações são acompanhadas por respostas inflamatórias (Figura 13.14). A necrose é considerada, de maneira geral, como um tipo de morte acidental.

As principais diferenças entre necrose e apoptose são mostradas abaixo:

Características	Necrose	Apoptose
Tipo de morte	• Acidental	• Regulada
Ocorrência	• Grupos de células	• Células isoladas
Núcleo	• Dissolução	• Fragmentação
Cromatina nuclear	• Forma pequenos agregados e dissolução após ruptura do envoltório nuclear	• Forma massas densas dispostas nas margens do envoltório nuclear
Citoplasma	• Dilatação acompanhada por ruptura da membrana plasmática e destruição das organelas	• Condensação e agrupamento de organelas, as quais, no entanto, mantêm sua integridade
Liberação de enzimas lisossomais para o meio extracelular	• Presente	• Ausente
Processo inflamatório	• Presente	• Ausente
Destino da célula acometida	• Dilatação seguida por desintegração	• Formação de corpos apoptóticos (corpos revestidos por membrana plasmática, com porções do núcleo e de outros elementos citoplasmáticos) • Os corpos apoptóticos são, posteriormente, fagocitados por macrófagos ou outras células com atividade fagocítica

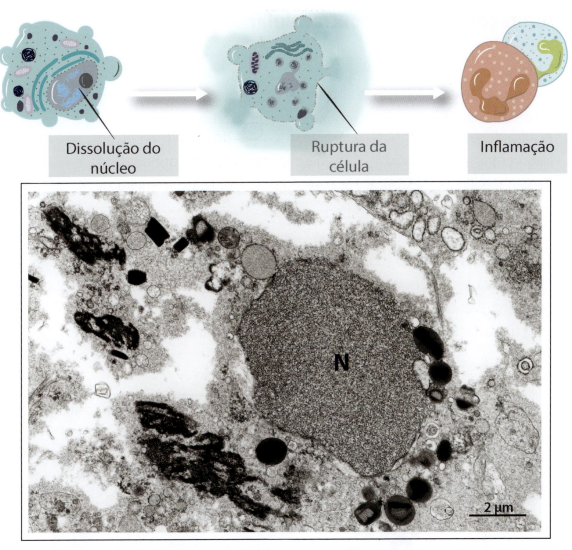

Figura 13.14 **Representação esquemática do processo de necrose e eletromicrografia de célula em necrose (eosinófilo).**
Observe a ruptura celular e dissolução parcial de organelas e da cromatina nuclear. Note que o envoltório nuclear também foi destruído. A necrose gera reação inflamatória induzida pelas células rompidas. N: núcleo.
Fonte: eletromicrografia: cortesia de Ann M. Dvorak.

Alterações da matriz extracelular

Fibrose

A matriz extracelular pode apresentar alterações, como, por exemplo, a formação exacerbada de fibras do tecido conjuntivo, como as fibras colágenas, o que caracteriza o processo de fibrose, frequente em doenças como asma (inflamação alérgica crônica das vias aéreas) e esquistossomose (infecção causada pelo parasito *Schistosoma mansoni*). A observação de áreas de fibrose é rotineiramente feita ao microscópio de luz com técnicas de coloração baseadas em afinidade ácido-base (capítulo 4). O tricrômico de Mallory e o tricrômico de Gomori são, por exemplo, utilizados para corar essas fibras, as quais são muito acidófilas e aparecem em verde ou azul, respectivamente, pela afinidade com componentes ácidos desses corantes (verde luz ou azul de anilina) (ver capítulo 4, Figura 4.3). Ao MET, as fibras colágenas apresentam morfologia típica, facilmente identificada em alta resolução (Figura 13.15).

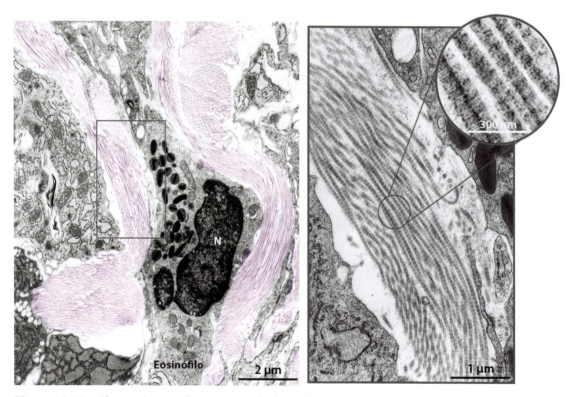

Figura 13.15 Eletromicrografias mostrando área do tecido pulmonar em modelo de asma.

Note a formação acentuada de fibras colágenas (destacadas em rosa) e a presença de célula inflamatória (eosinófilo). O aspecto típico dessas fibras, organizadas em fibrilas com estriações transversais, é mostrado em maior aumento. N: núcleo.

Infiltrado inflamatório

Em doenças inflamatórias, nota-se, no tecido conjuntivo, o acúmulo de líquidos (edema) e de leucócitos provenientes do sangue, os quais constituem o chamado infiltrado ou processo inflamatório (Figura 13.16).

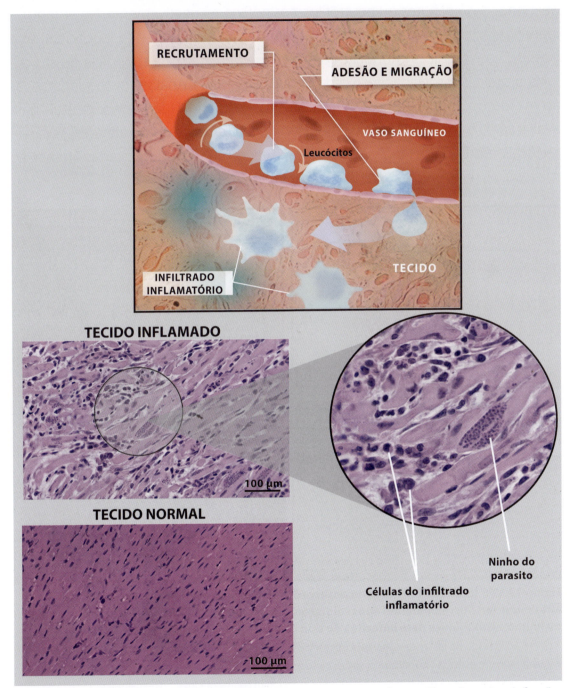

Figura 13.16 Formação de processo inflamatório no tecido muscular cardíaco durante a infecção experimental com o parasito *Trypanosoma cruzi*.

Compostos quimiotáticos como quimiocinas e citocinas recrutam os leucócitos do sangue periférico que migram para os tecidos-alvo contendo parasitos em divisão. Compare o aspecto do tecido normal com o do tecido inflamado que mostra acúmulo de leucócitos (infiltrado inflamatório predominantemente mononuclear) entre as células musculares cardíacas.

Análises quantitativas por microscopia de luz com técnicas de coloração de rotina são muito usadas para caracterizar o tipo de leucócito predominante no infiltrado baseando-se nas características nucleares. Dessa forma, o infiltrado pode ser classificado em mononuclear ou polimorfonuclear, o que significa predominância de monócitos/linfócitos ou neutrófilos/eosinófilos, respectivamente. No entanto, a identificação de tipos específicos, inclusive de subpopulações de leucócitos, só é possível com técnicas imunocitoquímicas que detectam, na superfície dessas células, proteínas associadas com cada tipo (Figura 13.17). Análises histoquantitativas ao microscópio de luz ou escâner de lâminas (capítulo 1) são também úteis para avaliação da intensidade e da distribuição do infiltrado no órgão afetado. As características morfológicas individuais de cada leucócito são identificadas apenas ao microscópio eletrônico de transmissão (Figura 13.18).

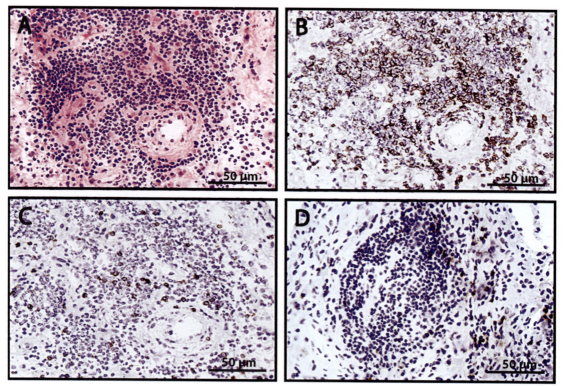

Figura 13.17 Infiltrado inflamatório observado no tecido sinovial de pacientes com doença autoimune (artrite reumatoide) após coloração com técnica histológica (A, hematoxilina-eosina) ou imuno-histoquímica para linfócitos do tipo CD4 (B), CD8 (C) ou NK (D).
A coloração baseada em afinidade ácido-base (A) revela a ocorrência de infiltrado predominantemente mononuclear, enquanto a imunomarcação identifica a presença de subtipos de linfócitos (marcados em marrom), com maioria de CD4. Os cortes preparados com técnica imuno-histoquímica foram contracorados com hematoxilina.

Reproduzida de Schrambach et al. Plos One, 2007, sob os termos da licença Creative Commons (CC BY), disponível em: https://creativecommons.org/licenses/by/4.0/legalcode.

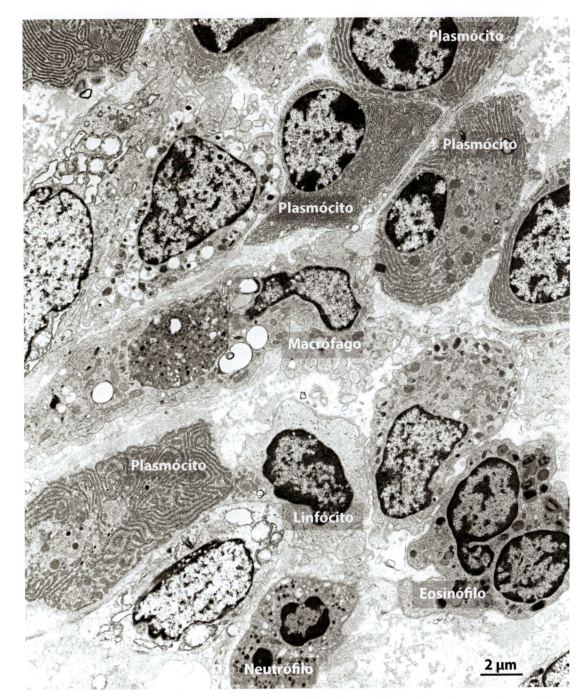

Figura 13.18 Ultraestrutura de células inflamatórias observadas no intestino em doença de Crohn humana.
Compare a morfologia dos diferentes tipos celulares, observada ao microscópio eletrônico de transmissão.
Fonte: cortesia de Ann M. Dvorak.

Bibliografia

Amaral KB, Silva TP, Malta KK, Carmo LA, Dias FF, Almeida MR, et al. Natural *Schistosoma mansoni* Infection in the wild reservoir *Nectomys squamipes* leads to excessive lipid droplet accumulation in hepatocytes in the absence of liver functional impairment. PLoS One. 2016;11:e0166979.

Chow KH, Factor RE, Ullman KS. The nuclear envelope environment and its cancer connections. Nat Rev Cancer. 2012;12:196-209.

Coutinho MF, Matos L, Alves S. From bedside to cell biology: a century of history on lysosomal dysfunction. Gene. 2015;555:50-8.

Dvorak AM, Monahan-Earley R. Diagnostic Ultrastructural Pathology I, II, III. 1 ed. Boca Raton: CRC, 1992.

Galluzzi L, Bravo-San Pedro JM, Vitale I, Aaronson SA, Abrams JM, Adam DW, et al. Essential versus accessory aspects of cell death: recommendations of the NCCD 2015. Cell Death Differ. 2015;22:58-73.

Golpich M, Amini E, Mohamed Z, Azman Ali R, Mohamed Ibrahim N, Ahmadiani A. Mitochondrial dysfunction and biogenesis in neurodegenerative diseases: pathogenesis and treatment. CNS Neurosci Ther. 2017;23:5-22.

Marchand I, Tarnopolsky M, Adamo KB, Bourgeois JM, Chorneyko K, Graham TE. Quantitative assessment of human muscle glycogen granules size and number in subcellular locations during recovery from prolonged exercise. J Physiol. 2007;580:617-28.

Melo RCN. Depletion of immune effector cells induces myocardial damage in the acute experimental *Trypanosoma cruzi* infection: ultrastructural study in rats. Tissue Cell. 1999;31:281-90.

Melo RCN. Acute heart inflammation: ultrastructural and functional aspects of macrophages elicited by *Trypanosoma cruzi* infection. J Cell Mol Med. 2009;13:279-94.

Mosoyan G, Nagi C, Marukian S, Teixeira A, Simonian A, Resnick-Silverman L, et al. Multiple breast cancer cell-lines derived from a single tumor differ in their molecular characteristics and tumorigenic potential. PLoS One. 2013;8:e55145.

Ribeiro GA, Cunha-Junior EF, Pinheiro RO, Da-Silva SA, Canto-Cavalheiro MM, Da Silva AJ, et al. LQB-118, an orally active pterocarpanquinone, induces selective oxidative stress and apoptosis in *Leishmania amazonensis*. J Antimicrob Chemother. 2013;68:789-99.

Schrambach S, Ardizzone M, Leymarie V, Sibilia J, Bahram S. In vivo expression pattern of MICA and MICB and its relevance to auto-immunity and cancer. PLoS One. 2007;2:e518.

Vincent AE, Ng YS, White K, Davey T, Mannella C, Falkous G, et al. The spectrum of mitochondrial ultrastructural defects in mitochondrial myopathy. Sci Rep. 2016;6:30610.

Wang C, Jiang L, Wang S, Shi H, Wang J, Wang R, et al. The antitumor activity of the novel compound Jesridonin on human esophageal carcinoma cells. PLoS One. 2015;10:e0130284.

14

A CÉLULA PROCARIÓTICA

A CÉLULA PROCARIÓTICA*

A célula procariótica integra dois grandes domínios de organismos considerados os mais diversos e versáteis do planeta: as bactérias e as arqueobactérias. Esses microrganismos apresentam grande diversidade de habitats, nichos e atividades funcionais; podem ter vida livre ou ser parasitas e viver em locais muito variados, até mesmo inóspitos, sem oxigênio e em altas temperaturas.

Aspectos funcionais

Grande parte do conhecimento da biologia celular e molecular provém de bactérias como modelos de estudo. As bactérias têm características estruturais e metabólicas que as tornam adequadas para o estudo de processos biológicos e de macromoléculas. Elas são facilmente cultivadas e consideradas sistemas relativamente "simples", mas eficientes na regulação de suas vias metabólicas.

Em função da grande diversidade morfológica, fisiológica e metabólica dos grupos bacterianos, eles desempenham papéis versáteis nos ambientes e estão intimamente associados com a vida humana. Enquanto diversas bactérias são causadoras de inúmeras doenças em humanos, animais e plantas, populações de bactérias vivem em harmonia com seus hospedeiros e são capazes de controlar outros microrganismos, inclusive patogênicos.

---

*Colaboradores: Thiago P. Silva e Juliana P. Gamalier. Citação do capítulo: Silva TP, Gamalier JP, Melo RCN. A célula procariótica. In: Melo RCN. Células & Microscopia. Princípios e práticas. 2.ed. Barueri: Manole, 2018. p.221-242.

Nos ecossistemas, as bactérias são essenciais nas cadeias tróficas de ambientes aquáticos e terrestres e atuam na transferência de energia e ciclagem de carbono e outros nutrientes. As cianobactérias, grupo de bactérias fotossintetizantes, são as principais responsáveis pela fixação do nitrogênio nos ecossistemas aquáticos, além de contribuírem significativamente para a produção do oxigênio atmosférico. No solo, alguns grupos bacterianos são capazes de fixar nitrogênio e fornecer compostos nitrogenados a diversas plantas, com grande importância para a agricultura.

As bactérias têm sido reconhecidas como potenciais fábricas celulares, pois produzem compostos com aplicações nas áreas industrial, biotecnológica e médica. Por exemplo, bactérias do gênero lactobacilos são utilizadas para produção de alimentos lácteos fermentados, como queijos e iogurtes. Outras espécies bacterianas produzem ácido acético, álcool etílico, além de diferentes compostos que podem ser utilizados como biocombustíveis. Genes bacterianos são amplamente utilizados no desenvolvimento de organismos transgênicos e auxiliam no transporte dos novos genes ao genoma de organismos modificados. Na indústria farmacêutica e médica, bactérias são utilizadas na fabricação de antibióticos, hormônios e vacinas.

As bactérias podem, ainda, auxiliar na limpeza de substâncias prejudiciais ao meio ambiente, como pesticidas, petróleo e compostos radioativos, e, por isso, são muito utilizadas no processo de tratamento de água para abastecimento e consumo. Muitas bactérias apresentam potencial para serem utilizadas para controle biológico de outros organismos, como pragas e vetores em plantas e animais.

Embora as células procarióticas representem organismos unicelulares, suas atividades ocorrem frequentemente de forma integrada dentro de comunidades bacterianas. Elas têm uma notável habilidade de interagir e de coordenar, em conjunto, eventos de proliferação e distribuição no meio, além de atividades bioquímicas. Por exemplo, muitas cianobactérias são capazes de constituir colônias que apresentam certo grau de diferenciação celular e divisão de trabalho. Além disso, as células procarióticas podem apresentar mecanismos de comunicação sofisticados comparáveis às células eucarióticas, como é o caso da habilidade de liberação de vesículas extracelulares. Comunidades bacterianas podem construir agregados complexos, denominados biofilmes, que apresentam células diferenciadas e especializadas. Dessa forma, as bactérias estabeleceram um "estilo de vida" multicelular que resulta em maior eficiência e sobrevivência da comunidade.

Diferenças entre células procarióticas e eucarióticas

As células podem ser classificadas em dois grandes grupos com base na estrutura celular: eucarióticas e procarióticas. A diferença clássica entre elas é determinada pelo envoltório nuclear. A célula procariótica não apresenta seu DNA delimitado por esse envoltório e o DNA se encontra disperso no citoplasma, em área denominada nucleoide. Já a célula eucariótica apresenta envoltório nuclear complexo que separa o material nuclear do citoplasma. Com o avanço de técnicas de microscopia e biologia molecular, cada vez mais evidências aproximam a estrutura celular procariótica da eucariótica e alguns autores consideram a constituição ribossômica como principal distinção entre elas. Além dos aspectos morfológicos, procariotos podem ser diferenciados por suas características metabólicas e genéticas (Tabela 14.1).

Tabela 14.1 Diferenças estruturais entre a célula procariótica e eucariótica

	CÉLULA PROCARIÓTICA	CÉLULA EUCARIÓTICA
Domínio	Bacteria, *Archaea*	*Eukarya*
Envoltório nuclear	Ausente na maioria dos grupos	Presente
Nucléolo	Ausente	Presente
DNA	Molécula única, frequentemente sem histonas e com plasmídeos	Presente em vários cromossomos, e com histonas
Divisão celular (mitose)	Ausente	Presente
Membranas	Sem esteróis	Com esteróis
Endomembranas	Relativamente simples, restritas a alguns grupos	Sistema complexo, com organelas típicas
Cadeia respiratória	Na membrana plasmática	Na membrana mitocondrial
Ribossomos	70S	80S, exceto para mitocôndrias e cloroplastos
Parede celular	Presente na maioria das células procarióticas e composta por peptideoglicanos, proteínas e polissacarídeos	Presente em plantas, algas e fungos
Movimento flagelar e ciliar	Flagelos de dimensões submicroscópicas; cada um composto por uma fibra de dimensão molecular e com habilidade de rotação	Presença de flagelos e/ou cílios de dimensões microscópicas; compostos por microtúbulos e sem habilidade de rotação

Observação da célula procariótica ao microscópio de luz

Os procariotos apresentam tamanho variável (0,2-5,0 µm) e podem ser classificados de acordo com sua forma e arranjo celular. As bactérias possuem formas tipicamente esféricas (cocos) ou em bastonete (bacilos), porém outras formas intermediárias podem ser observadas ao microscópio de luz (Figura 14.1). Além disso, têm capacidade de se organizar em agregados celulares de diferentes formatos e tamanhos, com estreita relação morfológica e funcional entre si, como é o caso das colônias de certas espécies de cianobactérias (Figuras 14.2 e 14.3).

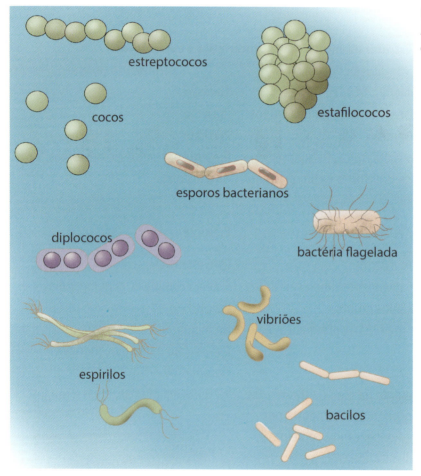

Figura 14.1
Aspectos morfológicos das bactérias.

Corantes fluorescentes como o DAPI e laranja de acridina (Figura 14.2), os quais marcam DNA, são usados para observação de bactérias em situações fisiológicas ou patológicas. Além disso, parâmetros ecológicos, como densidade, biomassa e respiração de bactérias em ecossistemas naturais e em culturas podem ser avaliados a partir dessas análises microscópicas. As bactérias são também classicamente estudadas por meio da coloração de Gram, descrita posteriormente.

As cianobactérias podem ser observadas ao microscópio de luz (fluorescência, campo claro e contraste de fase) sem a necessidade de coloração pelo fato de apresentarem clorofila *a*, uma característica desse grupo de procariotos. Quando visualizadas por microscopia de fluorescência (filtro verde), as áreas de clorofila emitem fluorescência na cor vermelha, enquanto ao microscópio de campo claro e contraste de fase, elas aparecem esverdeadas ou douradas, respectivamente (Figura 14.2). Cianobactérias podem, no entanto, ser também coradas com DAPI, o que evidencia a individualidade das células formadoras da colônia (Figura 14.2).

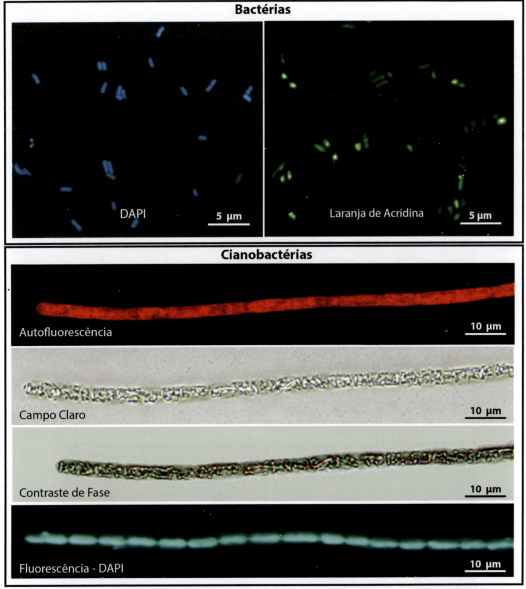

Figura 14.2 Micrografias de bactérias e cianobactérias observadas ao microscópio de luz.
As bactérias aparecem em azul ou verde após coloração com os marcadores fluorescentes DAPI (4, 6-diamidino-2-phenylindole) ou laranja de acridina, respectivamente. Colônias de cianobactérias, organizadas na forma de filamentos, podem ser observadas sem nenhuma coloração ao microscópio de fluorescência, campo claro e contraste de fase ou após coloração com DAPI.

Viabilidade celular

Em comunidades bacterianas, uma fração significativa delas encontra-se comprometida ou em processo de morte. A identificação de bactérias danificadas requer a utilização de marcadores específicos. Um dos procedimentos para avaliação da viabilidade de bactérias e cianobactérias é o uso de uma mistura dos corantes SYTO 9 e iodeto de propídeo, os quais diferem na habilidade de penetrar em células saudáveis. O SYTO 9 penetra em todas as células e produz coloração verde, enquanto o iodeto de propídeo penetra apenas em bactérias com membranas danificadas (inviáveis), corando-as em vermelho. Dessa forma, é possível diferenciar bactérias e cianobactérias vivas/viáveis daquelas mortas/inviáveis em uma mesma preparação (Figura 14.3). Os marcadores de viabilidade bacteriana têm inúmeras aplicações. Em estudos ecológicos, eles são usados para avaliar parâmetros de controle de comunidades bacterianas em ecossistemas aquáticos e/ou efeito de condições de estresses, tais como radiação ultravioleta e aumento da temperatura. Esses marcadores são também utilizados em estudos de interação bactéria-hospedeiro e avaliação de drogas antibacterianas.

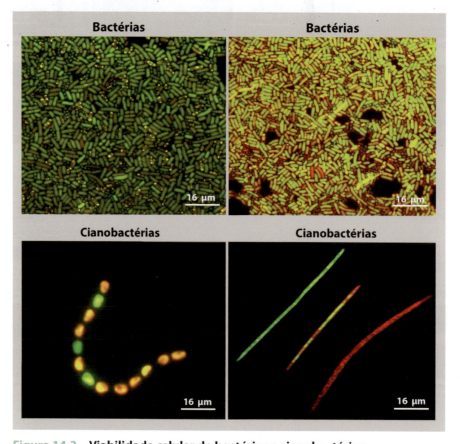

Figura 14.3 Viabilidade celular de bactérias e cianobactérias.
Células vivas aparecem em verde, enquanto células mortas coram-se em vermelho/laranja. As células foram coradas com LIVE/DEAD® Baclight™. Note a organização das cianobactérias em filamentos.

Coloração de Gram

Uma técnica clássica para classificação e taxonomia bacteriana é a coloração de Gram, desenvolvida em 1884 pelo médico dinamarquês Hans Christian Joachim Gram (1853-1938). Essa técnica diferencia bactérias em dois tipos: Gram-negativas e Gram-positivas, em função de seus envoltórios celulares. O método consiste em tratar sucessivamente um esfregaço bacteriano, fixado pelo calor, com os reagentes cristal violeta (corante primário), lugol (agente fixador), etanol-acetona (solvente) e fucsina básica (corante secundário). A princípio, todas as bactérias adquirem uma coloração violeta por causa da formação de um complexo cristal violeta-iodo, insolúvel, em seus citoplasmas. Em seguida, o etanol-acetona dissolve a porção lipídica das membranas externas das bactérias Gram-negativas e o complexo cristal violeta-iodo é removido, descorando as células. Em contrapartida, o solvente desidrata as paredes celulares espessas das bactérias Gram-positivas, tornando-as impermeáveis ao complexo; o corante primário é retido e as células permanecem coradas em violeta/azul (Figura 14.4). Finalmente, a amostra é tratada com um corante secundário, a fucsina básica, que cora as bactérias Gram-negativas em vermelho/rosa (Figura 14.4).

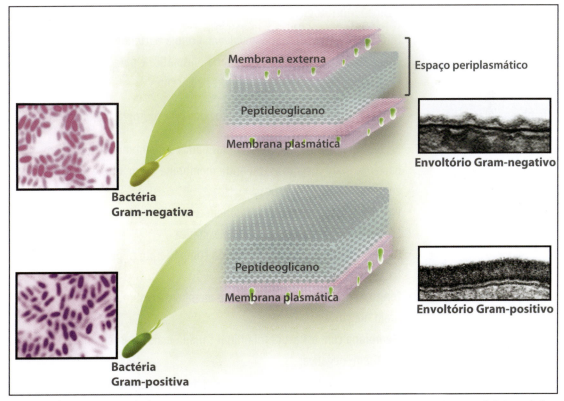

Figura 14.4 **Esquema e micrografias mostrando a composição e estrutura do envoltório celular em bactérias Gram-negativas (painel superior) e Gram-positivas (painel inferior).**
Observe o aspecto do envoltório ao microscópio eletrônico de transmissão.

Observação da célula procariótica ao microscópio eletrônico

Estudos de células procarióticas ao MET têm contribuído para o entendimento da organização estrutural e de processos bacterianos como crescimento e divisão. As análises ultraestruturais mostram que são organismos morfologicamente complexos, com diferentes estruturas envoltórias e citoplasmáticas. Estudos de populações naturais de bactérias em alta resolução também revelam uma diversidade desses organismos dentro de uma mesma comunidade, caracterizada, por exemplo, por variações na espessura e elétron-densidade de suas cápsulas e da matriz citoplasmática. Essa "diversidade ultraestrutural" pode estar relacionada com atividades funcionais distintas e/ou habilidade de adaptação e interação com o meio externo e com outros organismos. Portanto, o uso da microscopia eletrônica e de outras técnicas em células individualizadas tem o potencial de contribuir para o conhecimento da dinâmica bacteriana em amplo espectro de processos e sistemas como infecções, resistência a drogas, metabolismo humano e ecossistemas (Tabela 14.2).

Tabela 14.2 Aspectos ultraestruturais das células procarióticas

Estrutura	Descrição Morfológica
Envoltório celular	• Conjunto de estruturas que envolvem a célula bacteriana • Formado basicamente por membrana plasmática e parede celular • Pode apresentar estruturas capsulares adjacentes
Membrana plasmática	• Membrana de aspecto trilaminar que delimita o citoplasma bacteriano
Espaço periplasmático	• Região situada entre membrana plasmática e membrana externa, em bactérias Gram-negativas; ou entre membrana plasmática e parede celular em bactérias Gram-positivas • Preenchido pelo periplasma, também conhecido como gel periplasmático
Parede celular	• Estrutura adjacente à membrana plasmática • Camada especializada elétron-densa composta por peptideoglicanos em bactérias Gram-positivas • Conjunto formado por periplasma e membrana externa em bactérias Gram-negativas
Membrana externa	• Membrana com estrutura trilaminar situada mais externamente nas bactérias Gram-negativas
Cápsula	• Camada extracelular elétron-lúcida adjacente à parede celular • Formada basicamente por uma matriz de exopolímeros, com alto teor de polissacarídeos
Camada S	• Camada de constituição proteica

(continua)

Tabela 14.2 Aspectos ultraestruturais das células procarióticas *(continuação)*

Estrutura	Descrição Morfológica
Camada S	• Aparece ao MET como estrutura bilaminar (uma lâmina elétron-densa e uma elétron-lúcida) • Possível função: barreira parcialmente permeável que oferece resistência, adesão e estabilização à célula
Vesículas extracelulares (vesículas de membrana externa)	• Vesículas membranosas de secreção que possuem formato esférico (diâmetro entre 20-250 nm), formadas a partir da membrana externa • Podem conter constituintes da parede celular, membrana plasmática ou citoplasma, como: proteínas, lipopolissarídeos, fosfolipídios, autolisinas e DNA • Possíveis funções: comunicação celular, formação da parede celular, estabelecimento de biofilmes, aquisição de nutrientes, resistência a lise viral, transferência de genes e aumento da virulência (no caso de bactérias patogênicas)
Mesossomos	• Invaginações da membrana plasmática em forma de sacos tubulares, vesiculares ou lamelares • Encontram-se envolvidos na divisão celular, formação de esporos e transporte de enzimas
Tilacoides	• Sistema de endomembranas lamelares que ocupa grande parte do citoplasma • Servem para aumentar a área de superfície para processos metabólicos (fotossíntese e quimiossíntese)
Grânulos	• Aparecem como estruturas esféricas elétron-densas ou elétron-lúcidas • Servem para estocagem de compostos orgânicos ou inorgânicos
Nucleoide	• Região geralmente elétron-lúcida presente no citoplasma onde se localiza o DNA celular
Ribossomos	• Estruturas esféricas elétron-densas diminutas, presentes em todo o citoplasma • Contêm RNA ribossomal
Vesículas de gás	• Estruturas vesiculares geralmente cilíndricas com perímetro entre 45-200 nm • Servem para flutuação no meio aquático • Ocorrência restrita a microrganismos planctônicos (cianobactérias e algumas espécies de bactérias)
Corpúsculos lipídicos	• Organelas esféricas elétron-densas ou elétron-lúcidas envoltas por monocamada lipídica • Envolvidos com armazenamento e metabolismo lipídico e com possíveis atividades de regulação celular
Flagelo	• Estrutura tubular aderida à superfície da célula • Possibilita mobilidade em ambientes aquosos • Movimento de rotação a partir de componente motor situado na membrana plasmática

Envoltório celular

O envoltório celular de procariotos é um compartimento formado por membrana plasmática e parede celular (Figura 14.5). A membrana plasmática é observada como uma típica "unidade de membrana" semelhante à encontrada em organismos eucariotos, ou seja, formada por bicamada lipídica com aspecto trilaminar, quando vista em cortes ultrafinos em grande aumento (ver capítulo 6). No entanto, em termos de composição, a membrana plasmática de procariotos não possui esteróis, exceto em determinado gênero bacteriano (micoplasmas). Na membrana plasmática dos procariotos ocorre grande parte de suas funções biológicas essenciais. Além das funções intrínsecas de segregação, transporte e seleção de moléculas, essa membrana participa de processos de respiração celular e biossíntese do DNA.

A parede celular apresenta constituição diversa entre os grupos de procariotos. Essa estrutura é importante na manutenção da pressão osmótica e desempenha papel fundamental na divisão celular (Figura14.5). Em bactérias Gram-positivas (Figura 14.4), a parede celular é geralmente formada por uma camada de polímeros complexos, chamada de camada de peptideoglicanos, e outros compostos moleculares específicos. Cianobactérias e bactérias Gram-negativas apresentam, além da camada de peptideoglicano, uma membrana externa como componente da parede celular (Figura 14.5). Nesses grupos, o espaço entre a membrana plasmática e a membrana externa é conhecido como espaço periplasmático, preenchido pelo periplasma. A membrana externa, vista ao MET, mostra o aspecto trilaminar universal de todas as membranas biológicas, porém difere da membrana plasmática quanto à sua composição lipídica. Existem ainda procariotos que não exibem parede celular, como micoplasmas e algumas arqueobactérias; outros podem possuir uma camada bidimensional de glicoproteínas, denominada camada S ou de exopolímeros extracelulares (cápsula), os quais compõem o envoltório celular (Figura 14.5).

Tilacoides e mesossomos

A membrana plasmática bacteriana possui a capacidade de aumentar sua área de superfície para realizar processos fisiológicos e metabólicos, formando organelas denominadas mesossomos (Figura 14.5) e tilacoides (Figura 14.6), as quais se originam por invaginações da membrana plasmática e são claramente visualizadas ao MET. Os mesossomos são frequentemente observados em bactérias durante processos de divisão celular e acredita-se que sejam sítios de ligação do DNA para duplicação. Por outro lado, os tilacoides estão envolvidos com mecanismos autotróficos, foto e quimiossintetizantes.

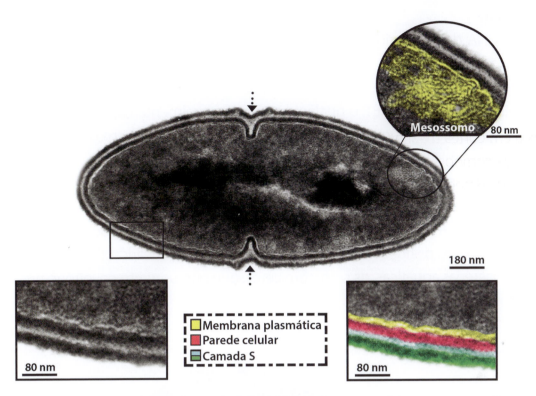

Figura 14.5   Eletromicrografia de uma bactéria de ecossistema aquático em processo de divisão celular.
O envoltório celular é formado por membrana plasmática, parede celular e camada S. Septos celulares (setas) encontram-se em formação a partir do envoltório para dividir a célula ao meio. Observe uma área citoplasmática com mesossomo, invaginações da membrana plasmática.

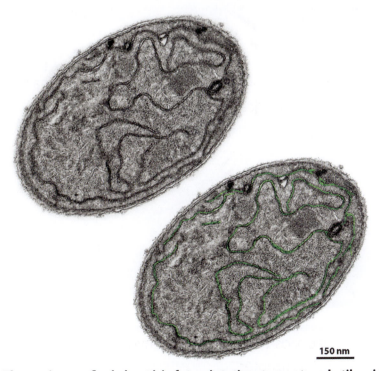

Figura 14.6   Eletromicrografia de bactéria fotossintetizante mostrando tilacoides no citoplasma (destacados em verde).

Nucleoide

O DNA dos procariotos encontra-se disperso no citoplasma em uma região chamada nucleoide (Figuras 14.7 e 14.8), formada por uma molécula de DNA circular ou linear, além de proteínas estabilizadoras. Alguns grupos podem ainda conter proteínas histonas. Ao MET, o nucleoide aparece geralmente como uma região citoplasmática elétron-lúcida, com fibrilas de DNA identificadas em grande aumento (Figura 14.7). O tamanho e o número de nucleoides encontram-se diretamente relacionados com as condições do ambiente e tempo de crescimento do microrganismo. Esse fato pode ser observado em bactérias que apresentam crescimento rápido. Deve ser notado que, embora a ausência de envoltório nuclear seja considerada uma das distinções clássicas entre procariotos e eucariotos, existe um grupo de bactérias aquáticas, os planctomicetos, que possuem um envoltório nuclear membranoso.

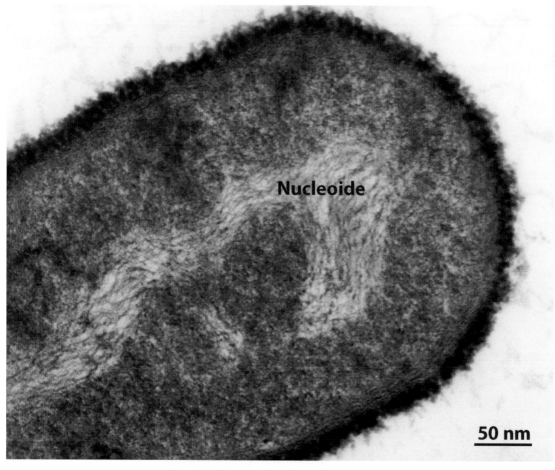

Figura 14.7 **Bactéria de ecossistema aquático observada ao microscópio eletrônico de transmissão.**

Observe o nucleoide, área elétron-lúcida com aspecto fibrilar correspondente às fibrilas de DNA. O restante do citoplasma aparece elétron-denso.

A CÉLULA PROCARIÓTICA   235

Figura 14.8 **Bactérias observadas na superfície do epitélio intestinal humano ao microscópio eletrônico de transmissão.**
Note a presença de microvilosidades na região apical das células intestinais.

Ultraestrutura de cianobactérias

As cianobactérias são um grupo de bactérias fotossintetizantes que podem ser encontradas em ecossistemas aquáticos, como rios, lagos e mares; ou terrestres, como no solo. Elas podem apresentar forma unicelular ou constituir agregados coloniais de diferentes formatos e tamanhos. Além disso, algumas espécies podem ainda exibir certa diferenciação celular dentro da mesma colônia, tanto em termos metabólicos como morfológicos. Existe grande diversidade estrutural entre as espécies de cianobactérias, o que torna a microscopia eletrônica uma ferramenta extremamente importante para a definição taxonômica dos indivíduos nesse grupo.

Determinadas espécies quando observadas ao MET podem apresentar células morfologicamente distintas das demais integrantes da colônia, como observado em cianobactérias filamentosas da ordem Oscillatoriales (Figura 14.9). Em outras espécies, algumas células podem se diferenciar metabolicamente em acinetos e heterocistos, os quais são especializados em reserva de nutrientes. Além disso, as cianobactérias são capazes de formar agregados mais complexos com outros organismos, como algas (liquens), fungos (micorriza) e outras bactérias (biofilme). Ao MET (Figura 14.10), pode-se observar em detalhes o envoltório celular das cianobactérias, o qual é tipicamente Gram-negativo, composto por membrana plasmática, espaço periplasmático preenchido por periplasma com uma fina camada de peptideoglicano e membrana externa. Muitas espécies apresentam externamente ao envoltório celular uma camada mucilaginosa, importante para estabelecimento de colônias e biofilmes, além de contribuir na obtenção de nutrientes.

O citoplasma das cianobactérias é geralmente ocupado por sistemas de membranas lamelares chamadas tilacoides, onde se encontram a clorofila *a* e as cadeias transportadoras de elétrons para fotossíntese. Associadas aos tilacoides, são observadas pequenas estruturas arredondadas elétron-densas, os ficobilissomos (Figura 14.10), compostas por pigmentos acessórios como ficocianina e ficoeritrina. Estruturas não membranosas, como os carboxissomos, também denominadas corpos poliédricos, e grânulos de reserva podem aparecer próximos ou associados aos tilacoides. Os carboxissomos são estruturas poligonais envolvidas com a fixação do carbono durante a fotossíntese (Figura 14.10). Os grânulos de armazenamento aparecem como estruturas elétron-densas arredondadas e irregulares, formadas por agregados de partículas orgânicas, geralmente fosfatos (grânulos de polifosfato) (Figura 14.10).

Outras organelas similares às encontradas em eucariotos, como os corpúsculos lipídicos, encontram-se presentes no citoplasma de cianobactérias e podem estar envolvidas com atividades funcionais ainda pouco conhecidas. As cianobactérias também apresentam estruturas citoplasmáticas vesiculares, como as vesículas de gás (Figura 14.10) que conferem a esses organismos a habilidade de controle da flutuação no meio aquático.

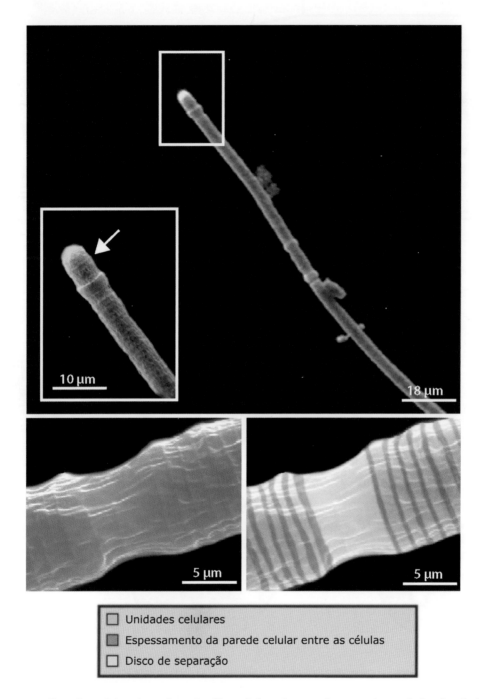

Figura 14.9 Cianobactérias da ordem Oscillatoriales observadas ao microscópio eletrônico de varredura.
Observe no painel superior o aspecto tridimensional do filamento de cianobactérias, com uma célula morfologicamente diferenciada, de aspecto arredondado, na região apical (seta). No restante do filamento, as unidades celulares (destacadas em rosa em maior aumento) são cilíndricas e delimitadas pelas paredes celulares que aparecem como áreas mais espessadas (painel inferior). O disco de separação (colorido em verde), constituído por células inativas ou mortas, é nitidamente visualizado. Nesta região ocorre a divisão do filamento.

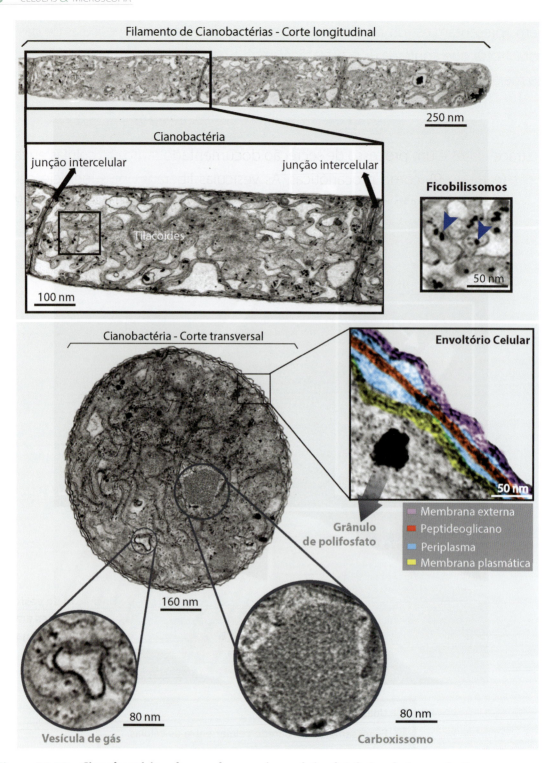

Figura 14.10 Cianobactérias observadas ao microscópio eletrônico de transmissão.
O filamento de células é visto em corte longitudinal (painel superior) e transversal (painel inferior). O sistema de membranas tilacoides, com ficobilissomos associados (cabeças de seta), preenche quase todo o citoplasma. Detalhes do envoltório celular e de estruturas citoplasmáticas (grânulo de polifosfato, vesícula de gás e carboxissomo) são vistos em corte transversal.

Processos celulares observados ao MET

Secreção de vesículas extracelulares

Os procariotos, assim como as células eucarióticas, são capazes de interagir com o meio e entre si por meio de moléculas secretadas. A secreção de vesículas extracelulares é um processo de secreção documentado tanto em células eucarióticas (capítulo 9), como procarióticas. As vesículas liberadas na superfície celular permitem a dispersão e a segregação de compostos no meio, como DNA e RNA, e são consideradas uma forma de comunicação entre as células, podendo atingir longas distâncias e meios hostis. Ao MET, pode-se observar a formação de vesículas a partir do envoltório celular procariótico (Figura 14.11). Essas vesículas projetam-se da membrana externa para o meio extracelular e apresentam-se como estruturas esféricas de pequeno tamanho (20 – 250 nm de diâmetro), envoltas por membrana com aspecto trilaminar e com conteúdo geralmente elétron-lúcido (Figura 14.11).

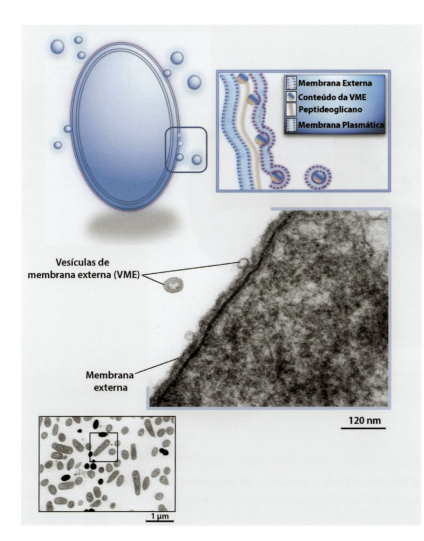

Figura 14.11 Processo de formação de vesículas extracelulares em bactérias Gram-negativas. Observe no painel inferior à esquerda uma comunidade de bactérias vista ao MET em pequeno aumento. Em maior aumento, a superfície bacteriana mostra a formação de vesículas extracelulares. Note a estrutura trilaminar da membrana envoltora da vesícula. Fonte: ilustração reproduzida de Gamalier et al. Microb. Res., 2017, com permissão.

Divisão celular e esporulação

Outro evento comumente observado em células procarióticas é a formação de septos celulares, relacionados com mecanismos de divisão celular e esporulação. A célula procariótica possui um curto ciclo de vida, que exige um sistema de divisão celular caracterizado por fissão binária. Nesse processo, há formação de septos simétricos do envoltório celular na região mediana da célula. Com auxílio de elementos do citoesqueleto e mesossomos, tais septos promovem a divisão citoplasmática e a segregação dos cromossomos, originando duas células-filhas (Figura 14.5). Em contrapartida, sob condições desfavoráveis, podem ser observados septos assimétricos, relacionados com o mecanismo de esporulação (Figura 14.12), durante a qual a célula passa por uma série de transformações morfofisiológicas que irão culminar na formação de um esporo, forma mais resistente capaz de suportar as adversidades do meio (Figura 14.12). Os processos de divisão e esporulação envolvem o citoesqueleto bacteriano que é homólogo ao das células eucarióticas e também atua na manutenção da forma, estrutura e movimentos celulares. No entanto, diferentemente da célula eucariótica, o flagelo, quando existente, não é formado por microtúbulos, já que na célula procariótica este elemento do citoesqueleto encontra-se ausente.

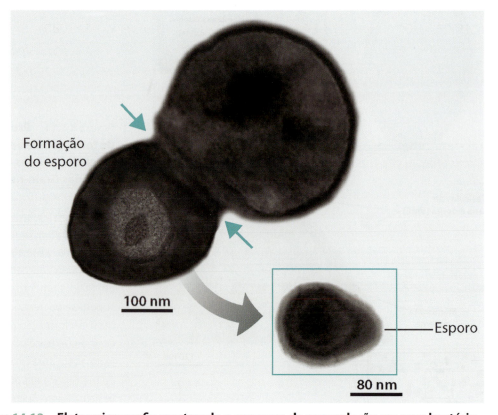

Figura 14.12 Eletromicrografia mostrando o processo de esporulação em uma bactéria.
Observe o início da formação do esporo que aparece como uma área arredondada, morfologicamente distinta no citoplasma. Note o septo assimérico (setas), o qual leva à divisão da célula e consequente liberação do esporo no meio.

Morte celular

Os processos de morte de procariotos vem sendo objeto de numerosos estudos. O entendimento desses processos é fundamental não apenas para o controle de bactérias patogênicas em células do hospedeiro, mas também para questões ecológicas. A morte de bactérias aquáticas, por exemplo, tem implicações para os ecossistemas, incluindo os efeitos sobre o tamanho e a diversidade da população bacteriana, a transferência de material genético, a ciclagem de nutrientes e o fluxo de energia.

Um dos mecanismos de morte de bactérias aquáticas envolve a infecção desses organismos com vírus. Esse processo só pode ser observado por microscopia eletrônica. Análises ultraestruturais de bactérias revelam com frequência a presença dessas partículas virais, conhecidas também como fagos ou bacteriófagos. Estes apresentam estrutura simples por não possuírem organelas ou estruturas celulares, utilizando necessariamente a maquinaria de síntese da célula hospedeira. Os bacteriófagos são constituídos apenas por ácidos nucleicos (DNA ou RNA), uma cápsula proteica (capsídeo) e uma cauda responsável por injetar seu material genético na célula hospedeira. Ao MET, os bacteriófagos aparecem como estruturas elétron-densas diminutas e geralmente arredondadas no citoplasma da célula bacteriana (Figura 14.13). Após entrar na célula, o material genético viral se apropria da maquinaria de síntese bacteriana para sua replicação. Ao final do processo de infecção, a célula bacteriana é lisada para liberação dos novos fagos produzidos. Dessa forma, os vírus atuam principalmente na morte de bactérias. Nos ecossistemas aquáticos, vírus são responsáveis por 40% da mortalidade bacteriana. Atualmente, os fagos vêm sendo utilizados como importante ferramenta na biologia molecular, como vetores de clonagem para inserção de DNA em bactérias, alternativa aos antibióticos para tratar infecções e controle microbiológico na indústria alimentícia e farmacêutica.

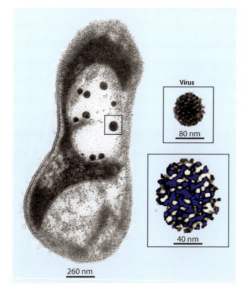

Figura 14.13 Eletromicrografia de uma bactéria de ecossistema aquático infectada com vírus.
Note a presença de vários fagos no citoplasma. A área em destaque mostra, em maior aumento, a estrutura da cápsula proteica viral (capsídeo), composta por unidades morfológicas repetitivas (destacadas em azul).
Fonte: reproduzida de Barros et al. Appl. Environ. Microbiol. 2010, com permissão.

Bibliografia

Barros NO, Farjalla VF, Soares MC, Melo RCN, Roland F. Virus-bacterium coupling driven by both turbidity and hydrodynamics in an amazonian floodplain lake. Appl Environ Microbiol. 2010;76:7194-201.

Gamalier JP, Silva TP, Zarantonello V, Dias FF, Melo RCN. Increased production of outer membrane vesicles by cultured freshwater bacteria in response to ultraviolet radiation. Microb Res. 2017;194:38-46.

Gloag ES, Turnbull L, Whitchurch CB. Bacterial stigmergy: An organising principle of multicellular collective behaviours of bacteria. Scientifica. 2015;2015:a387342

Haurat MF, Elhenawy W, Feldman MF. Prokaryotic membrane vesicles: new insights on biogenesis and biological roles. Biol Chem. 2015;396:95-109.

Hoppert M, Mayer F. Principles of macromolecular organization and cell function in Bacteria and Archaea. Cell Bioch Bioph. 1999;31:247-285.

Kleanthous C, Armitage JP. The bacterial cell envelope. Phil Trans Royal Soc B: Biol Sci. 2015; 370(1679): 20150019.

Murat D, Byrne M, Komeili A. Cell biology of prokaryotic organelles. Cold Spring Harbor Persp Biol. 2010;2:a000422.

Noyma NP, Silva TP, Chiarini-Garcia H, Amado AM, Roland F, Melo RCN. Potential effects of UV radiation on photosynthetic structures of the bloom-forming cyanobacterium *Cylindrospermopsis raciborskii* CYRF-01. Frontiers Microb. 2015;6.

Pizarro-Cerdá J, Cossart P. Cell biology and microbiology: a continuous cross-feeding. Trends in Cell Biol. 2016;26:469-471.

Senjarini K, Karsten U, Schumann R. Application of fluorescence markers for the diagnosis of bacterial abundance and viability in aquatic ecosystem. J Microb Res. 2013;3:143-7.

Silva TP, Gamalier JP, Melo RCN. TEM as an important tool to study aquatic microorganisms and their relationships with Eecological processes. In: JANECEK, D. M. (ed.) Modern Electron Microscopy in Physical and Life Sciences. Prague: InTech, 2016. doi: 10.5772/61804, p. 207-224.

Silva TP, Gamalier JP, Resende NS, Barros NO, Melo RCN. Microscopy techniques applied to the study of cell death in bacteria from freshwater ecosystems. In: MÉNDEZ-VILAS, A. (ed.) Microscopy and imaging science: practical approaches to applied research and education. Madrid: Formatex, 2017, p. 252-259.

Silva TP, Noyma NP, Duque TL, Gamalier JP, Vidal LO, Lobão LM, et al. Visualizing aquatic bacteria by light and transmission electron microscopy. Antonie van Leeuwenhoek; 2014;105:1-14.

Soares MCS, Lobão LM, Vidal LO, Noyma NP, Barros NO, Cardoso SJ, et al. Light microscopy in aquatic ecology: methods for plankton communities studies. In: Chiarini-Garcia H., Melo R.C.N. (eds). Light Microscopy: Methods and Protocols. New York: Springer/Humana Press, 2011, p. 215-227.

15

PRÁTICAS

PRÁTICA 1

Identificação dos componentes do microscópio de luz e princípios de focalização

O microscópio de luz é a ferramenta mais usada para estudo de células e tecidos. A utilização correta e otimizada deste equipamento influencia na qualidade das imagens e é fundamental para a análise adequada de amostras biológicas. O microscópio de luz mais comum para estudo desse tipo de material é o de campo claro, assim chamado porque a luz atravessa o material biológico produzindo imagens com fundo claro e iluminado. Para esse tipo de observação, a amostra é montada em lâmina de vidro e corada para permitir melhor definição das estruturas celulares/teciduais. A área observada é denominada campo microscópico.

Objetivos

» Identificar os componentes básicos do microscópio de luz.
» Aprender o manuseio adequado do microscópio de luz.
» Treinar os procedimentos básicos de focalização de amostras em diferentes aumentos.

Modelo de estudo: microscópio de luz de campo claro e lâmina histológica

Identifique as partes do microscópio de luz:

» Interruptor da lâmpada (liga/desliga)
» Base
» Fonte de luz
» Regulagem da intensidade luminosa
» Diafragma de campo
» Parafuso macrométrico
» Parafuso micrométrico
» Condensador
» Diafragma do condensador
» Platina
» Controle da platina
» Charriot
» Controle do charriot
» Revólver com lentes objetivas
» Braço ou estativa
» Lentes oculares

Obs.: As lentes oculares (pelas quais o observador olha) têm, em geral, aumento de 10X. As objetivas correspondem a um conjunto de lentes com diferentes aumentos. A maioria dos microscópios possuem 3 objetivas "secas" (geralmente de 4X, 10X e 40X) e uma lente de imersão (100X). Note que as objetivas apresentam um anel com cor específica, indicativa do aumento (ver capítulo 1).

Observe a olho nu as características de uma lâmina histológica: Lâmina de vidro que contém corte de material biológico corado e recoberto por lamínula. Trata-se de um preparado permanente, obtido a partir do processamento de uma amostra biológica, conforme técnicas descritas no capítulo 3.

Obs.: Para esta prática, qualquer lâmina poderá ser utilizada para treinamento dos procedimentos de focalização, pois não será necessário observar detalhes específicos da amostra. No entanto, lâmina e lamínula devem estar devidamente limpas para permitir observação adequada.

Ligue o microscópio de luz:

1. Ligue o microscópio na tomada.
2. Acenda a luz, no botão ligar/desligar e ajuste sua intensidade.
3. Caso o microscópio tenha um diafragma de campo, certifique-se que o mesmo esteja aberto. Se estiver fechado, abra-o girando o controle de abertura do diafragma até o máximo.
Obs. Ao ligar o microscópio, é possível observar a olho nu a luz que parte da fonte (lâmpada) e passa pelo condensador através do orifício da platina.

Inicie o procedimento de focalização em **MENOR AUMENTO**:

1. Gire o revólver, encaixando a objetiva de menor aumento. Verifique, pelo leve ruído característico do encaixe, se a objetiva está posicionada corretamente.
2. Abra a presilha e coloque a lâmina sobre a platina com a lamínula voltada para cima, encaixando-a ao charriot. Sempre manuseie a lâmina pelas bordas ou extremidades, evitando tocar a lamínula.
3. Utilizando o charriot, centralize a amostra no orifício da platina. É importante que luz proveniente da fonte (lâmpada) incida diretamente sobre a amostra.
4. Abaixe a platina até o seu ponto máximo movimentando o parafuso macrométrico.
5. Olhando através da ocular, com os dois olhos abertos e utilizando o parafuso macrométrico, levante lentamente a platina, até que a amostra seja observada (foco grosseiro).
6. Assim que conseguir observar a amostra, ajuste o foco utilizando o parafuso micrométrico (foco fino).
Obs.: A focalização ao microscópio de luz encontra-se diretamente relacionada com o ajuste que precisa ser realizado para a correta trajetória da luz por todo o sistema óptico, principalmente entre a fonte de luz e as objetivas. Portanto, focalizar nada mais é do que encontrar a distância de trabalho, ou seja, a distância entre a lente objetiva e a superfície da lâmina, quando a amostra está em foco (ver capítulo 1). Esse ajuste permite a correta formação da imagem, o que evita aberrações ópticas e garante maior resolução e nitidez.
IMPORTANTE: Após realizar a focalização em menor aumento, não mexer no parafuso macrométrico em momento algum.

Focalize a amostra em **MÉDIO** e **GRANDE AUMENTOS**:

1. Gire o revólver e mude para a objetiva de médio aumento.
2. Acerte o foco com o parafuso micrométrico.
3. Observe diferentes campos microscópicos a partir da movimentação dos parafusos do charriot e, caso necessário, ajuste o foco em qualquer momento com o parafuso micrométrico.
4. Selecione uma determinada área do material, centralize-a no campo e encaixe a objetiva de maior aumento. Faça o ajuste da focalização, utilizando somente o parafuso micrométrico.
IMPORTANTE: Se a imagem estiver muito distante do foco, recomenda-se recomeçar a focalização com a objetiva de menor aumento. Ao mudar a lâmina, iniciar novamente a focalização com a objetiva de menor aumento, seguindo todo o procedimento descrito. As lentes objetivas nunca devem tocar a lâmina.

Desligue o microscópio:

1. Diminua a intensidade luminosa girando o parafuso correspondente até o zero.

2. Gire o revólver até encaixar a objetiva de menor aumento.
3. Abaixe a platina até o limite máximo.
4. Retire a lâmina do charriot.
5. Desligue a fonte no botão liga/desliga.
6. Retire o fio da tomada.
7. Cubra o microscópio para protegê-lo da poeira.
8. Guarde a lâmina em caixa apropriada.

Obs.: Desligar corretamente o microscópio é tão importante quanto ligá-lo. Após o uso do microscópio, o procedimento correto otimiza a utilização para o próximo operador, além de garantir vida útil mais longa ao equipamento. Caso necessário mudar o microscópio de lugar, nunca o arraste, pois pode causar danos nas partes mecânicas e ópticas. O transporte deverá ser feito com cuidado, segurando-se a base do microscópio com uma das mãos e o braço do mesmo com a outra mão. Durante o manuseio do microscópio, nunca force os parafusos de ajuste ou qualquer outra parte do microscópio. Caso encontre algum problema, solicite assistência. Para limpeza das lentes, ver as recomendações no capítulo 1.

Questões para treinamento

1. Como é calculado o aumento da amostra? Por que o cálculo é feito dessa maneira?
2. O que define o limite de resolução no microscópio de luz?
3. Se é dito que o valor do limite de resolução de um microscópio é alto, o que é possível inferir sobre sua qualidade? Justifique.
4. Qual é a função do condensador?
5. Como é feita a limpeza correta das lentes de um microscópio?

PRÁTICA 2

Reconhecimento de células e de suas características de basofilia e acidofilia

As células são compostas por diferentes moléculas com natureza química ácida ou básica, as quais se distribuem de forma diferencial, ou seja, ocorre predominância ou acúmulo dessas moléculas em determinados componentes celulares. O núcleo, por exemplo, tem natureza ácida por causa dos grupamentos ácidos dos ácidos nucleicos. A observação das células e dos tecidos ao microscópio de luz requer, de maneira geral, a coloração das amostras. Conforme discutido no capítulo 4, as técnicas de coloração de rotina associam o caráter ácido ou básico do corante ao das células/tecidos a serem analisados. Pela afinidade ácido-base, corantes ácidos ligam-se a moléculas de natureza básica (acidófilas), enquanto corantes básicos ligam-se a moléculas de natureza ácida (basófilas).

Objetivos

» Identificar células e seus componentes principais (núcleo, nucléolo e citoplasma).
» Estudar as características de acidofilia e basofilia celulares.
» Reconhecer a presença e distribuição de diferentes células no contexto de um tecido.

Modelo de estudo A: corte de fígado

Coloração: hematoxilina – eosina (HE).
Hematoxilina: corante básico (cor arroxeada).
Eosina: corante ácido (cor rósea).
Obs.: HE é a coloração mais usada em cortes histológicos.

Em **PEQUENO AUMENTO**, observe no campo microscópico uma "massa" de cor rosa com "pontos" azuis e espaços claros. Nesse aumento, não é possível observar detalhes das células. Os espaços claros correspondem ao lúmen (luz) de vasos sanguíneos.

Em **MÉDIO AUMENTO**, observe as células que estão em maior número no corte. São as células hepáticas, também chamadas de hepatócitos. Observe a organização dessas células em fileiras ou cordões.

Em **GRANDE AUMENTO**, identifique a morfologia dos hepatócitos:

» **Núcleo**: arredondado, corado pela hematoxilina, corante básico e, portanto, basófilo, devido à presença de ácidos nucleicos (DNA e RNA). O hepatócito pode apresentar um ou dois núcleos.
» **Nucléolo**: estrutura arredondada basófila, bem definida no interior do núcleo. Um ou dois nucléolos podem ser observados por núcleo. A basofilia é proporcionada pelo RNA.
» **Citoplasma**: cora-se pela eosina, corante ácido. Sua acidofilia é devido à predominância de proteínas básicas.
» **Limite celular**: não é visível, pois a dimensão da membrana plasmática encontra-se abaixo do limite de resolução do microscópio de luz. No entanto, considerando-se a posição do núcleo, pode-se determinar arbitrariamente o limite celular para os hepatócitos.

Em **GRANDE AUMENTO**, reconheça a presença de outros tipos celulares:

» **Células edoteliais de capilares sinusoides**: células observadas nas laterais das fileiras de hepatócitos, com núcleo alongado, muito corado pela hematoxilina (fortemente basófilo) e citoplasma bem delgado (quase imperceptível). Note como os núcleos diferem morfologicamente dos núcleos dos hepatócitos.
» **Células dentro dos vasos sanguíneos**: em alguns cortes, o lúmen (área clara central) mostra células sanguíneas, principalmente hemácias que aparecem coradas em rosa pela eosina (acidófilas). Note que as hemácias são anucleadas.
Obs.: Outras células como as do tecido conjuntivo não precisam ser identificadas nessa prática.

Modelo de estudo B: corte de pele espessa

Coloração: tricrômico de Mallory. Este é constituído por 3 corantes:
Fucsina ácida: corante ácido (cor magenta/rosa intenso)
Azul de anilina: corante ácido (cor azul)
Orange G: corante ácido (cor laranja)

Em **PEQUENO AUMENTO**, observe três regiões (faixas) com aspectos distintos devido à distribuição de diferentes tipos celulares e material intercelular.

Em **MÉDIO** e **GRANDE AUMENTOS**, identifique a distribuição das células:

» **Faixa mais externa**: camada espessa de células mortas, portanto sem núcleo, fortemente corada em rosa intenso (acidófila) pela fucsina ácida, devido à presença de queratina (proteína básica). Note descamação das células queratinizadas em algumas áreas.

» **Faixa intermediária**: camada com numerosas células dispostas muito próximas entre si, com citoplasmas corados em rosa escuro (acidófilos) pela fucsina ácida, devido à presença de queratina que está sendo produzida e acumulada na célula. Núcleos de diferentes formatos e tamanhos são observados. Eles podem aparecer pouco corados ou corados em rosa em decorrência da afinidade de proteínas histonas pela fucsina.
» **Faixa mais interna (conjuntivo)**: camada com células muito separadas por material fibroso (matriz extracelular) fortemente corado em azul pelo azul de anilina, corante ácido. A acidofilia é devido principalmente às fibras colágenas que têm grande afinidade por esse corante.

Obs.: No tecido conjuntivo podem sem observados vasos sanguíneos contendo hemácias coradas em laranja pelo orange G (acidófilas).

QUESTÕES PARA TREINAMENTO

1. Faça um desenho esquemático, em folha separada, das estruturas celulares/teciduais observadas nos modelos de estudo.
2. Por que é importante associar corantes ácidos e básicos para a coloração de amostras?
3. Observando o corte de fígado corado por hematoxilina-eosina, o que é possível inferir sobre a natureza química do núcleo e do citoplasma?
4. No corte de pele, por que a faixa externa apresenta acidofilia mais intensa em comparação com a faixa intermediária?
5. Por que as células da faixa intermediária encontram-se muito próximas entre si?

PRÁTICA 3

Reconhecimento da matriz extracelular

Em organismos multicelulares, as células se organizam em grupos para formar os tecidos. Além disso, as células são capazes de produzir e liberar para o meio circundante várias classes de macromoléculas, importantes para manter coesão, arquitetura, função e dinâmica de estruturas multicelulares. O material secretado localmente pelas células é denominado matriz extracelular, a qual é composta por macromoléculas de natureza proteica, como o colágeno e a elastina, e cadeias de polissacarídeos como os glicosaminoglicanos e proteoglicanos. Existe grande variação na quantidade e na composição química da matriz, assim como na maneira como ela se organiza, o que gera a diversidade de tecidos existentes. A matriz extracelular também pode ser corada com colorações baseadas em afinidade ácido-base. Portanto, em preparações de rotina, a matriz aparece acidófila ou basófila dependendo da natureza do componente químico predominante.

Objetivos

» Identificar grupos de células embebidos na matriz extracelular.
» Reconhecer o aspecto da matriz extracelular.
» Estudar as características de basofilia/acidofilia da matriz.

Modelo de estudo A: corte de cartilagem hialina (traqueia)

Coloração: hematoxilina – eosina (HE).
Hematoxilina: corante básico (cor arroxeada).
Eosina: corante ácido (cor rósea).
Em **PEQUENO AUMENTO**, observe:

» **Banda central (cartilagem)**: região mais espessa, corada predominantemente em azul/roxo pela hematoxilina (basófila).
» **Bandas laterais (tecidos vizinhos)**: regiões mais estreitas coradas predominantemente em rosa pela eosina (acidófilas). Compare a coloração da banda central com a dos tecidos vizinhos.

Em **MÉDIO AUMENTO**, observe:

» **Na banda central (cartilagem)**: grande número de células arredondadas e, entre estas, grande quantidade de matriz extracelular basófila, devido à predominância de moléculas básicas (glicosaminoglicanos e proteoglicanos) e pouco colágeno. A matriz extracelular tem aspecto amorfo, como um gel.
» **Na bandas laterais (duas regiões mais estreitas chamadas de pericôndrio, as quais revestem a cartilagem e que se encontram em contato com ela)**: células de tamanho bem menor do que o das observadas na banda central e matriz extracelular mais estruturada (fibrosa) e acidófila, devido à predominância de colágeno que tem natureza básica.

Focalize na banda central em **GRANDE AUMENTO** e identifique:

» **Células cartilaginosas**: células arredondadas ou elípticas, observadas isoladas ou em grupos, embebidas na matriz. Cada célula apresenta núcleo basófilo e citoplasma pouco corado. Um pequeno espaço pode ser notado entre as células e a matriz devido à retração do tecido durante a preparação da amostra.
» **Matriz extracelular**: note o seu aspecto amorfo e basófilo. Observe que a basofilia é mais intensa ao redor das células cartilaginosas devido ao acúmulo de matriz recém-secretada.

Focalize na banda lateral em **GRANDE AUMENTO** e identifique:

» **Células produtoras de colágeno**: representadas por núcleos diminutos e geralmente alongados.
» **Matriz extracelular**: note o seu aspecto fibroso e acidófilo, devido à riqueza de fibras colágenas.

QUESTÕES PARA TREINAMENTO

1. Faça um desenho esquemático, em folha separada, das estruturas celulares/teciduais observadas no modelo de estudo.
2. Por que a matriz extracelular apresenta coloração diferenciada nas regiões observadas?
3. Por que a matriz extracelular da cartilagem hialina tem predominância de material tipo gel e pouco colágeno?
4. Por que a matriz extracelular das bordas de revestimento da cartilagem hialina tem predominância de fibras colágenas?
5. Qual a principal diferença entre proteoglicanos e glicoproteínas?

PRÁTICA 4

Aplicação de técnicas citoquímicas para identificação de compostos químicos celulares ao microscópio de luz

As células e tecidos podem ser corados com técnicas denominadas citoquímicas/histoquímicas. Diferentes das preparações com colorações de rotina baseadas em afinidade ácido-base, as quais mostram um panorama geral das estruturas celulares e teciduais, as técnicas citoquímicas/histoquímicas detectam compostos químicos específicos presentes nas células/tecidos. Várias substâncias podem ser demonstradas como carboidratos, proteínas e DNA. Essas técnicas se baseiam em reações químicas entre um determinado composto e os reagentes utilizados no procedimento de coloração, o que resulta em um produto visível, indicativo da presença do composto (ver capítulo 5). Portanto, em uma amostra preparada com técnica citoquímica/histoquímica, pode-se observar o local da célula ou do tecido aonde se encontra o composto.

Objetivos

» Identificar a presença e localização de compostos químicos evidenciados por técnicas citoquímicas/histoquímicas.
» Identificar a distribuição diferenciada de componentes químicos dentro de uma mesma célula.
» Reconhecer a diferença entre técnicas de coloração citológica/histológica e técnicas citoquímicas/histoquímicas.

Modelo de estudo A: demonstração de glicogênio em hepatócitos

Técnica citoquímica: PAS (ácido periódico- reativo de Schiff)
Mecanismo da reação: ver capítulo 5.

Em **PEQUENO AUMENTO**, observe no campo microscópico uma "massa" de cor vermelha, que indica positividade do tecido para reação de PAS. Neste aumento, não é possível observar mais detalhes das células.

Em **MÉDIO AUMENTO**, note que existem áreas claras no tecido. Estas correspondem a estruturas celulares/teciduais que não apresentaram positividade para a reação citoquímica e, desta forma, não estão evidenciadas. Espaços não corados (maiores e de diferentes formatos) também podem representar lúmen (luz) de vasos sanguíneos.

Em **GRANDE AUMENTO**, identifique:

» **Grânulos de glicogênio**: corados em vermelho pelo PAS. Note a riqueza e distribuição dos grânulos pelo citoplasma dos hepatócitos. Somente os grânulos foram corados.
» **Núcleo dos hepatócitos**: arredondados, aparecendo em imagem negativa na região central do citoplasma dos hepatócitos (recorde a lâmina corada com HE, para identificação da morfologia e disposição dos hepatócitos no fígado).
Obs.: Em algumas lâminas, os grânulos podem aparecer concentrados em um lado da célula. Esse aspecto não é encontrado *in vivo*, ou seja, é decorrente de um artefato da técnica, como consequência da difusão do fixador que, ao penetrar no tecido, deslocou os grânulos.
» Após a aplicação da técnica citoquímica, pode ser feita uma coloração com técnica histológica de rotina, por exemplo com hematoxilina, para facilitar a observação. Esse procedimento é chamado contra-coloração. No caso, além da detecção do PAS no citoplasma, os núcleos também são corados.

Modelo de estudo B: demonstração de DNA em hepatócitos

Técnica citoquímica: Feulgen
Mecanismo da reação: ver capitulo 5

Em **PEQUENO AUMENTO**, observe a presença de inúmeros "pontos" arredondados, espaçados entre si e corados em púrpura/lilás, que indicam a presença de DNA no tecido hepático. Estas estruturas coradas representam o núcleo dos hepatócitos que contêm DNA e são positivos para a técnica citoquímica de Feulgen.

Em **MÉDIO** e **GRANDE AUMENTOS**, identifique:

» **Núcleos dos hepatócitos:** somente estas organelas se mostram coradas em púrpura/lilás pelo Feulgen, indicando a presença de DNA.
  Obs.: Esta técnica é muito precisa e permite medir a concentração e quantidade de DNA nuclear, com auxílio de um fotômetro (equipamento que consegue identificar e avaliar a quantidade de determinado espectro de cor em um tecido) ou por meio de imagens analisadas com *softwares* específicos.
» A técnica de Feulgen pode ser associada com contracoloração para o citoplasma, como, por exemplo, uso de corante ácido que cora o citoplasma (ver Figura 5.3, capítulo 5).

QUESTÕES PARA TREINAMENTO

1. Faça um desenho esquemático, em folha separada, das estruturas celulares observadas nos modelos de estudo.
2. Qual a diferença entre uma técnica citológica/histológica e uma técnica citoquímica/histoquímica?
3. Como é observada, ao microscópio de luz, uma reação citoquímica positiva?
4. O que aconteceria se antes da reação com o PAS, os cortes de fígado fossem tratados com a enzima amilase?
5. Note que foi utilizado o mesmo tipo celular (hepatócito) para a demonstração de dois compostos químicos distintos. Os hepatócitos também já foram estudados na prática 2 com HE. Cite as principais diferenças, em termos de informação, obtidas com as três preparações de hepatócitos (PAS, Feulgen e HE).

PRÁTICA 5

Estudo da membrana plasmática em eletromicrografias

Todas as células são envolvidas pela membrana plasmática que funciona como barreira seletiva e confere propriedades fundamentais à célula. A membrana plasmática é invisível ao microscópio de luz, pois possui dimensões (cerca de 7-10 nm) abaixo do limite de resolução desse microscópio (200 nm). Portanto, as características morfológicas da membrana plasmática são vistas apenas em alta resolução por microscopia eletrônica. Ao MEV, detalhes como rugosidades, dobras e processos celulares são observados em três dimensões. Ao MET, a membrana plasmática, assim como todas as membranas que revestem organelas e vesículas, apresentam aspecto típico (uma camada elétron-lúcida, ladeada por duas camadas elétron-densas). Portanto, as membranas biológicas são classicamente identificadas em cortes ultrafinos por seu aspecto "trilaminar".

Objetivos

» Reconhecer o aspecto ultraestrutural da membrana plasmática ao MET.
» Identificar as características morfológicas da superfície celular ao MET e MEV.
» Identificar modificações estruturais da membrana plasmática: estruturas juncionais.

Modelo de estudo: eletromicrografias obtidas ao MET e MEV*

Nas eletromicrografias selecionadas (microscopia virtual) e, a partir das informações descritas no capítulo 6, identifique a membrana plasmática e reconheça suas características morfológicas e diferenciações ao MEV e MET.
Conjunto de eletromicrografias sugerido:

» **5.1 Superfície de hemácia humana (MET):** reconheça o aspecto trilaminar (duas lâminas elétron-densas separadas por uma lâmina elétron-lúcida) da membrana plasmática visto em corte ultrafino.
» **5.2 Parte do citoplasma de um leucócito humano (MET):** Em maior zoom (microscopia virtual), compare a ultraestrutura da membrana plasmática com a da membrana que reveste os grânulos de secreção (Gr) e vesículas presentes no citoplasma. O aspecto trilaminar visto ao MET permite a identificação universal da bicamada lipídica que constitui as membranas biológicas.
» **5.3 Eosinófilo preparado com técnica citoquímica (atividade esterase) para evidenciar a membrana plasmática (MET):** observe a superfície celular preguedada e fortemente elétron-densa.
» **5.4 Eosinófilo humano isolado do sangue periférico e preparado com técnica imunocitoquímica (MET):** observe partículas elétron-densas localizadas na superfície celular. Esta técnica de imunomarcação ultraestrutural (*immunogold*) utiliza anticorpos conjugados com partículas de ouro (ver capítulo 5). No caso, foi detectada a proteína CD9 que se localiza principalmente na membrana plasmática dessa célula. Assim, áreas específicas da membrana que apresentam positividade para CD9 mostram-se marcadas. Note o núcleo (N) multiforme do eosinófilo.
» **5.5 Linfonodo (MEV):** Compare a superfície de diferentes tipos celulares presentes neste órgão. Enquanto as hemácias (H) apresentam superfície lisa, o leucócito (L) e os mastócitos (M) possuem superfície rugosa.
» **5.6 Macrófagos (MEV):** observe o aspecto tridimensional da superfície destas células mostrando dobras, rugosidades e projeções celulares.
» **5.7 Macrófago (MET):** observe o aspecto bidimensional das projeções vistas na superfície desta célula em corte ultrafino.
» **5.8 Epitélio intestinal humano (MET):** identifique as microvilosidades na superfície apical das células epiteliais. Em maior zoom (microscopia virtual) nessa região, note a grande extensão da área da membrana plasmática e o glicocálice evidente. Este aparece como um material elétron-denso e amorfo recobrindo as microvilosidades. O limite entre as células (perfil parcial de sete células) pode ser nitidamente observado.
» **5.9 Epitélio intestinal de rato (MET):** microvilosidades são vistas na superfície apical das células. Observe a presença de zônula oclusiva (seta) e desmossomo (cabeça de seta) na área de junção de duas células epiteliais. A membrana plasmática mostra-se mais elétron-densa na região dos complexos juncionais.
» **5.10 Vista panorâmica do tecido muscular cardíaco (MET):** observe a ultraestrutura típica das células musculares estriadas cardíacas (cardiomiócitos). Reconheça os limites de dois cardiomiócitos vizinhos e observe áreas onde as membranas plasmáticas encontram-se mais espessadas e elétron-densas. São estruturas juncionais vistas em menor aumento.
» **5.11 Tecido muscular cardíaco (MET):** reconheça os desmossomos (cabeças de seta). Observe que cada desmossomo é formado por espessamentos (áreas elétron-densas que correspondem às placas proteicas) da membrana plasmática de dois cardiomiócitos vizinhos. Identifique o espaço intercelular na região dos desmossomos.

---

*   A partir desta prática, será inserido o QRcode para acesso online às imagens de microscopia eletrônica.

» **5.12 Ultraestrutura de uma junção comunicante (MET):** identifique o aspecto pentalaminar típico desta junção (destacado em rosa). Este se deve ao fato das duas unidades de membrana estarem muito próximas. Desta forma, as lâminas elétron-densas voltadas para o espaço intercelular aparecerem como uma única banda.

» **5.13 Criofratura de complexos juncionais (zônulas oclusivas) em células de Sertoli:** observe as "linhas" com partículas proteicas representando os pontos de fusão entre duas células de Sertoli vizinhas.

Questões para treinamento

1. Com base no estudo das eletromicrografias, faça um desenho esquemático em folha à parte, de uma microvilosidade em corte longitudinal e transversal, ressaltando a estrutura trilaminar da membrana plasmática e a localização do glicocálice. Qual o papel das microvilosidades?
2. Considerando que as membranas biológicas são formadas por uma bicamada lipídica, por que elas se apresentam como estruturas trilaminares quando observadas ao MET?
3. O que significa o termo unidade de membrana ou membrana unitária? E o termo *en face*, quando aplicado a membranas?
4. A que se deve a diferença na ultraestrutura da superfície celular entre hemácias e leucócitos?
5. Por que as junções comunicantes são vistas ao MET com aspecto pentalaminar?

PRÁTICA 6

Observação da endocitose

A endocitose é o processo por meio do qual as células internalizam materiais como fluidos, partículas, macromoléculas, microrganismos e até outras células. A endocitose tem início quando o material entra em contato com a membrana plasmática e depois é englobado por esta, ficando confinado no interior de vesículas delimitadas por membrana, chamadas vesículas endocíticas. Ocorrem, portanto, modificações morfológicas na superfície celular que podem ser visualizadas principalmente ao MET. A endocitose envolve dois processos básicos, classificados com relação ao tipo de material internalizado: a fagocitose (endocitose de partículas sólidas) e a pinocitose (endocitose de fluidos). A maioria das células eucarióticas realizam a pinocitose enquanto a fagocitose ocorre em alguns tipos celulares como os macrófagos.

Objetivos

» Reconhecer, ao microscópio de luz, macrófagos com material internalizado no citoplasma.
» Identificar as características ultraestruturais de células em diferentes processos de endocitose.
» Reconhecer o aspecto ultraestrutural de vesículas endocíticas.

Modelo de estudo A: corte de fígado

Coloração: vital (quando o corante é introduzido no organismo vivo e incorporado por tipos celulares específicos – ver capítulo 7).

Contracoloração: azul de toluidina ou fucsina (coloração de fundo realizada após coleta da amostra para facilitar a observação).

Em **PEQUENO** e **MÉDIO AUMENTOS**, observe no campo microscópico uma "massa" de células (hepatócitos) coradas em tons azulados ou avermelhados (dependendo da contracoloração usada) e a presença de "manchas" escuras ao longo da secção. Essas manchas correspondem ao grande número de macrófagos, os quais endocitaram partículas do corante de cor preta. Nesses aumentos não é possível individualizar os macrófagos.

Selecione uma região com macrófagos e, em **GRANDE AUMENTO**, observe:

» **Citoplasma dos macrófagos**: repleto de partículas do corante (pontos escuros) que foram endocitadas e se acumularam no citoplasma. O corante encontra-se dentro de vesículas endocíticas envoltas por membrana que não são visualizadas ao microscópio de luz.

» **Forma dos macrófagos**: a grande habilidade dos macrófagos em realizarem o processo de endocitose leva ao preenchimento do citoplasma com vesículas que contêm o corante e, por isso, é possível observar o formato alongado ou irregular da célula. Note que alguns macrófagos endocitaram mais partículas do corante que outros.

» **Núcleo dos macrófagos**: basófilo, ovalado e corado em azul pelo corante azul de toluidina (quando este é usado na contracoloração). O núcleo é pouco evidente na maioria das células em virtude do acúmulo das partículas do corante que dificulta a visualização.

» **Número e localização dos macrófagos**: note o grande número de macrófagos marcados, o que demonstra a presença acentuada dessas células no fígado. São macrófagos residentes que recebem nome especial (células de Kupffer). Observe a localização dos macrófagos na parede dos capilares sanguíneos (sinusoides), os quais são vistos como pequenos espaços entre os hepatócitos.

Modelo de estudo B: eletromicrografias de células em processo de endocitose

Nas eletromicrografias selecionadas (microscopia virtual) e, a partir das informações descritas no capítulo 7, estude as características morfológicas do processo de endocitose.

Conjunto de eletromicrografias sugerido:

» **6.1 Leucócito (eosinófilo) em processo de fagocitose (MET):** observe a formação de um pseudópode (seta) englobando material na superfície celular. N, núcleo.

» **6.2 Macrófago mostrando material fagocitado no citoplasma (MET):** identifique uma grande vesícula endocítica (fagossomo, delimitado em verde) com material em degradação. Esse fagossomo apresenta formato irregular e conteúdo heterogêneo com elétron-densidade distinta. Note a grande quantidade de projeções na superfície celular, típicas de macrófago, as quais aparecem com aspecto "rendado" em corte ultrafino. N, núcleo.

» **6.3 Leucócito (neutrófilo) com patógeno fagocitado (MET):** identifique no citoplasma, a presença de fagossomos (marcados em verde) com micobactérias da tuberculose recém-fagocitadas (*). Observe o núcleo (N) multiforme desta célula.

» **6.4 Pele humana de paciente infectado com hanseníase (MET):** observe macrófago mostrando vários fagossomos com micobactérias (*Mycobacterium leprae*) em diferentes estágios de degradação (*). N, núcleo.

» **6.5 Macrófago contendo parasitos fagocitados (MET):** identifique no citoplasma, formas amastigotas do parasito *Trypanosoma cruzi* íntegras e em diferentes estágios de degradação no interior de um fagossomo (delimitado em verde). Note a presença de numerosos corpúsculos lipídicos (CL) no citoplasma. N, Núcleo.

» **6.6 Ultraestrutura de fagolisossomos (MET):** reconheça a ultraestrutura de vacúolos grandes no citoplasma. Eles apresentam diferentes formas, conteúdo muito heterogêneo e elétron-densidades distintas. São fagossomos (delimitados em verde) que se fundiram com lisossomos e que contêm materiais em processo avançado de degradação, recebendo, por esta razão, o nome de fagolisossomos ou vacúolos digestivos.

» **6.7 Processo de endocitose dependente de clatrina (MET):** Identifique na superfície celular a formação de vesículas endocíticas (destacadas em lilás) revestidas pela proteína clatrina. É possível observar a presença de clatrina ao MET, pois ela tem aspecto típico: aparece como pequenos filamentos (aspecto de "cerdas") em cortes ultrafinos. Em maior zoom (microscopia virtual), note esse aspecto. Várias vesículas completamente formadas, recobertas por clatrina, são vistas no citoplasma.

» **6.8 Subsuperfície de uma célula em processo de pinocitose (MET):** observe o aspecto tridimensional de uma vesícula recoberta por clatrina (destacada em amarelo) que forma uma malha penta ou hexagonal ao redor da vesícula endocítica. Esse material foi processado por técnica de réplica metálica, na qual a amostra é seccionada e coberta por fina camada de platina que cria um efeito diferencial de sombras (sombreamento metálico). Filamentos de actina, os quais participam no aprofundamento da vesícula no citoplasma são destacados em roxo.

» **6.9 Ultraestrutura de vesículas endocíticas (pinossomos) (MET):** observe vesículas arredondadas, já completamente formadas no citoplasma, logo abaixo da membrana plasmática. Em maior zoom (microscopia virtual), identifique também pequenas invaginações (cavéolas) na superfície celular. São locais da membrana plasmática onde se ligam as macromoléculas durante a pinocitose. Note que não aparecem imagens típicas de clatrina ao redor das vesículas, o que indica que essa célula está provavelmente realizando endocitose caveolar (independentemente de clatrina).

QUESTÕES PARA TREINAMENTO

1. Conforme mencionado, existe um grande número de macrófagos residentes no fígado. Qual o papel destas células nesse órgão?
2. Qual o processo de endocitose realizado pelos macrófagos ao engolfarem as gotículas de corante por coloração vital? Por que as vesículas que contêm o material endocitado pelos macrófagos não são observadas ao microscópio de luz?
3. Quais são as alterações morfológicas da superfície celular que levam à formação de fagossomos e pinossomos?
4. O que é um fagolisossomo?
5. Qual a diferença ultraestrutural entre um fagossomo e um vacúolo autofágico?

PRÁTICA 7

Observação de estruturas formadas por citoesqueleto

O citoesqueleto é um sistema de filamentos e túbulos proteicos presente em todas as células. Ele tem funções muito variadas e é essencial para que os eventos celulares ocorram adequadamente. O citoesqueleto organiza o citoplasma, serve de apoio para a membrana plasmática, facilita a endocitose e atua na forma, sustentação, movimentação e divisão celulares. Os elementos do citoesqueleto têm espessura na escala de nanômetros e, por isso, só podem ser observados ao microscópio eletrônico. No entanto, em células especializadas, como as células musculares estriadas, o citoesqueleto pode apresentar alto nível de organização, o que possibilita a observação de determinadas estruturas formadas por citoesqueleto ao microscópio de luz.

Objetivos

» Identificar, ao microscópio de luz, estruturas formadas por citoesqueleto (miofibrilas e cílios).
» Reconhecer o aspecto ultraestrutural de elementos do citoesqueleto ao MET.
» Identificar organelas e estruturas formadas por citoesqueleto (cílios, flagelos, centríolos, fuso mitótico) em eletromicrografias.

Modelo de estudo A: corte de músculo estriado esquelético

Coloração: hematoxilina-eosina (HE).
Hematoxilina: corante básico (cor arroxeada).
Eosina: corante ácido (cor rósea).

Em **PEQUENO AUMENTO**, observe "conjuntos" celulares de cor rosa com "pontos" azuis. As porções coradas em rosa correspondem aos citoplasmas das células musculares estriadas esqueléticas, também chamadas de fibras musculares ou miônios, e os pontos azuis são seus núcleos.

Em **MÉDIO AUMENTO**, observe:

» Células organizadas em feixes.
» Células cortadas transversal e longitudinalmente.
» Núcleos: elípticos, basófilos (corados em roxo pela hematoxilina) e localizados na periferia das células, próximos ao limite celular. Cada célula tem vários núcleos, ou seja, são células multinucleadas.

Selecione uma área seccionada longitudinalmente e, em **GRANDE AUMENTO**, observe:

» **Células alongadas**: note o formato e o tamanho das células. São células cilíndricas com grande comprimento.
» **Citoplasma**: acidófilo, corado em rosa pela eosina. A acidofilia citoplasmática é devida ao elevado teor de proteínas básicas do citoesqueleto arranjadas na forma de numerosas miofibrilas.
» **Estriações transversais**: são listras mais espessas coradas intensamente em rosa pela eosina. Esse aspecto em listras é decorrente dos feixes de miofibrilas, unidades contráteis, dispostas ao longo do citoplasma. Cada miofibrila, por sua vez, é constituída por filamentos do citoesqueleto (filamentos de actina e filamentos da proteína motora miosina) altamente organizados. As miofibrilas são mais facilmente observadas em cortes longitudinais.

Modelo de estudo B: corte de traqueia

Coloração: hematoxilina – eosina (HE).
Hematoxilina: corante básico (cor arroxeada).
Eosina: corante ácido (cor rósea).

Em **PEQUENO** e **MÉDIO AUMENTOS**, identifique a região com uma camada de células muito próximas, situada na parte mais periférica do corte. Note que o corte de traqueia já foi visto na prática de matriz extracelular (prática 3), com enfoque na região mais central do corte onde se encontra a cartilagem.

Focalize a camada de células no centro do campo e, em **GRANDE AUMENTO**, identifique:

- » **Células**: dispostas uma ao lado da outra.
- » **Cílios**: presentes na superfície apical da maioria das células. São células ciliadas do chamado epitélio respiratório. Note que uma mesma célula possui vários cílios.
- » **Núcleos das células ciliadas**: basófilos, corados em roxo pela hematoxilina. Note que os núcleos estão em várias alturas.
Obs.: Células não ciliadas, pouco coradas (células caliciformes) estão presentes em menor número na camada de células, mas não serão estudadas nesta prática.

Modelo de estudo C: eletromicrografias de estruturas formadas por citoesqueleto

Nas eletromicrografias selecionadas (microscopia virtual) e, a partir das informações descritas no capítulo 8, identifique o aspecto e a organização do citoesqueleto.

Conjunto de eletromicrografias sugerido:

- » **7.1 Células do epitélio da tuba uterina (MEV):** reconheça o aspecto tridimensional dos cílios na superfície celular. Note que as células ciliadas estão dispostas ao lado de células não ciliadas (secretoras).
- » **7.2 Células do epitélio respiratório (MET):** observe a presença de células secretoras e células ciliadas (destacadas em verde). Na superfície celular, note o aspecto bidimensional dos cílios em corte longitudinal e transversal. Repare no citoplasma apical das células, próximo à membrana plasmática, que os cílios nascem de pequenas estruturas (raiz dos cílios, cabeças de seta). São os corpúsculos basais. N, núcleo.
- » **7.3 Células do epitélio respiratório em corte transversal (MET):** em maior zoom (microscopia virtual), observe o interior dos cílios. Os elementos do citoesqueleto (microtúbulos) mostram uma organização bem definida em uma estrutura chamada axonema. Cada axonema tem nove pares de microtúbulos periféricos fundidos e um par central não fundido. Corpúsculos basais (cabeças de seta) são vistos na superfície apical.
- » **7.4 Espermatozoides humanos (MEV):** note o aspecto tridimensional do flagelo que se mostra como uma estrutura única e alongada.
- » **7.5 Espermatozoide humano em corte transversal (MET):** note a presença do axonema conforme visto no interior dos cílios.
- » **7.6 Parasitos em cultura (*Leishmania amazonensis*) (MEV e MET):** note o aspecto tridimensional (MEV) e bidimensional (MET, corte longitudinal) do flagelo, destacado em laranja. No interior deste, visto ao MET, observe em maior zoom (microscopia virtual), estruturas tubulares do citoesqueleto (microtúbulos). Alguns cortes transversais mostram o axonema. N, núcleo.
- » **7.7 Célula muscular estriada cardíaca infectada com o parasito *Trypanosoma cruzi* (MET):** observe vários axonemas (destacados em laranja). São cortes transversais do flagelo de formas tripomastigotas do parasito que penetraram nas células e passaram a se dividir. Repare, em maior zoom (microscopia virtual), que a estrutura do axonema é praticamente a mesma vista no interior do flagelo humano, do flagelo de Leishmania e dentro dos cílios, ou seja, os microtúbulos têm a mesma organização nessas estruturas, independentemente da espécie ou organismo. Note também a presença de inúmeras formas amastigotas do parasito (*).
- » **7.8 Célula mostrando centríolos em corte transversal no citoplasma (MET):** note a organização de cada centríolo (setas), com nove trincas de microtúbulos periféricos fundidos. Diferente do axonema, os centríolos não mostram microtúbulos no centro. Repare que cada centríolo é envolto por material amorfo denominado material pericentriolar que, em conjunto com os centríolos, constituem a organela denominada centrossomo. N, núcleo.
- » **7.9 Visão panorâmica de células musculares estriadas cardíacas (MET):** observe a presença de estruturas do citoesqueleto altamente organizadas. São as miofibrilas em corte longitudinal. Observe, no detalhe, a organização das

miofibrilas com filamentos de actina (finos) e miosina (espessos). Identifique as linhas Z (destacadas em vermelho). A região entre duas linhas Z é chamada de sarcômero. Observe as unidades repetitivas de sarcômeros ao longo das miofibrilas. N, núcleo.

» **7.10 Corte transversal de célula muscular estriada cardíaca (MET):** note, em maior zoom (microscopia virtual), o aspecto puntiforme dos filamentos de actina (pontos menores) e de miosina (pontos maiores). Observe também áreas do citoplasma somente com filamentos de actina (destacadas em rosa) e áreas com os dois tipos de filamentos, as quais correspondem a região de sobreposição dos mesmos (destacadas em amarelo).

» **7.11 Prolongamentos de um neurônio (terminações nervosas) em corte transversal (MET):** identifique os microtúbulos, vistos em corte transversal como túbulos ocos (destacados em rosa). Algumas terminações mostram vesículas sinápticas (verde) e mitocôndrias (azul).

» **7.12 Junção de duas células do epitélio intestinal (MET):** observe a presença de junção oclusiva (setas) e de desmossomos (cabeças de seta). Em maior zoom (microscopia virtual), note os filamentos intermediários, os quais aparecem com aspecto amorfo em micrografias e são vistos na porção citoplasmática em associação aos desmossomos. Note as microvilosidades na superfície das células.

» **7.13 Célula em divisão (MET):** observe o aspecto dos microtúbulos (setas) que compõem o fuso e se associam aos cromossomos.

» **7.14 Célula animal em fase final de mitose (MET):** identifique o anel contrátil formado por filamentos de actina e miosina (área de estrangulamento) para promover a divisão do citoplasma (citocinese).

Questões para treinamento

1. Com base no estudo das eletromicrografias, faça um desenho esquemático do cílio e do centríolo, em corte transversal, ressaltando a organização dos elementos do citoesqueleto.
2. Qual a importância do citoesqueleto para o tráfego intracelular de vesículas?
3. Qual as funções dos cílios em células da tuba uterina e do trato respiratório?
4. Por que os axônios apresentam grande número de microtúbulos?
5. Cílios e microvilosidades encontram-se na superfície apical de certas células. Como é possível diferenciá-los com base nos elementos do citoesqueleto?

PRÁTICA 8

Estudo de células especializadas em síntese e secreção

A célula produz grande diversidade de moléculas que são utilizadas para renovar suas membranas e manter suas funções. Os produtos sintetizados podem também ser enviados para fora da célula, onde irão compor a matriz extracelular ou servir como meio de comunicação com outras células. A célula, portanto, é apta a sintetizar e secretar e, para isso, determinadas organelas e estruturas celulares estabelecem interação complexa para que esses processos ocorram de forma eficiente. A síntese e a secreção celulares são observadas na maioria das células. No entanto, diversos tipos celulares são especializados nesses processos e possuem características químicas e morfológicas que refletem essa capacidade.

Objetivos

» Reconhecer, ao microscópio de luz, as características morfológicas de células secretoras.
» Identificar ao MET as estruturas e as organelas componentes da maquinaria de síntese e secreção.
» Correlacionar o tipo, quantidade e distribuição desses componentes com a função celular.

Modelo de estudo A: corte de intestino grosso

Técnica citoquímica: PAS (ácido periódico – reativo de Schiff).
Mecanismo da reação: ver capítulo 5.
Contracoloração: hematoxilina (cor arroxeada).
Reconheça **MACROSCOPICAMENTE**:

» Região voltada para a cavidade intestinal: face convexa do corte, com aspecto ondulado e cor mais avermelhada (ver Figura 5.2, capítulo 5).

Em **PEQUENO** e **MÉDIO AUMENTOS**, observe:

» **Superfície voltada para a cavidade intestinal**: apresenta inúmeras estruturas alongadas e tubulosas vistas mais facilmente em cortes longitudinais. São pequenas glândulas intestinais também chamadas de criptas intestinais.
» **Glândulas intestinais**: cada glândula tem a forma de um túbulo um pouco curvo. Observe atentamente um desses túbulos. Note que ele é revestido por células dispostas uma ao lado da outra e que a região central do túbulo apresenta um espaço bem estreito que corresponde ao lúmen (luz) da glândula. Este é tão estreito que, às vezes, sua observação se torna difícil. Note que, em determinadas regiões, as glândulas podem estar cortadas transversal ou obliquamente.
» **Células secretoras intestinais**: observe na camada de células que muitas delas têm formato diferenciado (arredondado) e estão intensamente coradas em vermelho. São células especializadas em síntese e secreção celular denominadas células caliciformes.

Focalize no revestimento das glândulas tubulosas e, em **GRANDE AUMENTO**, identifique:

» **Citoplasma das células caliciformes**: em forma de cálice (daí o nome), globoso, intensamente PAS-positivo (cor magenta) e voltado para o lúmen da glândula. Repare que a coloração do citoplasma não é completamente homogênea, mas aparece um pouco "vacuolada". Esse aspecto reflete a coloração das numerosas vesículas (grânulos) que se acumulam no citoplasma e que contêm o produto que será secretado (muco). As vesículas não são visíveis ao microscópio de luz. Note que o muco não se cora com HE e, por isso, as células caliciformes aparecem com citoplasma muito claro em preparações com essa coloração.
» **Núcleo das células caliciformes**: muito corado em roxo pela hematoxilina e localizado na região basal da célula. Note que o núcleo, por sua sua localização e tamanho pequeno, não é prontamente identificado.
» **Lúmen das glândulas tubulosas**: observe atentamente essa região estreita e note que a coloração avermelhada observada no citoplasma das células caliciformes pode ser vista também no interior do lúmen. É o produto anteriormente armazenado no citoplasma e que foi liberado na superfície da célula.
» **Células cilíndricas**: note, entre as células caliciformes, a presença de células com citoplasmas não corados pelo AB, e núcleos corados pela hematoxilina. Cada núcleo corresponde a uma célula.

Modelo de estudo B: corte de intestino grosso

Técnica citoquímica: Alcien blue (AB).
Mecanismo da reação: ver capítulo 5.
Contracoloração: hematoxilina (cor arroxeada).
Reconheça **MACROSCOPICAMENTE**:

» Região voltada para a cavidade intestinal: face convexa do corte, com aspecto ondulado e cor mais azulada (ver Figura 5.2). Em **PEQUENO** e **MÉDIO AUMENTOS**, observe os mesmos elementos já descritos para a lâmina de PAS:

» Superfície voltada para a cavidade intestinal.
» Glândulas intestinais.
» **Células secretoras intestinais**: ao observar a camada de células que reveste as glândulas intestinais, note que as células globosas (células caliciformes) estão intensamente coradas em azul claro.

Focalize no revestimento das glândulas tubulosas e, em **GRANDE AUMENTO**, identifique:

» **Citoplasma das células caliciformes**: em forma de cálice (daí o nome), globoso, intensamente AB-positivo e voltado para o lúmen da glândula. Repare que, assim como observado para o PAS, a coloração do citoplasma não é completamente homogênea, mas aparece um pouco "vacuolado", conforme explicado anteriormente.
» **Núcleo das células caliciformes**: corado em roxo pela hematoxilina e localizado na região basal da célula. Note que o núcleo, por causa da sua localização e pequeno tamanho, não é facilmente identificado.
» **Lúmen das glândulas tubulosas**: observe atentamente essa região estreita e note que a coloração azul-clara observada no citoplasma das células caliciformes pode ser vista também no interior do lúmen. É o produto anteriormente armazenado no citoplasma e que foi liberado na superfície da célula.
» **Células cilíndricas**: note entre as células caliciformes, a presença de células com citoplasmas não corados pelo AB, e núcleos corados pela hematoxilina. Cada núcleo corresponde a uma célula.

Modelo de estudo C: corte de pâncreas

Coloração: hematoxilina-eosina.
Hematoxilina: corante básico (cor arroxeada).
Eosina: corante ácido (cor rósea).
Em **PEQUENO AUMENTO**, observe:

» **Aspecto tecidual**: a maior parte do pâncreas é formada por conjuntos arredondados de células secretoras chamados ácinos pancreáticos. Em algumas regiões observam-se "massas" arredondadas com coloração mais clara, que constituem as ilhotas de Langerhans (glândulas endócrinas). Estas não serão objeto de estudo nesta prática.

Em **MÉDIO AUMENTO**, observe na região de ácinos pancreáticos:

» **Organização dos ácinos**: observe que cada ácino é formado por várias células secretoras, unidas umas às outras. Note que a região periférica basal do ácino aparece como uma faixa mais escura, fortemente basófila, corada pela hematoxina em roxo e o restante do ácino mostra-se acidófilo, corado em rosa. Essa diferença de coloração é devida às características das células que compõem os ácinos.

Em **GRANDE AUMENTO**, observe:

» **Forma das células acinosas**: são piramidais. A célula acinosa possui base larga voltada para os capilares e ápice estreito voltado para o lume, onde são secretadas as proteínas.
» **Núcleo das células acinosas**: esféricos, com nucléolo evidente, localizados no terço médio da célula e corados em roxo pela hematoxilina.
» **Ergastoplasma**: região citoplasmática basófila, fortemente corada em roxo pela hematoxilina, localizada na região basal das células acinosas. Ao microscópio eletrônico, observa-se que o ergastoplasma corresponde à região com grande quantidade de cisternas de retículo endoplasmático rugoso (RER), o que justifica a basofilia proporcionada pelos ribossomos, ricos em RNA.
» **Grânulos de secreção**: note que a região apical das células acinosas é acidófila e tem aspecto granuloso fino. Essas granulações acidófilas são denominadas grãos de zimogênio. Eles são empacotados no complexo de Golgi e permanecem armazenados no ápice das células acinosas até o momento adequado de serem liberados no processo de secreção (exocitose). O complexo de Golgi não é visualizado nesta preparação.
Obs.: Em alguns ácinos é possível identificar a região central acidófila, mais clara, que corresponde à luz da glândula acinosa com o produto de secreção corado pela eosina. No entanto, a luz do ácino, por ser bem estreita, é de difícil visualização.

Modelo de estudo D: corte de epidídimo

Técnica: impregnação metálica (técnica de Aoyama).
Obs.: Não se trata propriamente de uma coloração, pois não há tingimento e sim precipitação de solução metálica sobre uma região da célula. No caso, ocorre depósito de metal sobre o Golgi. Dessa forma, a técnica permite visualizar locais da célula ricos em Golgi.
Contracoloração: verde-luz (corante ácido).
Em **PEQUENO AUMENTO**, observe:

» **Aspecto do epidídimo**: aparece cortado em diferentes planos. Como é um tubo longo e enovelado, mostra-se como estruturas circulares, alongadas ou com outras formas. Note que a maioria dessas estruturas têm um espaço claro central que corresponde ao lúmen do ducto epididimário. O epidídimo é um órgão do sistema reprodutor masculino onde ocorre maturação dos espermatozoides. No lúmen são armazenados os espermatozoides que, ao passarem pelo epidídimo, adquirem motilidade e capacidade de fertilização.

Focalize um corte do ducto em **MÉDIO AUMENTO** e observe:

» **A disposição das células epididimárias**: note o conjunto de células que delimita o lúmen do ducto. As células, uma ao lado da outra, mostram citoplasma acidófilo, corado em verde pelo verde-luz. As áreas escuras correspondem a locais onde ocorreu precipitação metálica, mais bem observados em grande aumento.
» **O aspecto do lúmen**: pode aparecer vazio ou preenchido parcialmente com conteúdo (produtos de secreção e espermatozoides).

Em **GRANDE AUMENTO**, identifique:

» **Complexo de Golgi**: na forma de filamentos enovelados corados em preto e localizados no citoplasma apical, na proximidade da luz do ducto. Cada Golgi corresponde a uma célula.
» **Citoplasma das células do ducto epididimário**: corado em verde pelo verde-luz.
» **Imagem negativa do núcleo das células epididimárias**: região arredondada e esbranquiçada, usada como referencial para se determinar a posição supranuclear do complexo de Golgi. Não é visualizada na maioria das células.
Obs.: As células epididimárias possuem aparelho de Golgi muito desenvolvido pelo fato de secretarem grande quantidade de glicoproteínas para o lúmen onde atuam na maturação dos espermatozoides. As funções de glicosilação e empacotamento das glicoproteínas são, portanto, muito acentuadas nessas células. Além disso, a célula reabsorve grande quantidade de líquidos vindos do testículo e, para isso, possui microvilosidades alongadas que recebem impropriamente o nome de estereocílios.

Modelo de estudo E: eletromicrografias de células especializadas em síntese e secreção

Nas eletromicrografias selecionadas (microscopia virtual) e, a partir das informações descritas no capítulo 9, identifique as características morfológicas ultraestruturais das organelas da maquinaria de síntese.

Conjunto de eletromicrografias sugerido:

» **8.1 Célula com grande número de ribossomos livres no citoplasma (MET)**: observe em maior zoom (microscopia virtual), o aspecto dos ribossomos, os quais são identificados como partículas muito pequenas e elétron-densas. N, núcleo.
» **8.2 Células com riqueza de RER no citoplasma (plasmócitos) (MET)**: note a ultraestrutura do RER que aparece distribuído em todo o citoplasma como túbulos interconectados com ribossomos aderidos na face externa. N, núcleo.
» **8.3 Monócito humano isolado do sangue periférico (MET)**: note a morfologia típica do complexo de Golgi (destacado em azul) mostrando cisternas empilhadas. Identifique as faces cis (convexa) e trans (côncava) do Golgi e a presença de pequenas vesículas arredondadas, envoltas por membrana. N, núcleo.
» **8.4 Parte do citoplasma de um macrófago ativado (MET)**: note vários complexos de Golgi (destacados em azul), além de núcleo (N) e nucléolo (*) volumosos.
» **8.5 Células caliciformes do intestino delgado (MET)**: observe o aspecto típico destas células em forma de cálice e citoplasma preenchido com grânulos de secreção (Gr) elétron-lúcidos. Uma das células encontra-se em processo de liberação de seu conteúdo (muco) na superfície intestinal. Note as outras células que ladeiam as células caliciformes. São células absortivas do intestino, com microvilosidades na superfície apical. Em maior zoom (microscopia virtual), identifique as junções entre as células.
» **8.6 Célula caliciforme intestinal (MET)**: observe os limites entre os grânulos de secreção (Gr) e seu aspecto ultraestrutural com elétron-densidades distintas. São grânulos em etapas diferentes de amadurecimento. O núcleo (N) ocupa a região basal da célula. Note em maior zoom (microscopia virtual), a presença de RER na região basal.
» **8.7 Células caliciformes do trato respiratório (MET)**: observe a presença de numerosos grânulos de secreção (Gr). Note parte de uma célula ciliada (destacada em amarelo) adjacente a uma das células caliciformes. A estrutura interna dos cílios (axonema) pode ser vista em cortes transversais.
» **8.8 Célula de Leydig (MET)**: observe o citoplasma com área extensa de REL, identificado como túbulos pequenos interconectados. Observe a presença de gotículas lipídicas, também chamadas de corpúsculos lipídicos (CL) e numerosas mitocôndrias (destacadas em verde) em meio ao REL.
» **8.9 Parte do citoplasma de célula de Leydig (MET)**: observe em detalhe o aspecto do REL, sem ribossomos aderidos. Uma mitocôndria (destacada em verde) é também observada.

» **8.10 Glândula acinosa (MET):** observe o plano de corte desta micrografia mostrando o citoplasma apical de várias células secretoras e o lúmen. Note a presença de grânulos elétron-densos e RER desenvolvido.
» **8.11 Célula acinosa do pâncreas (MET):** observe o formato piramidal da célula (delimitada em rosa). Esta apresenta base larga, núcleo (N) arredondado, nucléolo evidente (*) e grande quantidade de RER (ergastoplasma) distribuído na região basal. A região apical da célula é bem estreita. Note os grânulos secretores elétron-densos.

Questões para treinamento

1. Com base no estudo das eletromicrografias, faça um desenho esquemático, em folha separada, da célula acinosa do pâncreas, inserindo as organelas envolvidas na síntese e secreção (núcleo, RER, Golgi e grânulos de secreção) em posição correta no citoplasma. Por que esta célula apresenta grande quantidade de RER?
2. Em termos funcionais, o que poderia ser inferido quando se observa a ultraestrutura de uma célula com grande quantidade de ribossomos livres no citoplasma?
3. Nesta prática foram observadas células caliciformes que se localizam tanto no intestino como no trato respiratório. Qual a função destas células em órgãos distintos? Considerando que elas são marcadas tanto pelo PAS (após tratamento com amilase) como pelo AB, pH 2,5, qual o conteúdo de seus grânulos? Responda baseando-se no conhecimento sobre técnicas citoquímicas (capítulo 5).
4. Por que um macrófago ativado apresenta Golgi desenvolvido?
5. A que se deve a interação entre REL e mitocôndrias nas células de Leydig?

PRÁTICA 9
Estudo de mastócitos como células secretoras

Os mastócitos são células com funções muito variadas, com papel importante em processos fisiológicos e doenças. A característica mais marcante do mastócito é o grande número de grânulos secretores, os quais ocupam a maior parte do citoplasma. Portanto, o principal critério para identificação dessas células é a observação dos grânulos citoplasmáticos, os quais são facilmente visualizados ao microscópio de luz com o uso de determinados corantes. Uma característica interessante dos grânulos é a metacromasia quando corados com corantes catiônicos, como o azul de toluidina. Ao MET, os grânulos são muito elétron-densos em células maduras e, embora à primeira vista pareçam homogêneos e morfologicamente similares, eles são heterogêneos em composição e forma. A elétron-densidade dos grânulos varia com a fase de maturação e até mesmo com o estado funcional da célula. Um número expressivo de compostos encontra-se pré-formado (pronto para ser liberado) e armazenado nos grânulos como histamina e outras aminas biogênicas, enzimas (hidrolases, quimases e proteases), citocinas, mediadores lipídicos, fatores de crescimento, glicosaminoglicanos sulfatados e proteoglicanos. O conteúdo dos grânulos pode variar com o organismo e localização dos mastócitos. Por exemplo, o teor de serotonina é alto em mastócitos de roedores e baixo em mastócitos humanos. Em mastócitos do tecido conjuntivo, predominam glicosaminoglicanos do tipo heparina, enquanto em mastócitos da mucosa, o tipo principal de glicosaminoglicano é o sulfato de condroitina. Essas diferenças indicam que existem sub-populações de mastócitos. Já a histamina encontra-se presente em todos os subtipos de mastócitos. Quando apropriadamente ativados, os mastócitos sofrem desgranulação, ou seja, liberam seus conteúdos, o que resulta em diversas ações biológicas.

Objetivos

» Reconhecer mastócitos ao microscópio de luz.
» Identificar as características ultraestruturais de mastócitos ao MET.
» Reconhecer os aspectos morfológicos da desgranulação em mastócitos.

Modelo de estudo A: corte de linfonodo

Coloração: azul de toluidina (corante básico)
Em **PEQUENO AUMENTO**, observe:

» Aspecto do linfonodo: os linfonodos são pequenos órgãos linfoides dispostos no trajeto dos vasos linfáticos (vasos que conduzem a linfa, líquido recolhido dos tecidos e devolvido ao sangue). Observe agrupamentos de vários tipos celulares.

Em **MÉDIO AUMENTO**, observe :

» **Coloração das células**: note que a maioria das células mostram núcleo muito basófilo, enquanto outras têm citoplasma granuloso e avermelhado.
» **Linfócitos**: células menores, arredondadas, de diferentes tamanhos e núcleo muito basófilo.
» **Mastócitos**: células maiores e globosas com citoplasma granuloso e avermelhado ou vermelho-arroxeado. São frequentemente vistos na proximidade de vasos sanguíneos.
Obs.: Outros tipos celulares como os macrófagos estão presentes nos linfonodos, mas não serão objeto de estudo desta prática.
Focalize um mastócito em **GRANDE AUMENTO** e identifique:

» **Grânulos citoplasmáticos**: basófilos, mas aperecem corados intensamente em vermelho ou vermelho-arroxeado pelo azul de toluidina por causa da capacidade de metacromasia. Os grânulos são ditos metacromáticos. Recorde o conceito de metacromasia no capítulo 4.
» **Núcleo**: esférico, central e basófilo (corado em azul) mas nem sempre pode ser observado pelo grande número de grânulos citoplasmáticos ou porque o plano de corte não passou por ele.
» **Processo de desgranulação**: observe que, enquanto a maioria dos mastócitos estão íntegros, alguns desses mastócitos sofreram desranulação, com liberação de grânulos na matriz extracelular.

Modelo de estudo B: eletromicrografias de mastócitos

Nas eletromicrografias selecionadas (microscopia virtual), identifique as características morfológicas ultraestruturais dos mastócitos ao MEV e ao MET.
Conjunto de eletromicrografias sugerido:

» **9.1 Mastócito de linfonodo (MEV):** note, nesta imagem em três dimensões, o aspecto "granuloso" da superfície dos mastócitos (destacados em roxo) em virtude do acúmulo de grânulos de secreção no citoplasma. Um dos mastócitos mostra área de exocitose representada por abertura na superfície celular (seta) decorrente da fusão do grânulo com a membrana plasmática para liberação de conteúdo.
» **9.2 Mastócito maduro do tecido conjuntivo humano (MET):** observe o núcleo (N) central e arredondado e o citoplasma

repleto de grânulos altamente elétron-densos. Repare o aspecto das fibras colágenas (destacadas em rosa) na proximidade do mastócito. N, núcleo.

» **9.3 Mastócito maduro em cultura (MET):** observe a morfologia dos grânulos. Eles estão intactos, ou seja, não mostram evidências morfológicas de liberação de seus conteúdos. Esta célula é reconhecida como "não ativada" ou "em repouso". Note também o aspecto da superfície celular mostrando pequenas projeções (extensões da membrana plasmática, setas), as quais são características deste tipo celular. N, núcleo.

» **9.4 Mastócito humano em tecido conjuntivo inflamado (MET):** quando ativado, o mastócito é identificado ultraestruturalmente pela presença de grânulos elétron-lúcidos e heterogêneos. Este aspecto dos grânulos indica processo de esvaziamento de seus conteúdos. Observe também que o mastócito mostra-se em contato com outro tipo celular. Este tipo de interação célula-célula indica comunicação celular, importante para as respostas imunes. N, núcleo.

» **9.5 Mastócito imaturo (MET):** observe no citoplasma grânulos (Gr) com aspecto heterogêneo e com conteúdo em processo de condensação. Grânulos imaturos podem apresentar membranas lamelares no seu interior. Note em maior zoom (microscopia virtual) que o citoplasma é rico em ribossomos livres, uma característica de células indiferenciadas. N, núcleo.

» **9.6 Mastócito de pele humana em processo de exocitose (MET):** note a fusão dos grânulos entre si, formando câmaras com materiais de vários grânulos. A região mais periférica da câmara encontra-se fundida com a membrana plasmática para permitir a liberação do conteúdo dos grânulos. Esse processo de secreção é denominado exocitose composta (ver capítulo 9). Note também a presença de material secretado na superfície da célula. N, núcleo.

» **9.7 Mastócito intestinal de paciente com doença de Crohn (MET):** observe ocorrência de desgranulação por *piecemeal*, onde não há fusão dos grânulos entre si nem com a membrana plasmática. A liberação dos produtos é feita por transporte vesicular (ver capítulo 9). Repare que os grânulos (Gr) mostram diferentes graus de esvaziamento, mas mantêm suas membranas limitantes. N, núcleo.

» **9.8. Mastócito na proximidade de nervo (MET):** note um mastócito muito próximo de uma terminação nervosa (destacada em vermelho). Essa interação é frequente em diversos tecidos e indica a ocorrência de comunicação entre mastócitos e neurônios.

QUESTÕES PARA TREINAMENTO

1. Quais as principais características morfológicas de um mastócito maduro observado ao microscópio de luz e ao MET?
2. A que se deve a metacromasia dos grânulos de secreção dos mastócitos?
3. Qual a origem dos mastócitos?
4. O que significa o termo "mastócito ativado"?
5. De maneira geral, como é a ultraestrutura de um mastócito ativado e de um não ativado?

PRÁTICA 10

Estudo de eosinófilos como células secretoras

Os eosinófilos são células do sistema imune envolvidas em diversos processos fisiológicos e em respostas alérgicas e inflamatórias. Já é bem conhecida a participação dos eosinófilos em doenças alérgicas, como a asma, e em doenças infecciosas, como a esquistossomose, pois o número de eosinófilos mostra-se muito aumentado nessas doenças. Assim como os mastócitos, os eosinófilos desempenham suas funções por meio da liberação de inúmeros compostos armazenados em seus grânulos de secreção citoplasmáticos, denominados grânulos específicos ou cristalinos. As moléculas secretadas são mediadores imunes, ou seja, servem para comunicar com outras células e/ou produzir efeitos diretos no meio extracelular. Eosinófilos armazenam produtos pré-formados, como citocinas, fatores de crescimento, enzimas e várias proteínas catiônicas. Estas últimas, como a proteína básica principal, conferem extraordinária acidofilia ao citoplasma do eosinófilo, o que permite fácil visualização ao microscópio de luz. Os eosinófilos são também identificados prontamente ao MET porque apresentam grânulos específicos com morfologia única: eles têm um cristaloide central elétron-denso, envolto por uma matriz elétron-lúcida. Quando o eosinófilo é ativado, ocorre mudança em sua morfologia, associada com secreção celular, que pode ser observada ao MET. Dessa forma, análises ultraestruturais são muito utilizadas para detectar como os eosinófilos liberam seus produtos, pois há modos morfologicamente distintos de secreção de eosinófilos, dependendo da situação/doença em que eles se encontram (ver capítulo 9). O estudo dos mecanismos de secreção de eosinófilos é importante para o entendimento do papel dessas células tanto na saúde como em doenças agudas e crônicas.

Objetivos

» Reconhecer eosinófilos ao microscópio de luz.
» Identificar as características ultraestruturais de eosinófilos ao MET.
» Reconhecer os aspectos morfológicos da desgranulação de eosinófilos.

Modelo de estudo A: citoesfregaço de eosinófilos humanos

Coloração: hematoxilina-eosina (HE).
Hematoxilina: corante básico (cor arroxeada).
Eosina: corante ácido (cor rósea).
Obs.: Os eosinófilos foram isolados do sangue periférico por meio da técnica de seleção negativa que permite separar essas células de outros tipos celulares. A técnica de citocentrifugação, por sua vez, consiste no "espalhamento" uniforme de uma suspensão celular, no caso suspensão de eosinófilos, sobre uma lâmina de vidro, com o uso de citocentrífuga (*cytospin*). A lâmina é acoplada a um tipo de funil, onde é inserido um pequeno volume da suspensão celular. A força de centrifugação leva à deposição das células na superfície da lâmina, formando uma monocamada de células que ficam firme e uniformemente aderidas. O citocentrifugado é, posteriormente, corado com técnicas rotineiras.

Reconheça **MACROSCOPICAMENTE**: a área arredondada do citocentrifugado.
Em **PEQUENO AUMENTO**, observe:

» **Aspecto do citocentrifugado**: note o aglomerado de células formado pela deposição destas durante a centrifugação. A grande maioria são eosinófilos.

Em **MÉDIO** e **GRANDE AUMENTOS**, observe:

» **Núcleo**: basófilo, corado em roxo pela hematoxilina, geralmente bilobulado.
» **Citoplasma**: aspecto granuloso por causa da presença de grânulos grosseiros, intensamente acidófilos, corados em rosa-alaranjado pela eosina devido à alta concentração de proteínas catiônicas básicas.

Modelo de estudo B: eletromicrografias de eosinófilos

Nas eletromicrografias selecionadas (microscopia virtual), identifique as características morfológicas ultraestruturais dos eosinófilos.

Conjunto de eletromicrografias sugerido:

» **10.1 Eosinófilo isolado do sangue periférico (MEV):** note o aspecto pregueado da superfície celular.

» **10.2 Eosinófilo humano isolado do sangue periférico (MET):** note o núcleo (N) bilobulado e a morfologia típica dos grânulos secretores (Gr), chamados grânulos específicos, com cristaloide elétron-denso e matriz elétron-lúcida. Os grânulos, em sua maioria, estão intactos, ou seja, não mostram evidências morfológicas de liberação de seus conteúdos. Esta célula é reconhecida como "não ativada" ou "em repouso".

» **10.3 Eosinófilo humano ativado (MET):** Repare que vários grânulos (Gr) citoplasmáticos mostram diferentes graus de esvaziamento, mas mantêm suas membranas limitantes. Esse eosinófilo está sofrendo desgranulação por *piecemeal* (PMD) que é um processo de secreção frequentemente observado nessas células durante várias doenças e indica liberação seletiva dos compostos armazenados. O produto selecionado é transportado em pequeno volume, em vesículas, até a superfície celular. N, núcleo.

» **10.4 Eosinófilo humano em processo de desgranulação por *piecemeal* (PMD) (MET):** observe os grânulos (Gr) e seus sinais indicativos de PMD: desestruturação do cristaloide, o qual pode aparecer em forma residual; grânulos parcial ou completamente vazios (e, portanto, mais elétron-lúcidos), mas envoltos por membrana; aumento de volume dos grânulos; e ausência de fusão dos grânulos entre si e/ou com a membrana plasmática N, núcleo.

» **10.5 Vesículas de transporte tubulares no citoplasma de um eosinófilo humano ativado (MET):** observe vesículas tubulares grandes (destacadas em rosa), distribuídas no citoplasma e ao redor de grânulos (Gr) em processo de esvaziamento. São vesículas que brotam dos grânulos, envolvidas no transporte de produtos destes até a superfície celular durante o processo de PMD. Os eosinófilos apresentam um sistema vesicular muito ativo e com morfologia típica. O número dessas vesículas, chamadas vesículas "sombrero", aumenta quando a célula é ativada.

» **10.6 Eosinófilos ativados mostrando exocitose composta (MET):** essas células foram estimuladas *in vitro* com um estímulo inflamatório (fator de necrose tumoral). Note a fusão dos grânulos entre si (câmara destacada em amarelo) e com a membrana plasmática, morfologia indicativa de exocitose composta. Diferente da PMD, na exocitose há liberação de todo o conteúdo dos grânulos. N, núcleo.

» **10.7 Eosinófilo ativado mostrando exocitose clássica (MET):** nesse caso, não há fusão dos grânulos entre si; apenas um grânulo secretor (Gr) encontra-se fundido com a membrana plasmática. N, núcleo.

» **10.8 Eosinófilo ativado (MET):** note a mudança de forma desta célula que mostra-se mais alongada em resposta a um estímulo inflamatório. N, núcleo.

» **10.9 Eosinófilos humanos em processo de morte por citólise (necrose) (MET):** Observe o rompimento da membrana plasmática e dissolução parcial de organelas. Vários núcleos (N) com cromatina condensada e em fragmentação podem ser observados. O grânulos de secreção (Gr), no entanto, encontram-se íntegros no meio extracelular. A citólise é considerada uma forma de secreção de eosinófilos.

» **10.10 Eosinófilos de camundongos (MET):** observe as características ultraestruturais dos grânulos específicos (Gr), muito semelhantes às de eosinófilos humanos. Os grânulos, no entanto, mostram-se mais elípticos do que o dos eosinófilos humanos.

» **10.11 Eosinófilos infiltrados no pulmão em modelo de asma (MET):** note número acentuado de eosinófilos recrutados para o pulmão. A ocorrência de fibrose (aumento acentuado de fibras colágenas, destacadas em rosa), é evidente.

» **10.12 Eosinófilos infiltrados no fígado em doença infecciosa (MET):** observe o grande número de eosinófilos infiltrados no fígado, órgão-alvo da esquistossomose, causada pelo parasito *Schistosoma mansoni*.

» **10.13 Eosinófilo em interação com plasmócito (MET):** note o contato físico entre essas duas células indicando a ocorrência de comunicação entre elas.
» **10.14 Eosinófilo humano imunomarcado para proteína básica principal (MBP, do inglês major basic protein) (MET):** a aplicação de técnica imunocitoquímica ultraestrutural (ver capítulo 5) permite detectar proteínas armazenadas nos grânulos secretores, como é o caso da MBP, considerada uma das principais proteínas catiônicas de eosinófilos.
» **10.15 Eosinófilo humano imunomarcado para interferon-gama (INF-γ) (MET):** citocinas como o INF-γ, dentre outras, encontram-se preformadas e armazenadas nos grânulos específicos dos eosinófilos, conforme pode ser demonstrado por meio de imunomarcação ultraestrutural com partículas de ouro. N, núcleo.

Questões para treinamento

1. A que se deve a acentuada acidofilia observada no citoplasma do eosinófilo?
2. Quais as principais características ultraestruturais de um eosinófilo ativado?
3. Exocitose e desgranulação por *piecemeal* são processos de secreção observados em eosinófilos. Quais as diferenças morfológicas entre esses processos?
4. Ao se analisar uma biópsia de intestino ao MET, foram encontrados grânulos isolados e íntegros com a seguinte morfologia: elípticos, com uma região cristalina central elétron-densa circundada por área elétron-lúcida. Concluiu-se que esses grânulos foram liberados por eosinófilos, apesar dessas células não terem sido diretamente observadas. Considerando que várias células do sistema imune contêm grânulos de secreção em seus citoplasmas, como se chegou a essa conclusão?
5. Qual processo de secreção de eosinófilos está associado com a liberação de pequenas porções de produtos específicos e não todo o conteúdo do grânulo?

PRÁTICA 11

Estudo de mitocôndrias em eletromicrografias

lifeview

As mitocôndrias são organelas conhecidas principalmente pelo seu papel na produção de ATP, mas suas funções são muito diversificadas. Elas atuam como organelas sinalizadoras, detectam estresses celulares e participam em inúmeros processos da vida da célula. As atividades funcionais das mitocôndrias estão diretamente relacionadas com seus aspectos ultraestruturais. Elas apresentam uma notável capacidade de transformação morfológica para atender às necessidades da célula. A partir da remodelagem das cristas e eventos de fusão e fissão (divisão), as mitocôndrias respondem a alterações do meio, comunicam entre si e interagem com outras organelas.

Objetivos

» Identificar os componentes ultraestruturais das mitocôndrias.
» Reconhecer a diversidade morfológica e a habilidade de fusão e fissão das mitocôndrias em diferentes tipos celulares.
» Correlacionar o número e a distribuição das mitocôndrias com as demandas funcionais da célula.

Modelo de estudo: eletromicrografias de mitocôndrias em diferentes tipos celulares

Nas eletromicrografias selecionadas (microscopia virtual) e, a partir das informações descritas no capítulo 10, estude as características morfológicas ultraestruturais das mitocôndrias.

Conjunto de eletromicrografias sugerido:

» **11.1 Hepatócito (MET):** esta célula é rica em mitocôndrias, em função da sua elevada atividade celular e gasto energético. Observe mitocôndrias (destacadas em verde) seccionadas em vários planos, distribuídas em todo o citoplasma. Note também riqueza de RER, núcleo (N) eucromático e nucléolos (*) evidentes.

» **11.2 Cardiomiócitos (MET):** observe o número elevado de mitocôndrias (destacadas em verde) no citoplasma. Neste tipo celular, as mitocôndrias são organizadas em fileiras dispostas entre as miofibrilas, local com alta demanda energética para contração muscular.

» **11.3 Espermátide alongada humana (MET):** observe o número elevado e a disposição das mitocôndrias ao redor do flagelo. Este arranjo garante energia necessária para o movimento flagelar.

» **11.4 Célula de Leydig (MET):** observe o número acentuado de mitocôndrias (destacadas em verde) no citoplasma na proximidade do REL. Neste tipo celular, as mitocôndrias participam da síntese de hormônios esteroides (armazenados em corpúsculos lipídicos, CL) em conjunto com o REL. Note que as cristas mitocondriais formam tubos, o que leva à observação, em secções, de estruturas circulares.

» **11.5 Linfócito humano (MET):** note o pequeno número de mitocôndrias (destacadas em verde) observadas no citoplasma, em corte transversal e longitudinal. Observe também o aspecto de suas cristas. N, núcleo.

» **11.6 Células de Sertoli (MET):** observe o aspecto vacuolar das mitocôndrias (destacadas em verde). Nesse tipo celular, as mitocôndrias apresentam arranjo típico das cristas, o que facilita a identificação dessas células em imagens do epitélio seminífero. N, núcleo; *, nucléolo.

» **11.7 Célula em cultura (MET):** note a presença de uma mitocôndria bastante alongada, que sofreu processo de fusão. Pode-se notar nitidamente as áreas de fusão (destacadas em vermelho).

» **11.8 Mitocôndria em processo de fissão (MET):** observe área de constrição (cabeças de seta) que irá gerar duas mitocôndrias filhas. Note também uma mitocôndria alongada e a presença de corpúsculos lipídicos (CL).

» **11.9 Mitocôndrias em interação com corpúsculos lipídicos (CL) (MET):** observe no citoplasma de um hepatócito, a presença de várias mitocôndrias (destacadas em verde) em contato físico com CLs. Este tipo de interação é observada em diversos tipos celulares e pode estar relacionada com a β-oxidação de ácidos graxos, importante para sustentar os níveis de energia da célula.

» **11.10 Mitocôndrias em interação com retículo endoplasmático (RE):** note proximidade e sítios de contato (setas) entre mitocôndrias e RE no citoplasma de uma célula em cultura. Essa interação é frequente e relacionada com vários eventos celulares.

QUESTÕES PARA TREINAMENTO

1. Esquematize, em folha a parte, a ultraestrutura mitocondrial, destacando os seguintes componentes: membrana mitocondrial externa, membrana mitocondrial interna formando cristas, espaço intermembranoso e matriz mitocondrial. Considerando que as mitocôndrias são autorreprodutivas, identifique no esquema o local onde se encontra o DNA mitocondrial. As mitocôndrias fabricam algumas proteínas. Insira no esquema, os ribossomos mitocondriais. Por último, identifique onde se localiza a cadeia transportadora de elétrons.

2. O número e a morfologia das mitocôndrias variam com o tipo celular. Em cardiomiócitos, tanto o número de mitocôndrias como a quantidade de cristas são elevados. Em linfócitos, existe pequeno número dessas organelas e suas cristas são menos proeminentes. O que tal variação reflete?
3. Por que existe número elevado de mitocôndrias no citoplasma basal de células transportadoras de íons?
4. A morfologia mitocondrial varia dentro de um mesmo tipo celular. A notável habilidade de fusão e fissão das mitocôndrias leva à mudanças morfológicas rápidas e constantes. Para que servem os eventos de fusão e fissão mitocondriais?

PRÁTICA 12

Estudo da morfologia nuclear ao microscópio de luz e eletrônico

A observação da morfologia nuclear revela muito sobre a atividade metabólica da célula e é um dos principais parâmetros para detectar também o seu comprometimento em situação de doenças. O núcleo pode variar no tamanho, forma, número e no aspecto da cromatina. Em geral, existe um núcleo por célula, o qual ocupa uma posição central. Em certos tipos celulares, o núcleo é deslocado do centro, em consequência do acúmulo de materiais no citoplasma. Células com alta taxa de síntese proteica apresentam núcleos volumosos e com predominância de cromatina descondensada (eucromatina). A ultraestrutura dessas células revela, com frequência, riqueza de RER ou de ribossomos livres no citoplasma. Já células com baixa atividade de síntese mostram, em geral, núcleos com predominância de cromatina muito condensada (heterocromatina) e citoplasma pobre em ribossomos.

Objetivos

» Identificar as características morfológicas do núcleo em intérfase, ao microscópio de luz.
» Reconhecer os componentes ultraestruturais do núcleo ao MET.
» Correlacionar a morfologia nuclear com a atividade de síntese da célula.

Modelo de estudo A: corte de gânglio nervoso

Coloração: tricrômico de Gomori. Este é constituído por três corantes:
Hematoxilina: corante básico (cor arroxeada).
Cromótropo 2R: corante ácido (cor vermelha).
Verde luz: corante ácido (cor esverdeada).

MACROSCOPICAMENTE, reconheça:

» **Corte do gânglio nervoso**: aspecto arredondado e com coloração esverdeada. Trata-se de um gânglio sensitivo que faz parte da cadeia de gânglios localizados um de cada lado da medula espinal.
Obs.: Esta lâmina pode conter corte de medula espinhal (aspecto em forma de borboleta) que não será objeto de estudo desta prática.

Focalize o corte de gânglio nervoso e em **PEQUENO AUMENTO**, observe:

» **Aspecto do gânglio nervoso**: são acúmulos de corpos de neurônios, situados fora do sistema nervoso central. Neste aumento, é possível observar uma massa de células de diferentes tamanhos e uma matriz com aspecto de fibras acidófilas, entre as células. Note também que uma capa de fibras concêntricas delimita a estrutura do gânglio. Estas fibras dispostas entre as células e no revestimento do gânglio são fibras colágenas, as quais têm grande afinidade pelo verde luz e, portanto, coram-se em verde.

Em **MÉDIO AUMENTO**, identifique:

» **Neurônios ganglionares**: células grandes e arredondadas. Ao redor destas, encontra-se uma matriz rica em fibras colágenas acidófilas (em verde) e com diversos "pontos" (núcleos alongados) das células do tecido conjuntivo.
Em **GRANDE AUMENTO**, observe a morfologia do corpo do neurônio (ver Figura 11.2, painel D, capítulo 11):

» **Núcleo**: grande, arredondado, localizado no centro do neurônio e pouco corado pela hematoxilina (basófilo). Em alguns neurônios, o plano de corte não evidencia o núcleo.
» **Nucléolo**: bem desenvolvido e corado em vermelho pelo cromótropo 2R. A acidofilia do nucléolo justifica-se pela presença de proteínas básicas associadas ao RNA, as quais têm grande afinidade por esse corante.
» **Citoplasma**: com granulações basófilas, distribuídas homogeneamente. Essa basofilia se deve ao número elevado de ribossomos (ricos em RNA) presentes no citoplasma (livres ou aderidos ao retículo endoplasmático rugoso – RER). As granulações basófilas representam principalmente aglomerados de RER, os quais recebem nomes especiais – corpúsculos de Nissl – e são típicos de neurônios.
» **Limite celular e células satélites**: o limite celular não pode ser visualizado, mas é marcado pela posição das células satélites (células da glia) que são células com citoplasma escasso e núcleos arredondados, muito pequenos em comparação com o do neurônio. As células satélites são encontrados nas margens dos corpos de neurônio, em estreita interação com eles.

Modelo de estudo B: corte de músculo estriado esquelético

Coloração: hematoxilina – eosina (HE).
Hematoxilina: corante básico (cor arroxeada).
Eosina: corante ácido (cor rósea).
Obs.: Essa lâmina já foi estudada para observar estruturas do citoesqueleto (miofibrilas). Nesta prática, será dada ênfase à disposição e ao aspecto dos núcleos em cortes longitudinais e transversais das células.
Em **PEQUENO AUMENTO**, observe "conjuntos" celulares de cor rosa com "pontos" azuis. As porções coradas em rosa correspondem aos citoplasmas das células musculares estriadas esqueléticas, também chamadas de fibras musculares ou miônios, e os pontos azuis são seus núcleos.
Em **MÉDIO AUMENTO**, observe:

» Células organizadas em feixes.
» Células cortadas transversal e longitudinalmente.

Selecione uma área seccionada longitudinalmente e, em **GRANDE AUMENTO**, observe:

» **Células alongadas**: note o formato e o tamanho das células musculares estriadas esqueléticas. São células cilíndricas com grande comprimento.
» **Citoplasma**: acidófilo, corado em rosa pela eosina.

» **Núcleos**: elípticos, basófilos, corados em roxo pela hematoxilina e localizados na periferia das células, próximos ao limite celular. Cada célula tem vários núcleos, ou seja, são células multinucleadas.
» **Estriações transversais**: são listras mais espessas coradas intensamente em rosa pela eosina. Esse aspecto em listras é decorrente dos feixes de miofibrilas, unidades contráteis formadas por elementos do citoesqueleto, dispostas ao longo do citoplasma. Note que as miofibrilas ocupam todo o citoplasma deslocando os núcleos para a periferia.

Selecione uma área seccionada transversalmente e, em **GRANDE AUMENTO**, observe:

» **Núcleos**: note a disposição periférica dessas organelas. Pela posição dos núcleos pode-se determinar o limite entre uma célula e outra. Os núcleos podem ser vistos mais facilmente em cortes transversais.

Modelo de estudo C: corte de ovário de peixe

Coloração: azul de toluidina.
Azul de toluidina: corante básico (cor azul-escuro).
Em **PEQUENO** e **MÉDIO AUMENTOS**, observe:

» **Aspecto tecidual**: observe células de vários tamanhos. Algumas são muito grandes, enquanto outras são bem menores. São ovócitos em diferentes estágios de maturação.
» **Ovócitos em fases inicias de desenvolvimento**: grupos de células de menor tamanho, com várias formas e citoplasma muito basófilo, fortemente corado em azul-arroxeado pelo azul de toluidina e núcleo muito claro e pouquíssimo corado.

Focalize em um ovócito em fase inicial de desenvolvimento, e em **GRANDE AUMENTO**, identifique:

» **Núcleo**: grande, central ou excêntrico (deslocado um pouco do centro), basófilo, pouco corado. O núcleo é tão claro e grande que pode, à primeira vista, parecer um espaço vazio. Esse aspecto claro é devido ao fato da cromatina estar muito descondensada, corando-se mal com corantes básicos.
» **Nucléolos**: estruturas arredondadas, basófilas, coradas em azul pelo azul de toluidina e de tamanho variados. Cada núcleo contém número elevado de nucléolos. Note a disposição dos nucléolos na proximidade do limite nuclear, que formam um "colar".
» **Citoplasma**: muito basófilo e granuloso, fortemente corado em azul-arroxeado pela azul de toluidina, devido à presença de grande quantidade de RNA envolvido na intensa síntese proteica.

Modelo de estudo D: eletromicrografias de núcleos em intérfase

Nas eletromicrografias selecionadas (microscopia virtual) e, a partir das informações descritas no capítulo 11, estude as características morfológicas ultraestruturais do núcleo em intérfase, em diferentes tipos celulares.
Conjunto de eletromicrografias sugerido:

» **12.1 Vista panorâmica de vários tipos celulares (MET):** observe núcleos (N) com diferentes formas. Alguns são arredondados e outros irregulares (polimorfonucleares). São leucócitos e outros tipos celulares presentes em um infiltrado inflamatório.
» **12.2 Neutrófilos humanos (MET):** observe a forma irregular do núcleo (polimorfonuclear) e o aspecto da cromatina. Em algumas áreas do núcleo, a cromatina se mostra descondensada (eucromatina, E) e o seu aspecto é elétron-lúcido. Em

outras áreas, a cromatina aparece condensada (heterocromatina, H) e o seu aspecto é elétron-denso. Esta se localiza, com frequência, na proximidade do envoltório nuclear.

- » **12.3 Vista panorâmica de infiltrado celular (MET):** Note célula central com núcleo (N) volumoso, predominantemente eucromático e nucléolo desenvolvido (*). Várias células com quantidades variáveis de eucromatina/heterocromatina no núcleo (N) são também observadas.
- » **12.4 Núcleo (N) predominantemente heterocromático (MET):** note o aspecto elétron-denso da heterocromatina (H).
- » **12.5 Núcleo e porção do citoplasma (MET):** identifique em maior zoom (microscopia virtual) a constituição do envoltório nuclear (destacado em azul). Este é formado por dupla membrana: uma mais interna em contato com a heterocromatina e uma mais externa. Recorde que o envoltório nuclear é uma região especializada do RE e encontra-se em continuidade com o RER. Porém, esta é uma imagem bidimensional (secção celular) e a tal continuidade não aparece tão evidente. Note o espaço entre as duas membranas (espaço perinuclear) e a presença de poros nucleares (setas).
- » **12.6 Núcleo (N) e porção do citoplasma (MET):** reconheça a presença de interrupções (poros nucleares, cabeças de seta) na continuidade do envoltório nuclear. Esse material foi processado por técnica de pós-fixação com ósmio reduzido para aumentar o contraste das membranas. Note que a cromatina aparece pouco contrastada.
- » **12.7 Célula endotelial (MET):** observe o núcleo (N) elétron-lúcido e alongado, acompanhando a forma da célula. Hemácias (anucleadas) são vistas no lúmen do vaso sanguíneo.
- » **12.8 Linfócito (MET):** observe o núcleo arredondado, ocupando grande parte do citoplasma. Essa célula apresenta, portanto, alta relação núcleo-citoplasmática. Observe áreas de eucromatina (elétron-lúcida) e heterocromatina (elétron-densa).
- » **12.9 Hepatócito (MET):** observe o núcleo (N) arredondado e elétron-lúcido, com cromatina muito descondensada.
- » **12.10 Neurônio ganglionar (MET):** observe o núcleo (N) com cromatina muito descondensada e nucléolo desenvolvido (*). Note em maior zoom (microscopia virtual) o RER distribuído no citoplasma. Compare a ultraestrutura desta célula com suas características observadas ao microscópio de luz (modelo de estudo A).
- » **12.11 Célula de cultura (linhagem RBL-2H3) (MET):** note núcleo volumoso e com nucléolos (*) desenvolvidos. Observe que o nucléolo é heterogêneo, com regiões distintas em aspectos de textura e contraste. Áreas de heterocromatina (elétron-densas, cabeças de seta) são vistas em associação com o nucléolo e envoltório nuclear.
- » **12.12 Célula mononuclear (MET):** observe nucléolo com destaque para os três componentes ultraestruturais: centro fibrilar (região elétron-lúcida e arredondada, destacada em amarelo), componente fibrilar denso (pequena região eletrón-densa ao redor do componente fibrilar) e componente granular (CG).
- » **12.13 Macrófago não ativado (painel superior) e ativado (painel inferior) (MET):** Repare as diferenças ultraestruturais deste mesmo tipo celular. Em resposta à ativação, a cromatina nuclear torna-se mais descondensada e o núcleo (N) mais volumoso. Além disso, o volume celular e o número de organelas, como mitocôndrias (destacadas em verde) e complexo de Golgi (destacado em azul), além de vacúolos e vesículas, aumentam no citoplasma.

Questões para treinamento

1. Faça um desenho esquemático, em folha separada, dos três tipos celulares observados ao microscópio de luz, ressaltando a forma e a posição de seus núcleos.
2. Quais características observadas ao microscópio de luz e eletrônico indicam que o neurônio é uma célula bastante ativa no processo de síntese?
3. Por que são encontrados numerosos nucléolos no núcleo de ovócitos de peixe? E qual a justificativa para o citoplasma muito basófilo?

4. Em cortes de células observadas tanto ao microscópio de luz como ao MET nem sempre é possível observar os seus núcleos. Explique porquê.
5. Por que o núcleo se torna mais volumoso e mais eucromático em macrófagos ativados? Quais características ultraestruturais vistas no citoplasma são associadas com a mudança da morfologia nuclear?

PRÁTICA 13

Estudo das características nucleares e citoplasmáticas em células sanguíneas

Os diferentes tipos celulares (leucócitos) presentes no sangue de mamíferos são rotineiramente identificados por microscopia de luz com a utilização de técnicas citológicas que evidenciam características marcantes da morfologia nuclear e citoplasmática. Os núcleos dos leucócitos têm forma, tamanho e aspecto da cromatina bastante variados e, por isso, são modelos interessantes para se entender a diversidade morfológica nuclear. Além disso, a composição química do citoplasma é bastante evidente nos leucócitos pela presença, em vários tipos celulares, de grânulos de secreção de natureza básica ou ácida, os quais conferem características típicas de acidofilia ou basofilia. Já as hemácias, observadas em conjunto com os leucócitos, são desprovidas de núcleo e mostram citoplasma muito acidófilo em razão do acúmulo de hemoglobina, de natureza básica.

Objetivos

» Aprender a técnica de confecção, coloração e análise de um esfregaço sanguíneo.
» Reconhecer hemácias e leucócitos.
» Identificar as características morfológicas do núcleo e citoplasma dos diferentes tipos de leucócitos ao microscópio de luz.

Modelo de estudo: esfregaço sanguíneo

Procedimento: as células sanguíneas são comumente estudadas a partir de preparado chamado esfregaço sanguíneo, obtido a partir de uma gota de sangue que é "estendida" sobre uma lâmina, formando película fina. Desta forma, as células se mostram mais separadas umas das outras e a espessura da película permite nítida observação das características celulares ao microscópio de luz.

Coloração: os esfregaços sanguíneos são geralmente corados com colorações do tipo Romanowsky, termo genérico usado para descrever misturas de corantes que contêm um corante básico, um corante ácido e um corante metacromático (ver capítulo 4), como, por exemplo, o azul de metileno, a eosina e o azure B. Essa mistura de corantes, desenvolvida inicialmente pelo médico russo Dmitri Romanowsky, pode sofrer pequenas variações em seus componentes e ser associada com procedimentos de fixação (antes da coloração), gerando métodos similares conhecidos com diversos nomes como Giemsa, Leishman e Wright. Nesta prática, será utilizado o método panótico rápido (kit comercial com três componentes).

Etapas

1ª etapa: coleta de sangue e confecção do esfregaço (Fig. 1)

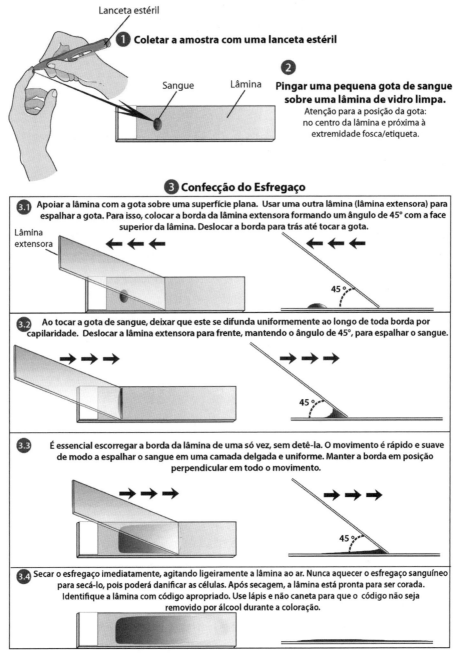

Figura 1 Técnica de confecção de esfregaço sanguíneo.
Obs.: Desenho (mão e lanceta) reproduzido de http://www.servier.com/ (Slide kit Servier Medical Art), sob os termos da licença Creative Commons (CC BY), disponível em https://creativecommons.org/licenses/by/3.0/).

2ª etapa: coloração

Componentes do kit:

» Panótico 1 = triarilmetano a 0,1% (agente fixador).

- » Panótico 2 = xantenos a 0,1% (Eosina Y – corante ácido).
- » Panótico 3 = tiazinas a 0,1% (Azul de metileno – corante básico).

1. Preencher três recipientes (cubetas de coloração) com as soluções Panótico 1, 2 e 3, respectivamente. Cuidado: a solução 1 é volátil, inflamável e tóxica. Usar em capela.
2. Submergir a lâminas no Panótico 1 sob agitação suave (movimento contínuo de cima para baixo) durante 5 segundos (5 imersões), e escorrer levemente em papel toalha.
3. Submergir as lâminas no Panótico 2 sob agitação suave (movimento contínuo de cima para baixo) durante 5 segundos (5 imersões) e escorrer levemente em papel toalha.
4. Submergir as lâminas no Panótico 3 sob agitação suave (movimento contínuo de cima para baixo) durante 5 segundos (5 imersões) e escorrer levemente em papel toalha.
5. Submergir as lâminas em água destilada sob agitação suave (movimento contínuo de cima para baixo) durante 5 segundos (5 imersões) e deixar escorrer em papel toalha. Após secagem (cerca de 10 minutos), os esfregaços estarão prontos para serem analisados.

3ª etapa: observação do esfregaço ao microscópio de luz

Em **PEQUENO**, **MÉDIO** e **GRANDE AUMENTOS**, observe:

- » **Hemácias ou eritrócitos**: acidófilas, com citoplasma todo corado em rosa-alaranjado, anucleadas e numerosas. Note que a região central das hemácias mostra-se menos corada que o restante da célula. Isso ocorre por causa da forma das hemácias (disco bicôncavo), com o centro mais delgado do que o restante da célula.
- » **Leucócitos**: volumosos, nucleados, com morfologia variada e em menor número em comparação com as hemácias. São facilmente identificados pela coloração destacada do núcleo e citoplasma.

Focalize a lâmina em **OBJETIVA DE IMERSÃO**. Lembre-se de seguir as orientações e cuidados necessários para focalização nesta objetiva (ver capítulo 1, p. 22). A observação das células deverá ser feita nas margens do esfregaço, onde elas se encontram mais dispersas. Sob objetiva de imersão, os detalhes morfológicos das células sanguíneas tornam-se mais nítidos.

Identifique os seguintes tipos de leucócitos:

- » **Mononucleares, também chamados agranulócitos**: termo geral para definir leucócitos com núcleo arredondado ou indentado. Existem dois tipos morfológicos básicos de mononucleares:
  - » **Linfócito**: mononuclear portador de núcleo arredondado e grande (ocupando quase todo o citoplasma), com cromatina muito condensada e, portanto, intensamente basófila. Em geral, são células pequenas, mas diferentes tamanhos de linfócitos podem ser observados.
  - » **Monócito**: mononuclear portador de núcleo basófilo com cromatina menos condensada do que a do linfócito e, portanto, menos corada. Observa-se, com frequência, monócitos com núcleos com reentrância. Os monócitos são maiores do que os linfócitos e também são os maiores leucócitos considerando todos os tipos.
- » **Polimorfonucleares ou granulócitos**: termo geral para definir leucócitos com núcleo irregular, segmentado em porções (lóbulos) unidas por filamentos de cromatina e citoplasma com grânulos específicos que podem variar em tamanho e propriedades de basofilia/acidofilia. Existem três tipos morfológicos básicos de granulócitos:
  - » **Neutrófilo**: núcleo em vários lóbulos e citoplasma com grânulos finos. O neutrófilo jovem mostra núcleo em forma de "C" e é chamado de bastonete.

» **Eosinófilo**: núcleo geralmente bilobulado e citoplasma com grânulos grosseiros, intensamente corados em rosa-alaranjado pela eosina.
» **Basófilo**: citoplasma repleto de grânulos grosseiros fortemente basófilos e núcleo arredondado, de difícil visualização, pois geralmente está encoberto pelos grânulos. A forma segmentada do núcleo é menos frequente. Os basófilos são raramente encontrados no sangue.

Obs.: Grânulos inespecíficos, denominados azurófilos, podem estar presentes no citoplasma de agranulócitos e granulócitos.

QUESTÕES PARA TREINAMENTO

1. Faça um desenho esquemático, em folha separada, dos diferentes tipos celulares observados no esfregaço sanguíneo.
2. A partir da contagem de um total de 100 leucócitos, estabeleça a porcentagem de mononucleares e polimorfonucleares no esfregaço sanguíneo obtido. Qual desses dois grupos de leucócitos é mais frequente?
3. Por que as hemácias são anucleadas e muito acidófilas?
4. Por que basófilos e eosinófilos recebem esses nomes?
5. Quais características morfológicas e químicas dessas células definiram essa nomenclatura?

PRÁTICA 14

Características nucleares observadas no ciclo celular

O ciclo de crescimento, quando a célula duplica seus componentes, e de divisão é denominado ciclo celular. A duração desse ciclo depende do tipo celular, mas a série de eventos do ciclo é basicamente a mesma em todas as células eucarióticas. O ciclo é dividido em duas etapas denominadas de intérfase e mitose (divisão propriamente dita). A intérfase é o período entre duas divisões sucessivas, quando ocorrem eventos moleculares notáveis como replicação do DNA nuclear, transcrição de genes, síntese proteica e duplicação de organelas, ou seja, a célula cresce em massa. Quando células em intérfase são observadas ao microscópio, elas não mostram transformações morfológicas muito evidentes em seus núcleos, mas estas são dramáticas durante a mitose.

Objetivos

» Reconhecer o núcleo em intérfase e em divisão.
» Identificar as fases da mitose ao microscópio de luz.
» Reconhecer as características ultraestruturais do núcleo em divisão e citocinese ao MET.

Modelo de estudo: corte de raiz de cebola

Coloração: hematoxilina – eosina (HE).
Hematoxilina: corante básico (cor arroxeada).

Eosina: corante ácido (cor rósea).

Obs.: A raiz de cebola (*Allium cepa*) é um modelo muito usado para estudo do ciclo celular, pois este é rápido e as fases da mitose são facilmente identificadas ao microscópio de luz. As lâminas de raiz de cebola foram preparadas a partir de fixação, inclusão e microtomia de amostras, conforme discutido no capítulo 3.

MACROSCOPICAMENTE, observe:

» Vários cortes longitudinais de raiz de cebola na lâmina.

Em **PEQUENO AUMENTO**, selecione um corte bem evidente e focalize na ponta da raiz (parte mais afilada) que é o local onde predominam núcleos em divisão (ver Figura 11.11, capítulo 11).

Em **MÉDIO AUMENTO**, identifique:

» **Disposição e limite das células**: as células vegetais são facilmente identificadas pela forma retangular, dispostas uma ao lado da outra e com limites bem visíveis por causa da presença da parede celular.
» **Células com núcleos interfásicos**: mostram núcleos ovoides bem definidos e em posição central, basófilos, corados em roxo pela hematoxilina.
» **Células com núcleos em divisão mitótica**: mostram núcleos com cromatina condensada formando cromossomos em diferentes fases da mitose.

Em **GRANDE AUMENTO** (ver Figura 11.11, capítulo 11), identifique:

» **Intérfase**: núcleo ovoide, com 1 ou 2 nucléolos, observados como "pontos" basófilos grandes e bem definidos no interior do núcleo. Note o aspecto da cromatina que aparece finamente granular e o contorno uniforme do núcleo.
» **Prófase**: núcleo de forma arredondada com cromatina em grânulos ou filamentos grosseiros em razão da condensação progressiva que ocorre nesta fase, o que leva à observação de cromossomos individualizados. Recorde que cada cromossomo é formado por duas cromátides, as quais carregam DNA duplicado na intérfase. Para fins didáticos, a prófase é dividida em prófase inicial e prófase final, esta também chamada de prometáfase. O nucléolo pode ser visualizado no começo da prófase, mas se desorganiza no final desta.
» **Metáfase**: cromossomos se encontram muito condensados, formando filamentos curtos e espessos dispostos na região equatorial da célula. O fuso mitótico é bem visível nessa fase.
» **Anáfase**: as cromátides separadas migram para os polos opostos da célula.
» **Telófase**: os cromossomos, já nos polos, começam a descondensar-se. O envoltório nuclear e nucléolo são reconstituídos e o material nuclear volta à forma arredondada. Note que, nesta fase, a cromatina sofre um processo inverso ao observado na prófase. Observe o início da citocinese (divisão citoplasmática) por meio da formação da parede celular que aparece como uma estrutura ("linha") acidófila na região equatorial, entre os dois conjuntos de cromossomos. As duas células-filhas são separadas pela construção dessa nova parede dentro da célula.

Modelo de estudo B: eletromicrografias de núcleos em divisão

Nas eletromicrografias selecionadas (microscopia virtual) e, a partir das informações descritas no capítulo 11, estude as características morfológicas ultraestruturais do núcleo em divisão.

Conjunto de eletromicrografias sugerido:

- **14.1 Célula em etapa inicial de prófase mitótica (MET):** identifique em maior zoom (microscopia virtual) o núcleo (N) com envoltório nuclear em processo de desestruturação e o aspecto elétron-denso da cromatina em estágio de compactação.
- **14.2 Células em intérfase e em metáfase (MET):** compare a ultraestrutura da cromatina de duas células em intérfase (delimitadas em roxo) com a da célula em divisão mitótica (delimitada em vermelho). Note que enquanto na intérfase a cromatina se apresenta em dois estágios de condensação (eucromatina e heterocromatina), na mitose a cromatina aparece fortemente elétron-densa indicando a drástica compactação dos cromossomos.
- **14.3 Célula indiferenciada em processo de divisão mitótica observada em maior aumento (MET):** observe a ausência do envoltório nuclear e o aspecto elétron-denso dos cromossomos (setas). Note a presença de algumas organelas no citoplasma, como mitocôndrias (destacadas em verde) e perfis do retículo endoplasmático, além de elevada proporção de ribossomos livres, uma característica deste tipo celular.
- **14.4 Células germinativas (espermatócitos de peixe) em divisão (MET):** observe o aspecto da cromatina em várias células na mesma fase da mitose (metáfase).
- **14.5 Célula animal em da telófase (MET):** Identifique a região de estrangulamento no centro da célula, indicativa de separação dos citoplasmas (citocinese). Note que as células-filhas estão quase formadas. Repare os dois núcleos (N), cada um de uma célula-filha. O envoltório nuclear já foi estruturado, a cromatina está descondensando e o núcleo voltando à sua forma original.

Questões para treinamento

1. Faça um desenho esquemático, em folha separada, de núcleos em cada fase do ciclo celular, destacando as principais características morfológicas.
2. Em quais fases da divisão mitótica ocorrem, respectivamente, a desagregação e a reconstituição do envoltório nuclear e do nucléolo?
3. Qual a diferença entre a citocinese da célula animal e vegetal?
4. Por que a cromatina se mostra intensamente corada (basófila) ao microscópio de luz e muito elétron-densa ao MET, durante a mitose?
5. Qual é a relação do processo de transcrição com o aspecto da cromatina?

PRÁTICA 15

Identificação de corpúsculos lipídicos ao microscópio de luz e eletrônico

Os corpúsculos lipídicos (CLs) são organelas ricas em lipídios que participam em diversos processos celulares como metabolismo lipídico, tráfego de proteínas, transporte vesicular e sinalização celular. Eles estão presentes em praticamente todas as células, desde bactérias a células de mamíferos, com funções, número e composição dependentes do organismo e tipo celular. Os CLs podem se acumular dentro da célula durante determinadas doenças. Tanto o aumento do número como do diâmetro de CLs podem indicar eventos importantes como ativação e participação em inflamação. A observação de CLs ao microscópio de luz requer o uso de técnicas específicas, mas a identificação deles ao MET não necessita de marcação, aparecendo como organelas arredondadas, elétron-lúcidas ou elétron-densas, não delimitadas por membrana típica. Portanto, diferente das demais organelas e vesículas citoplasmáticas, as quais são circundadas por uma bicamada lipídica, a superfície do CL possui apenas uma monocamada lipídica, o que facilita sua identificação. A elétron-densidade dos CLs varia com o tipo celular ou estado funcional da célula.

Objetivos

» Reconhecer CLs ao microscópio de luz.
» Identificar CLs e suas características ultraestruturais ao MET.
» Correlacionar a distribuição com a função de CLs em diferentes tipos celulares.

Modelo de estudo A: corte de tecido adiposo

Coloração: hematoxilina-eosina (HE).
Hematoxilina: corante básico (cor arroxeada).
Eosina: corante ácido (cor rósea).
Obs.: Os CLs não são visíveis com colorações citológicas/histológicas de rotina. Isso ocorre porque lipídios são extraídos com álcool, solvente usado na formulação de determinadas soluções fixadoras ou corantes e em etapas de desidratação de amostras (ver capítulo 3). No entanto, a identificação de CLs pode ser feita por imagem negativa (espaços vazios no citoplasma, de formato arredondado, ocupados anteriormente pelos CLs) em células ricas em CLs, como é o caso dos adipócitos.

Em **PEQUENO AUMENTO**, observe:

» **Aspecto do tecido**: note duas regiões do corte: uma com aspecto vacuolado grande e outra com coloração mais rósea e aspecto vacuolado menor. São áreas com tecido adiposo unilocular e multilocular, respectivamente. A distinção clara entre eles não é possível nesse aumento. Em algumas lâminas, pode ser vista uma faixa com músculo esquelético.

Em **MÉDIO AUMENTO**, identifique:

» **Tecido adiposo unilocular**: facilmente observado, pois as células que compõem esse tecido têm uma grande espaço vazio no citoplasma. São CLs, também chamados gotas ou gotículas lipídicas. Note que há uma gota única e grande, a qual ocupa praticamente todo o citoplasma e, por isso, as células recebem o nome de adipócitos uniloculares. No desenvolvimento dessas células, várias gotículas se fundem para formar uma única gota, deslocando o núcleo e o restante do citoplasma para a periferia.
» **Tecido adiposo multilocular**: formado por células com várias gotas lipídicas no citoplasma, vistas em imagem negativa como espaços vazios ("vacúolos") de diferentes tamanhos. São denominadas adipócitos multiloculares. As características desses adipócitos são mais bem observadas em grande aumento.
Obs.: Alguns vasos sanguíneos e núcleos de células do tecido de sustentação podem ser observados entre adipócitos nos dois tipos de tecidos adiposos.

Focalize em área com adipócitos uniloculares e, em **GRANDE AUMENTO**, identifique:

» **Citoplasma**: acidófilo, corado em rosa pela eosina, muito delgado e fino, aparecendo como uma linha corada na periferia.
» **Gota lipídica**: única e em imagem negativa, preenchendo todo o citoplasma.
» **Núcleo**: basófilo, corado em roxo pela hematoxilina, achatado e localizado na periferia da célula.

Focalize em área com adipócitos multiloculares e, em **GRANDE AUMENTO**, identifique:

» **Citoplasma**: acidófilo, corado em rosa pela eosina.
» **Gotas lipídicas**: múltiplas, aparecem em imagem negativa.
» **Núcleo**: basófilo, corado em roxo pela hematoxilina, ovoide, central ou ligeiramente excêntrico.

Modelo de estudo B: macrófagos ativados

Técnica citoquímica: tetróxido de ósmio.
Mecanismo da reação: esse composto se liga preferencialmente a lipídios insaturados e, após redução com materiais orgânicos, forma ósmio elementar, que tem cor preta e é facilmente visível em microscopia de campo claro. Dessa forma, os lipídios podem ser diretamente observados.
Em **PEQUENO**, **MÉDIO** e **GRANDE AUMENTOS**, observe:

» **Aglomerado de células**: são macrófagos de cultura que entraram em contato com bactérias ou foram estimulados com lipopolissacarídeo (LPS), um produto bacteriano que leva à ativação dessas células. Observe que são células grandes, com forma arredondada e coloração amarronzada. O citoplasma dos macrófagos mostra áreas mais escuras que correspondem aos locais com CLs.

Focalize a lâmina em **OBJETIVA DE IMERSÃO**.
Lembre-se de seguir as orientações e cuidados necessários para focalização nesta objetiva (ver capítulo 2). Observe:

» **CLs**: note a presença de pontos escuros e redondos no citoplasma dos macrófagos. São CLs marcados com o ósmio. Cada célula tem vários CLs e cada CL pode mostrar contorno mais marcado (mais escuro) do que o seu centro. Isso ocorre porque o ósmio tem grande afinidade por fosfolipídios presentes na monocamada lipídica que reveste os CLs, mas nem sempre é possível detectar essa diferença de marcação.
» **Região do núcleo**: note que o núcleo da célula não aparece, pois a técnica é específica para lipídios. No entanto, como os macrófagos têm núcleo bem grande e ovalado, central ou ligeiramente deslocado do centro, é possível notá-lo em imagem negativa.

Modelo de estudo C: eletromicrografias de CLs em diferentes tipos celulares

Nas eletromicrografias selecionadas (microscopia virtual) e, a partir das informações descritas no capítulo 12, estude as características morfológicas ultraestruturais dos CLs.
Conjunto de eletromicrografias sugerido:

» **15.1 Eosinófilo humano (MET):** observe no citoplasma a presença de corpúsculos lipídicos (CLs) intensamente elétron-densos, típicos deste leucócito. Em maior zoom (microscopia virtual), observe a ausência de membrana (estrutura trilaminar) na superfície do CL. Note os grânulos secretores (Gr) característicos e núcleo (N) lobulado.
» **15.2 Eosinófilo humano (MET):** observe um grande corpúsculo lipídico (CL) no citoplasma periférico. Compare a superfície deste CL com a do grânulo secretor (Gr), o qual mostra membrana envoltória, identificada pelo aspecto trilaminar da bicamada lipídica. N, núcleo.
» **15.3 Células em cultura (linhagem CACO2) (MET):** observe CLs elétron-lúcidos, de diferentes tamanhos no citoplasma dessas células. O tamanho dos CLs varia muito. Repare CLs diminutos e outros muito grandes. Ao medir o diâmetro desses

CLs, notamos que eles podem variar desde poucos nanômetros (aproximadamente 20 nm) até alguns micrômetros.

» **15.4 Células em cultura (linhagem RBL-2H3) (MET):** observe em maior zoom (microscopia virtual) a ausência de membrana (estrutura trilaminar) na superfície dos CLs, os quais aparecem elétron-lúcidos nesse tipo celular. Cisternas do retículo endoplasmático (RE) (destacadas em roxo) são vistas na proximidade dos CLs. Esse tipo de associação (CL-RE) é muito frequente em diferentes tipos celulares. N, núcleo; M, mitocôndria.

» **15.5 Célula de Leydig (MET):** observe CLs em meio a numerosas cisternas de REL, a partir das quais estas organelas são formadas. Os CLs são sítios de hormônios esteroides nessas células.

» **15.6 Interação CLs-mitocôndrias em hepatócitos (MET):** observe no citoplasma de um hepatócito, a presença de mitocôndrias (destacadas em verde) em contato físico com CLs. Este tipo de interação pode ser observada em diversos tipos celulares e pode estar relacionada com a β-oxidação de ácidos graxos, importante para sustentar os níveis de energia da célula.

» **15.7 Fígado gorduroso (MET):** acúmulo excessivo de lipídios com consequente formação de CLs no citoplasma de hepatócitos caracteriza uma condição chamada de esteatose hepática (fígado gorduroso). Note o grande número de CLs e a diversidade de tamanho dessas organelas em um hepatócito.

» **15.8 Macrófago infectado com parasito (MET):** note CLs com diferentes tamanhos e elétron-densidades no citoplasma. Repare também forma intracelular (amastigota, delimitada em verde) do parasito *Trypanosoma cruzi* que foi fagocitada pelo macrófago. A interação do macrófago com este patógeno ativa a célula e leva à formação de CLs. N, núcleo.

» **15.9 Macrófago infectado com micobactéria (MET):** outros tipos de patógenos como micobactérias também induzem formação de CLs. Note no citoplasma, a presença de CLs e de micobactérias fagocitadas (*).

» **15.10 Macrófago humano ativado preparado com radioautografia (MET):** note incorporação de ácido araquidônico (AA) radiativo (estruturas enoveladas elétron-densas) em CLs, o que demonstra a associação dessas organelas com inflamação, já que o AA é precursor de mediadores inflamatórios.

QUESTÕES PARA TREINAMENTO

1. Na lâmina preparada com ósmio, selecione dez células consecutivas e conte o número de CLs marcados. Qual é a média de CLs por célula? Considerando que o número de CLs em macrófagos é pequeno (cerca de 2 por célula), a que se deve o aumento observado?
2. De maneira geral, por que os CLs são vistos com frequência na proximidade do retículo endoplasmático?
3. Como reconhecer um CL ao MET?
4. CLs são observados em grande número nas seguintes células: células do córtex da glândula adrenal, adipócitos multiloculares e leucócitos ativados. Quais são as funções de CLs nesses tipos celulares?
5. Por que os CLs, mesmo os de tamanho grande, requerem colorações especiais para serem diretamente observados ao microscópio de luz?

PRÁTICA 16

Células no contexto de doenças: observando células e tecidos infectados

No contexto de doenças, as células podem ser alvos de agentes agressores externos e sofrer a ação direta ou indireta destes. Durante doenças infecciosas, vários tipos de patógenos, como, por exemplo, parasitos, induzem alterações celulares e teciduais que podem ser detectadas ao microscópio. Durante seus ciclos de vida, parasitos são capazes de assumir várias formas e se estabelecerem em diferentes órgãos-alvo do hospedeiro, dentro de células (parasitos intracelulares) ou no meio extracelular (parasitos extracelulares). Acúmulos de leucócitos nos tecidos (infiltrados inflamatórios) são frequentemente observados em resposta à presença desses parasitos. Os mecanismos de defesa do hospedeiro, gerados para neutralizar ou eliminar os patógenos, podem também causar lesões nas células e tecidos. Como consequência do acometimento celular/tecidual, toda a cadeia de inter-relações do hospedeiro é modificada, produzindo reações em diferentes partes do organismo. O comprometimento de um órgão reflete, portanto, o comprometimento de suas células/tecidos.

Objetivos

» Reconhecer alterações celulares/teciduais em órgãos infectados com parasitos.
» Reconhecer a presença de parasitos intra e extracelulares em células/tecidos infectados.
» Identificar infiltrados inflamatórios nos tecidos infectados.

Modelo de estudo A: corte de coração não infectado (controle) e infectado com o parasito intracelular *Trypanosoma cruzi*

Coloração: HE.
Hematoxilina: corante básico (cor arroxeada).
Eosina: corante ácido (cor rósea).
Obs.: O coração é um órgão-alvo importante da doença de Chagas. As formas do parasito *T. cruzi*, quando entram na corrente sanguínea do hospedeiro (formas tripomastigotas), apresentam tropismo para o tecido cardíaco, penetrando nas células musculares cardíacas (cardiomiócitos), dentro das quais se dividem. Em cortes de coração de animais infectados (fase aguda), observa-se, assim, cardiomiócitos que contêm ninhos com as formas intracelulares do parasito (formas amastigotas). A multiplicação do parasito leva ao rompimento de cardiomócitos infectados, o que resulta em inflamação, caracterizada pela presença de infiltrados inflamatórios (ver capítulo 13).

É importante lembrar que para reconhecer alterações celulares/teciduais induzidas no contexto de doenças é fundamental comparar com células/tecidos do mesmo órgão em situação normal. Por isso, observe primeiramente o corte de tecido cardíaco de um animal não infectado (controle).

Corte de coração controle

Em **PEQUENO** e **MÉDIO AUMENTOS**, identifique:

» **Feixe de cardiomiócitos**: o coração é constituído pelos cardiomiócitos ou fibras musculares cardíacas.
» **Tecido conjuntivo**: é o tecido de sustentação que separa os feixes dos cardiomiócitos.

Selecione uma área seccionada longitudinalmente e, em **GRANDE AUMENTO**, observe os cardiomiócitos:

» **Células alongadas**: note formato e tamanho das células. São células com grande comprimento.
» **Citoplasma**: acidófilo, corado em rosa pela eosina.
» **Núcleos**: arredondados, basófilos, corados em roxo pela hematoxilina e localizados no centro das células. Cada célula tem um núcleo.

» **Estriações transversais**: são listras mais espessas coradas intensamente em rosa pela eosina. Esse aspecto em listras é decorrente dos feixes de miofibrilas, unidades contráteis formadas por elementos do citoesqueleto, dispostas ao longo do citoplasma.

Corte de coração infectado

Em **PEQUENO** e **MÉDIO AUMENTOS**, identifique:

» **Feixes de cardiomiócitos**.
» **Tecido conjuntivo com infiltrados inflamatórios**: note que nas áreas de tecido conjuntivo entre os cardiomiócitos, há aglomerados de células que não estavam presentes no tecido controle. São infiltrados inflamatórios de diferentes tamanhos. Note a distribuição dos infiltrados ao longo do corte. É um tecido muito inflamado (ver capítulo 13).

Em **GRANDE AUMENTO**, identifique:

» **Cardiomiócitos com ninhos do parasito**: note no citoplasma de alguns cardiomiócitos, a presença de ninhos de diferentes tamanhos. Cada ninho contém número variável de formas intracelulares do parasito (amastigotas). Os núcleos das formas amastigotas aparecem em forma de pequenos pontos basófilos, arredondados e corados em roxo pela hematoxilina.
» **Células do infiltrado inflamatório**: identificadas pelo núcleo arredondado ou alongado e muito basófilo. Note a morfologia nuclear: são, em sua maioria, mononucleares (leucócitos com núcleo arredondado). O infiltrado é, portanto, reconhecido como infiltrado predominantemente mononuclear. Além do aspecto do núcleo, um infiltrado inflamatório pode ser classificado também quanto ao grau de acometimento (fraco, moderado ou intenso) e quanto à distribuição (difuso ou focal).

Modelo de estudo B: corte de fígado não infectado (controle) e infectado com o parasito extracelular *Shistosoma mansoni*

Coloração: hematoxilina-eosina (HE).
Hematoxilina: corante básico (cor arroxeada).
Eosina: corante ácido (cor rósea).
Obs. O fígado é um órgão-alvo importante da esquistossomose mansônica. Durante essa doença, ovos maduros do parasito *S. mansoni* alojam-se no tecido hepático do hospedeiro. Após a deposição dos ovos nos tecidos, estes são rapidamente cercados por infiltrados de células inflamatórias que se agregam em "nódulos" bem definidos chamados granulomas. Dessa forma, granulomas são agregados compostos por vários tipos de células inflamatórias, principalmente eosinófilos, plasmócitos, neutrófilos, linfócitos e macrófagos, inseridos em uma matriz extracelular rica em colágeno. Esse tipo de processo inflamatório é dito granulomatoso ou inflamação granulomatosa. A presença de granulomas é o principal achado em análises histopatológicas de órgãos infectados com *S. mansoni*. O principal papel da reação granulomatosa é proteger os tecidos do hospedeiro, isolando as toxinas secretadas pelo ovo. No entanto, os granulomas podem também causar reações prejudiciais ao organismo como, por exemplo, fibrose (ver capítulo 13).

Recorde primeiramente o corte de fígado de um animal não infectado (controle) de forma a comparar com o mesmo órgão em situação patológica.

Corte de fígado controle

Em **PEQUENO AUMENTO**, observe:

» **Aspecto tecidual**: Uma "massa" de cor rosa com "pontos" azuis e espaços claros. Nesse aumento, não é possível observar detalhes das células. Os espaços claros correspondem ao lúmen (luz) de vasos sanguíneos.

Em **MÉDIO AUMENTO**, observe as células que estão em maior número no corte. São as células hepáticas, também chamadas de hepatócitos. Observe a organização dessas células em fileiras ou cordões.

Em **GRANDE AUMENTO**, identifique a morfologia dos hepatócitos:

» **Núcleo**: arredondado, basófilo, corado em roxo pela hematoxilina. O hepatócito pode apresentar um ou dois núcleos.
» **Nucléolo**: estrutura arredondada basófila, bem definida no interior do núcleo. Um ou dois nucléolos podem ser observados por núcleo.
» **Citoplasma**: acidófilo, corado em rosa pela eosina.

Em **GRANDE AUMENTO**, reconheça a presença de outros tipos celulares:

» **Células edoteliais de capilares sinusoides**: células observadas nas laterais das fileiras de hepatócitos, com núcleo alongado, muito corado pela hematoxilina (fortemente basófilo) e citoplasma bem delgado (quase imperceptível). Note como os núcleos diferem morfologicamente dos núcleos dos hepatócitos.
» **Células dentro dos vasos sanguíneos**: em alguns cortes, o lúmen (área clara central) dos vasos sanguíneos mostra células sanguíneas, principalmente hemácias que aparecem coradas em rosa pela eosina (acidófilas). Note que as hemácias são anucleadas. Alguns leucócitos podem ser ocasionalmente observados na luz dos vasos.

Corte de fígado infectado

Em **PEQUENO AUMENTO**, observe:

» **Aspecto tecidual**: note que a "massa" de hepatócitos, vista no tecido controle como uma região de aspecto homogêneo, apresenta formações arredondadas distribuídas ao longo do tecido. Essas formações bem delimitadas são os granulomas. Vários deles são tão grandes que podem ser observados a olho nu no corte histológico.

Em **MÉDIO AUMENTO**, identifique:

» **Ovos do parasito**: estruturas ovoides, envoltas por uma bainha ondulada. Note que dentro do ovo existem áreas acidófilas, coradas em rosa pela eosina e também alguns núcleos basófilos de células que compõem o ovo. Cada ovo mostra-se cercado por agregados de células do processo granulomatoso. É comum a presença de um halo claro entre o ovo e o granuloma.
» **Granulomas**: formações nodulares compostas por agregados de células dispostas em volta do ovo do *S. mansoni*. Além de células, os granulomas mostram componentes acidófilos filamentosos da matriz extracelular, corados em rosa pela eosina (fibras colágenas). Note que os granulomas aparecem como estruturas muito bem organizadas, com diferentes tamanhos e arranjo característico. Um granuloma típico, portanto, possui: uma região central com o ovo do parasito, revestido por células inflamatórias e fibras colágenas.

Em **GRANDE AUMENTO**, identifique:

» **Tipos de granulomas**: note que os granulomas observados não são morfologicamente iguais. Isso ocorre porque existem granulomas em diferentes fases de desenvolvimento. Várias classificações têm sido usadas para denominar as fases dos granulomas. Pelo menos, três tipos básicos de granulomas, são reconhecidos, conforme mostrado na Figura 2. Identifique no campo os tipos relacionados abaixo:
  » **Tipo 1 – pré-granulomatoso-exudativo (PE)**: fase inicial de formação do granuloma. Caracteriza-se pela presença de poucas células inflamatórias em processo de organização ao redor do ovo do parasito. Tem formato irregular.
  » **Tipo 2 – exudativo-produtivo (EP)**: fase intermediária. É bem caracterizado morfologicamente, com aspecto arredondado e tamanhos variados. Caracteriza-se pela presença de muitas células inflamatórias e fibras colágenas que se organizam ao redor do ovo. Alguns granulomas podem apresentar tipos celulares organizados em regiões concêntricas específicas. Note as fibras colágenas acidófilas compondo a estrutura do granuloma.
  » **Tipo 3 – produtivo (P)**: fase involutiva. Caracteriza-se pela riqueza de fibras colágenas e poucas células inflamatórias.
  » Obs.: em alguns cortes observa-se a presença de granulomas confluentes, áreas com dois ou mais granulomas interconectados.

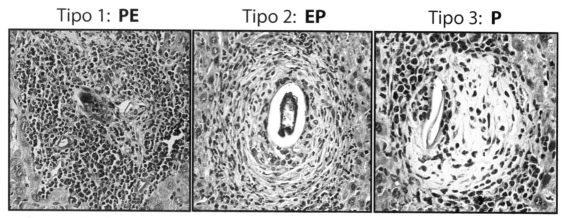

Figura 2 Tipos de granulomas

» **Células inflamatórias dentro dos granulomas**: note a presença de vários tipos celulares dentro do granuloma. São células inflamatórias e outros tipos celulares, como, por exemplo fibroblastos. As células inflamatórias podem ser mono e/ou polimorfonucleadas, com núcleos basófilos, corados em azul-arroxeado pela hematoxilina. Uma das células mais frequentes é o eosinófilo, leucócito identificado facilmente pela coloração acidófila típica de seus grânulos de secreção citoplasmáticos, os quais aparecem intensamente corados pela eosina em rosa-alaranjado (ver capítulo 10). Os tipos celulares podem variar dependendo da fase do granuloma.
» **Células inflamatórias dentro de vasos sanguíneos**: observe a presença de leucócitos dentro dos vasos sanguíneos, incluindo os capilares sinusoides. Note que o número dessas células é bem maior no lúmen dos vasos do fígado infectado comparado ao controle. Isso demonstra a atração (quimiotaxia) de células inflamatórias para o tecido infectado.
Obs. Além da presença de granulomas, o tecido infectado com *S. mansoni* pode apresentar infiltrados inflamatórios não granulomatosos, ou seja, sem um arranjo definido, com aspecto semelhante ao observado no tecido cardíaco de animais infectados com o parasito *T. cruzi*. No entanto, a composição celular desses infiltrados varia dependendo da infecção.

> **QUESTÕES PARA TREINAMENTO**
>
> 1. Quais as principais alterações observadas no corte de coração infectado por *Trypanosoma cruzi* comparado ao não infectado (controle)?
> 2. Quantifique o número de ninhos do parasito presentes em uma secção do coração infectado. O número é contado em campos microscópicos consecutivos, em aumento de 40X. Estabeleça o número de campos estudados e o número de ninhos encontrado. Em trabalhos de pesquisa, essa quantificação pode ser feita em diferentes secções e em vários animais infectados. Dessa forma, pode-se ter um panorama geral do parasitismo.
> 3. Quais as principais alterações observadas no corte de fígado infectado por *Schistosoma mansoni* comparado ao não infectado (controle)?
> 4. Qual a vantagem evolutiva para o hospedeiro do *Schistosoma mansoni* ao formar granulomas? Relacione a morfologia do granuloma com essa vantagem.
> 5. Quantifique o número de granulomas presentes em uma secção do fígado infectado. O número é contado em campos microscópicos consecutivos, em aumento de 20X. Estabeleça o número de campos estudados e o número de granulomas encontrado. Classifique o tipo de cada um dos granulomas observado.

PRÁTICA 17

Identificando células em apoptose e necrose ao MET

A transição entre a vida e a morte de uma célula é complexa. No entanto, existem manifestações morfológicas da morte celular que podem ser detectadas ao MET. Dois processos de morte celular podem ser definidos a partir de critérios morfológicos ultraestruturais: apoptose e necrose. A apoptose ocorre geralmente em células isoladas e está relacionada com organogênese, renovação celular, involução de órgãos, regressão de tumores e até mesmo doenças. Já a necrose pode ser observada em situações como lesões traumáticas e doenças. Existe um conjunto de características morfológicas que permite identificar e diferenciar esses processos de morte. Além disso, enquanto a apoptose não é geralmente acompanhada por reação inflamatória, essa pode ser observada na necrose.

Objetivos

» Identificar células em processo de morte ao MET.
» Reconhecer aspectos morfológicos ultraestruturais da apoptose e necrose.
» Correlacionar esses processos de morte com situações fisiológicas e doenças.

Modelo de estudo: eletromicrografias de células em apoptose e necrose

Nas eletromicrografias selecionadas (microscopia virtual) e, a partir das informações descritas no capítulo 13, estude as características morfológicas ultraestruturais da apoptose e necrose.

Conjunto de eletromicrografias sugerido:

lifeview

» **17.1 Plasmócito em processo de apoptose (MET):** observe a condensação da cromatina que forma uma massa elétron-densa marginalmente ao envoltório nuclear. Esse aspecto do núcleo é característico de fases mais iniciais da apoptose. Note a abundância de RER característica deste tipo celular. N, núcleol; M, mitocôndria.
» **17.2 Macrófago em apoptose (MET):** além do aspecto nuclear típico, observe o citoplasma. Na apoptose, o citoplasma sofre retração. Note o agrupamento de organelas e aumento da elétron-densidade da matriz citoplasmática. N, núcleo.
» **17.3 Neutrófilo em processo inicial de apoptose (MET):** a retração do citoplasma que ocorre na apoptose pode levar ao arredondamento mais acentuado da célula. Observe esse aspecto. Note também a condensação da cromatina e a presença da membrana plasmática que se mantém íntegra durante todo o processo. N, núcleo.
» **17.4 Neutrófilo em estágio avançado de apoptose no citoplasma de um macrófago (MET):** os macrófagos são fagócitos profissionais envolvidos com a fagocitose de corpos apoptóticos ou mesmo de células inteiras em processo de apoptose (cabeça de setas), como pode ser visto nesta micrografia. Note as projeções celulares na superfície do macrófago.
» **17.5 Célula em cultura com corpos apoptóticos no citoplasma (MET):** corpos apoptóticos são vesículas grandes, envoltas por membrana que contêm porções de célula em processo de morte. O destino desses corpos é a fagocitose por outras células conforme observado nessa micrografia. Portanto, observam-se fagossomos (delimitados em verde) contendo no seu interior corpos apoptóticos. Muitas vezes é possível identificar "pedaços" de organelas, por exemplo, fragmentos do núcleo (*) dentro dos corpos apoptóticos.
» **17.6 Tecido cardíaco mostrando cardiomiócitos normais e em apoptose (MET):** note que, enquanto a maioria das células mostra aspecto normal, uma delas se encontra mais elétron-densa e visivelmente alterada. Essa célula está morrendo por apoptose. Uma das características desse processo de morte é o acometimento de células isoladas. Em maior zoom (microscopia virtual), compare o núcleo (N) da célula apoptótica com o da célula com aspecto normal. O cardiomiócito normal tem núcleo volumoso e eucromático, enquanto o cardiomiócito em apoptose mostra o núcleo condensado e fragmentado. Note também a retração do citoplasma com compactação das mitocôndrias (M) e a integridade da membrana plasmática.
» **17.7 Mucosa nasal humana com células em necrose (MET):** um dos aspectos da necrose é o acometimento de grupos de células. Observe várias células (eosinófilos humanos) em necrose. Não é possível ver o limite entre elas, porque suas membranas plasmáticas foram rompidas e não podem ser distinguidas. Além disso, note que os núcleos (N) estão em processo de dissolução e as organelas, principalmente grânulos secretores (Gr), espalhados na matriz extracelular.
» **17.8 Eosinófilo tecidual humano em processo avançado de necrose (MET):** observe as características ultraestruturais dessa célula em degeneração. Note a ausência de envoltório no núcleo (N) e áreas de cromatina em dissolução (*), indicando que a célula se encontra em processo de necrose. As organelas, de maneira geral, encontram-se também em dissolução, exceto os grânulos secretores (Gr), os quais se mostram ainda preservados e dispersos no tecido conjuntivo circundante.
» **17.9 Área tecidual em necrose (MET):** observe restos de várias células em estágio avançado de necrose. Note a ausência da membrana plasmática, a qual já se desintegrou por completo. As organelas encontram-se em degeneração e dispersas na matriz extracelular. Vários núcleos (N) em dissolução (cariólise) podem ser observados.

QUESTÕES PARA TREINAMENTO

1. Células em apoptose e necrose exibem determinado perfil morfológico que permite identificar a ocorrência desses processos. Cite três características ultraestruturais de cada um deles.
2. O que são corpos apoptóticos e qual o destino deles?
3. Como mecanismos de morte celular podem estar relacionados com a homeostase?

4. Geralmente, células em necrose sofrem dilatação do citoplasma, enquanto células em apoptose sofrem compactação. O que acontece com as organelas dessas células?
5. O que significa morte acidental e morte regulada?

Bibliografia

Abrahamsohn PA. 2008. MOL - Microscopia Online. Disponível em: http://www.icb.usp.br/mol. Acesso em: 05/06/2017.

Amaral, K. B., Silva, T. P., Dias, F. F., Malta, K. K., Rosa, F. M., Costa-Neto, S. F., Gentile, R., Melo, R. C. N. Histological assessment of granulomas in natural and experimental *Schistosoma mansoni* infections using whole slide imaging. PLoS One 2017;12, e0184696.

Dvorak AM. Ultrastruture of Mast Cells and Basophils, Karger, 2005; 85. 351p.

Fabrino DL, Ribeiro GA, Teixeira L, Melo RCN. Histological approaches to study tissue parasitism during the experimental *Trypanosoma cruzi* infection. Methods Mol Biol. 2011; 689:69-80.

Junqueira LC, Carneiro J. Biologia Celular e Molecular, Guanabara Koogan, 2012. 364 p.

Kerr JF, Wyllie AH, Currie AR. Apoptosis: a basic biological phenomenon with wide-ranging implications in tissue kinetics. Br J Cancer. 1972; 26:239-57.

Lenzi HL, Kimmel E, Schechtman H, Pelajo-Machado M, Romanha WS, Pacheco RG, et al. Histoarchitecture of schistosomal granuloma development and involution: morphogenetic and biomechanical approaches. Mem Inst Oswaldo Cruz. 1998; 93 Suppl 1:141-51.

Melo RCN, D'Avila H, Bozza PT, Weller PF. Imaging lipid bodies within leukocytes with different light microscopy techniques. Methods Mol Biol. 2011a; 689:149-61.

Melo RCN, D'Avila H, Wan HC, Bozza PT, Dvorak AM, Weller PF. Lipid bodies in inflammatory cells: structure, function, and current imaging techniques. J Histochem Cytochem. 2011b; 59:540-56.

Melo RCN, Dvorak AM, Weller PF. Contributions of electron microscopy to understand secretion of immune mediators by human eosinophils. Microsc Microanal. 2010; 16:653-60.

Melo RCN, Dvorak AM, Weller PF. Eosinophil Ultrastructure. In: Lee J, Rosenberg H (eds.) Eosinophils in health and disease. New York: Elsevier, 2012, p. 20-27.

Rizzo E, Bazzoli N. 2004. Roteiro de Aulas Práticas de Citologia e Histologia Geral. 71 p.

Wernersson S, Pejler G. Mast cell secretory granules: armed for battle. Nat Rev Immunol. 2014; 14:478-94.

ÍNDICE REMISSIVO

A

Abertura numérica 17-19
Acetato de uranila 57
Acetona 52, 229
Ácido araquidônico 194, 195, 282
Ácido desoxirribonucleico 64
Acidofilia 56, 72, 149, 201, 246, 248, 256, 266, 268, 271, 274, 276
Ácido oleico 190
Ácido periódico 73, 75, 250
    reativo de Schiff 259
Ácido ribonucleico 64
Ácidos graxos 52, 88, 106, 153, 157, 160, 269
Ácidos nucleicos 64, 246, 247
Actina 117, 118, 120, 122, 123, 256, 258

Adipócitos 106, 166, 183, 187, 188, 280, 281
ADRP 185
Agranulócitos 276, 277
Alcien blue 74, 75, 260
Álcool 24, 52, 53, 135, 187, 224
Algas 225, 236
Allium cepa 179, 278
Amastigotas 193, 254, 257
Amido 73, 74
Aminoácidos 106, 131, 144
Anáfase 178, 278
Anel contrátil 179, 258
Ânodo 37
Anticorpos 91, 100, 103, 171
    conjugados 90, 252
    primários 78, 79
    secundários 78, 79

Antonie van Leeuwenhoek 3, 5
Apoptose 100, 161, 203, 211, 212, 214
Araldite 53
Artefatos 25, 51
ATP 118, 153, 154, 158, 205, 209, 268
August Köhler 4, 24
Autofagia 112, 113, 135, 160
Autofagolisossomos 112
Autofagossomos 112, 113
Autólise 51, 110
Axonema 125, 126, 257, 262
Axônios 121
Azul de anilina 216, 247, 248
Azul de metileno 64, 274, 276
Azul de toluidina 54, 59, 67, 108, 168, 253, 254, 263, 264, 272
Azul de tripan 64, 108

B

Baclight 228
Baço 100, 108
Bactérias 3, 64, 223, 224, 226-230, 241
   aquáticas 234, 241
   aspectos ultraestruturais 230
   em ecossistemas 224
   fotossintetizantes 236
   fluorescência 227
   Gram-negativas 229, 230, 232, 239
   Gram-positivas 229, 232
   patogênicas 192, 231, 241
   viabilidade 228
Bacteriófagos 241
Banda H 124
Banda I 124
Basofilia 56, 72, 144, 201, 246-249, 261, 271, 274, 276
Beta-oxidação 160, 269
Bicamada lipídica 84, 88, 89, 184, 192, 232, 253, 280, 281
Biofilmes 224, 231, 236
Biogênese 172
BODIPY 187, 188
Brefeldina A 208

C

Cadeia respiratória 154, 225
Cadeia transportadora de elétrons 154, 269
Caderinas 92, 93, 136, 208
Camada S 230, 231, 232, 233
Câncer 112, 153, 208, 209
Canhão eletrônico 36, 37
Capas proteicas 139
Capilares sinusoides 65, 247, 285, 286
Capsídeo 241
Cápsulas 230, 232
Carboidratos 73, 74, 83, 84, 131, 137, 144, 250
Cardiomiócitos 43, 94, 204, 206, 208, 209, 252, 269, 270, 283, 284, 288
Cariólise 201, 214, 288
Cariorrexe 201, 211
Cartilagem hialina 249
Caspases 211
Cavéolas 106, 255
Caveolinas 106, 107, 185, 186
Caveossomo 107
CCL5/RANTES 189, 195
CCL11/eotaxina-1 189, 195
CCR3 195
CD63 79
Células
   acinosas 144, 261
   ativadas 177, 194
   caliciformes 75, 144, 166, 259, 260, 262, 263
   cancerosas 171, 201, 206
   da cóclea 95
   da glia 168, 271
   de Küpffer 108, 254
   de Leydig 135, 158, 262, 263, 269, 282
   de Schwann 106
   de Sertoli 87, 157, 158, 253, 269
   dendríticas 105
   endoteliais 105, 106, 108
   epididimárias 262
   epiteliais 86, 92, 105, 117, 252
   germinativas 87, 171, 178, 279
   indiferenciadas 265, 279
   inflamatórias 148, 195, 219, 284, 286
   intestinais 85, 106, 118, 235, 259, 260
   mesenquimais 117
   musculares 43, 66, 73, 106, 117, 118, 123-125, 135, 147, 166, 205, 208, 209, 217, 252, 255-257, 271, 283
   renais 85, 86
   tumorais 78, 201, 203
Celulose 73
Centríolos 118, 125, 127, 256-258
Centro fibrilar 172, 273
Centrômero 178
Centrossomo 125, 257
Chaperonas 185, 186
Charriot 9, 21, 244, 245, 246
Cianobactérias 224, 226-228, 231, 236-238
Ciclo celular 125, 165, 166, 170, 178, 277-279
Cílios 118, 125, 126, 225, 256, 257
Cinesinas 118
Citocinas 136, 143, 147, 148, 194, 195, 217, 263, 266, 268
Citocinese 118, 178, 179, 258, 277-279
Citólise 148, 267
Citrato de chumbo 57
Clamídias 192
Clatrina 105, 108, 109, 123, 139, 255
Claudinas 92

Colágeno 131, 248, 249
Colesterol 106, 186, 193
Coloração de Gram 64, 226, 229
Complexo de Golgi 131, 132, 134, 137, 139, 144, 208, 262
  cisternas 134, 262
  fragmentação 208
  rede trans 138, 139
  RER-Golgi 132
  trans 139
Componente fibrilar denso 172, 173, 273
Componente granular 172, 273
Comprimento de onda 17, 19, 20, 32
Condensador 9, 11, 24-27, 38, 244-246
Conexinas 94
Conexônios 94, 95
Contato focal 120
Contração muscular 135, 158, 269
Contracoloração 72, 75-77, 108, 251, 253, 254, 259-261
Contrastação 40, 56, 57
Copépodo 59
COPI 139
COPII 139
Coração 283, 284
Corpos
  apoptóticos 100, 101, 211, 212-214, 288
  densos 205, 206
  multivesicular(es) 109, 142
  poliédricos 236
Corpúsculos
  basais 118, 125, 126, 257
  de Nissl 271

Corpúsculos lipídicos (CLs) 45, 77, 160, 184, 188, 189, 193, 195, 203, 231, 254, 279
  aplicação de tomografia eletrônica 45
  biogênese 192
  CLs e patógenos 192
  colocalização 188
  contato mitocôndria-corpúsculo lipídico 160
  de bactérias 231
  diâmetro 188
  elétron-densidade 190
  em células do hospedeiro 193, 195
  em eosinófilo 189, 281
  em infecção 195
  em inflamação 188, 194, 279
  em macrófago 188, 191, 193, 254
  fígado gorduroso 77, 203
  número 188, 189
Cortes semifinos 54
Cortes seriados 57
Cortes ultrafinos 32, 34, 38, 54, 88, 89, 90, 94, 195, 232, 251, 255
Criofraturas 90, 91, 94, 183
Cristaloide 141, 148, 149, 266, 267
Cristal violeta 229
Cristas mitocondriais 156, 159, 269
Cromatina 166-169, 171, 174-178, 201, 203, 211, 214, 215, 267, 270, 272
  em células em apoptose 212
Cromóforo 64, 71, 73, 74, 76
Cromossomos 118, 172, 174, 178, 225, 240, 258, 278, 279
Cromótropo 2R 66, 270, 271

D

DAMPs 154
DAPI 95, 120, 167, 226, 227
De Broglie 32
de Duve 110, 112
Desgranulação por *piecemeal* 140, 141, 265, 267, 268
Desidratação 52, 122, 187
Desmina 117
Desmossomos 92, 93, 94, 121, 252
Diacilglicerol 185, 186
Diacilglicerol aciltransferase 194
Diafanização 52
Dinâmica mitocondrial 161, 205
Dineína 118, 125
Distância de trabalho 16, 245
Divisão celular 118, 125, 135, 166, 172, 178, 225, 231, 232, 233, 240, 277
Divisão mitótica 118, 278, 279
DNA 64, 76, 131, 154, 156, 157, 165, 167, 170, 178, 206, 234, 241, 247, 277, 278
  circular 234
  mitocondrial 161, 206, 269
  nuclear 166, 251, 277
DNAr 170, 172
Doença(s)
  de Alzheimer 184
  de Chagas 184, 204, 206, 283
  de Crohn 219, 265
  de Parkinson 184, 205
  infecciosas 112, 184, 195, 205, 265, 282
  neurodegenerativas 205

E

Edema 217
Ehrlich 64
Elastina 248
Elétrons 20, 32, 34, 37-42, 44, 154
Endocitose 106
   independente de clatrina e caveolina 106
   mediada por caveolina 106
   mediada por clatrina 105-107, 123
Endomembranas 225, 231
Endossomo 99, 106, 109, 139, 142
   inicial 101, 102, 107, 109
   tardio 101, 102, 109, 142
En face 90
Envoltório celular 229, 230, 232, 233, 236, 238, 239, 240
Envoltório nuclear 132, 167, 170, 171, 201, 203, 211, 212, 214, 215, 225, 234, 273, 278, 279, 288
Eosina 63, 65, 66, 148, 247, 256, 260, 261, 266, 271, 272, 274, 277, 278, 280, 281, 283, 284
Eosina Y 276
Eosinófilos 65, 79, 101, 136, 140, 141, 148, 149, 189, 190, 194, 218, 265-268, 277, 288
Epidídimo 261
Epitélio intestinal 75, 86, 167, 235, 252, 258
Epon 53
Ergastoplasma 144, 261, 263
Ernst Ruska 32
Escâner de lâminas 22, 218

Esfregaço bacteriano 229
Esfregaço sanguíneo 274, 275, 277
Espaço intercelular 92-94, 252, 253
Espaço intermembranoso 92, 94, 156, 269
Espaço periplasmático 230, 232, 236
Espécies reativas de oxigênio 154, 205
Espermatócitos 178, 279
Espermatozoides 127, 178, 257, 261
Esporos 231, 240
Esporulação 240
Esteatose hepática 77, 203, 282
Estereocílios 262
Ésteres de esterol 185, 186
Esteroides 135, 137, 160, 269, 282
Estímulos inflamatórios 189
Estruturas juncionais 90, 92, 208, 252
Eucromatina 170, 174, 175, 270, 272, 273
Exocitose 106, 140, 141, 261, 265, 267, 268
Exopolímeros 230, 232
Exossomos 142
Extensão do tubo 14

F

Face E 90
Face P 90
Fagocitose 87, 100-103, 112, 192, 193, 211, 253, 254
Fagóforo 112, 113
Fagolisossomo 101, 102, 104, 111, 254, 255

Fagossomo 100-104, 112, 192, 193, 195, 254, 288
   inicial 101, 102
   tardio 101, 102
Fast green 76
Fator C3 100
Fator de necrose tumoral alfa 189, 267
Feulgen 76, 251
Fibras colágenas 66, 147, 216, 248, 249, 265, 267, 271
Fibras musculares 256, 271, 283
Fibras nervosas 41
Fibroblastos 105, 190
Ficobilissomos 236, 238
Fígado 65, 76, 77, 100, 108, 110, 149, 203, 247, 250, 251, 253-255, 267, 285
Fígado gorduroso 282
Filamentos
   de actina 117, 120, 123
   de miosina 123
   intermediários 117, 120, 121, 258
Fixação 32, 51, 52, 122, 183, 187, 224, 274, 278
Flagelo 118, 125, 202, 225, 231, 240, 256, 257
Fluido extracelular 105
Focalização 21, 244, 245
Fosfatidilcolina 185, 193
Fosfatidiletanolamina 185
Fosfolipídios 83, 88, 135, 185, 187, 190, 281
Fosforilação oxidativa 153, 205
Fotossíntese 231, 236
Fucsina ácida 247, 248

Fucsina básica 63, 73, 229
Fuso mitótico 118, 125, 256, 278

G

Gânglio nervoso 42, 168, 270, 271
Giemsa 64, 274
Glicocálice 84-86, 252, 253
Glicoconjugados 74
Glicogênio 73
Glicolipídios 84
Glicol metacrilato 53, 59
Glicoproteínas 73-75, 84, 144, 166, 232, 249, 262
Glicosaminoglicanos 67, 248, 249, 263
Glicosilação 132
Glutaraldeído 32, 51, 52
Gotículas lipídicas 135, 262, 280
Grade de metal 38
Granulócitos 276, 277
Granulomas 66, 284-286
Grânulos
　citoplasmáticos 263, 264
　cristalinos 148, 266
　de glicogênio 209, 250
　de polifosfato 236, 238
　de secreção (secretores) 65, 79, 141, 147-149, 189, 208, 252, 261-268, 281, 288
　de zimogênio 144, 261
　densos 157
　elétron-densos 263
　específicos 148, 266, 267, 276
　metacromáticos 147, 264
Grupos aldeídicos 76

GTPases 101, 185, 186

H

Hemácias 59, 65, 87, 88, 100, 101, 247, 248, 252, 253, 273, 274, 276, 277
Hematoxilina 75, 77, 218, 247, 249, 250, 256, 257, 259, 260, 280
Hematoxilina-eosina 65, 125, 144, 201, 218, 247-249, 256, 260, 266, 271, 277
Heme 154
Hemidesmossomos 92
Heparina 67, 263
Hepatócitos 76, 77, 166, 190, 203, 209, 247, 250, 251, 254, 282, 285
Heterocromatina 172-175, 270, 273, 279

I

Iluminação Köhler 24, 26
Immunogold 79, 252
Imunomarcação 31, 78, 120, 170, 187, 218
　ultraestrutural 79, 183, 268
Inclusões 51-53
　citoplasmáticas 183, 187
　intracelulares 183
　paracristalinas 205
Índice de refração 18, 19, 24, 56
Infiltrados inflamatórios 22, 43, 283, 284, 286
Inflamação granulomatosa 284

Integrina 120
Intérfase 166, 167, 174, 176, 178, 270, 272, 277-279
Interferon-gama 189, 268
Intestino 66, 75, 144, 219, 259, 260, 262, 263, 268

J

Junções
　aderentes 92, 94
　celulares 121
　comunicantes 94, 95, 253
　oclusivas 92, 258

K

Karnovsky 52
Köhler 24

L

Lâmina basal 92
Lâmina digital 23
Lâmina nuclear 118, 170
Laminina 118
Laranja de acridina 63, 167, 168, 226
LDL 106
Leishmania amazonensis 127, 202, 257
Lentes
　acromáticas 14
　apocromáticas 14
　códigos 14

condensadoras 36-38, 42
de imersão 19, 22, 281
eletromagnéticas 42
eletrônicas 36
intermediárias 42
limpeza 24
magnéticas 36
objetivas 9, 12, 14, 18, 19, 22, 26, 36, 38, 42, 244
oculares 9, 12, 26, 42, 244
planacromáticas 14
planapocromáticas 14
projetivas 36, 39
semiapocromáticas 14
Leucócitos 59, 79, 87, 101, 166, 168, 185, 187, 194, 209, 217, 272, 274, 276, 277, 282, 283
Leucotrienos 194
Limite de resolução 16, 17, 19, 20, 31, 32, 42, 85, 246, 247, 251
Linfócitos 103, 105, 168, 172, 173, 218, 264, 269, 270, 273, 276
Linfonodos 13, 88, 252, 264
Linhagens celulares 188
Linhas Z 124, 258
Lipídios 52, 64, 77, 83, 84, 131, 135, 136, 142, 154, 156, 161, 185, 193, 194, 279, 280
  da membrana 84
  em CLs 185, 192, 193, 194, 280
  insaturados 187, 190, 281
  marcação 77
  na membrana 83
  neutros 77, 184, 190
  síntese 135

Lisossomos 106, 110-112, 138, 139, 208, 254
Lugol 229

M

Macroautofagia 112
Macrófagos 87, 100-105, 108, 111, 177, 188, 190, 191, 193, 194, 211, 213, 214, 252-255, 262-264, 273, 274, 281, 282, 288
Macropinocitose 105, 108
Macropinossomos 105
Maquinaria de síntese 131, 132, 137, 241, 259, 262
Marcadores fluorescentes 155, 227
Marcadores lipofílicos 187
Mastócitos 13, 35, 67, 88, 141, 147, 148, 252, 263-266
Material pericentriolar 125, 257
Matriz extracelular 92, 131, 216, 248, 249, 264, 288
Max Knoll 32
May-Grünwald-Giemsa 64, 187
Mediadores
  imunes 131, 136, 148, 266
  inflamatórios 184, 185, 193, 194, 282
  lipídicos 147, 263
  químicos 194
Membrana mitocondrial externa 205, 211, 269
Membrana mitocondrial interna 154, 156, 269
Membrana plasmática 83, 84, 92, 100, 105, 108, 232, 251, 252, 255, 265

aspecto trilaminar 89
  eletromicrografias 251, 252
  funções 84
  invaginações 105, 106, 108, 109, 231-233, 255
  modelo do mosaico fluido 83
  modificações estruturais 92
  projeções 85, 87, 205, 265, 288
  proteínas 84
Membrana unitária 89, 112, 253
Mesossomos 232, 240
Metacromasia 67, 263, 264, 265
Metáfase 167, 178, 278, 279
Micobactérias 104, 190, 192, 254, 282
Microfilamentos 117
Micrômetros 20, 54, 282
Microscopia virtual 252, 257, 258, 262, 264, 269, 272, 273, 279
Microscópio
  de campo claro 10, 11, 24, 71, 77, 187, 188, 201, 227, 244, 281
  de campo escuro 10
  de contraste de fase 10, 227
  de fluorescência 10, 11, 71, 77, 168, 187, 188, 201, 227
  eletrônico de transmissão 33, 36, 40-42, 50, 88, 89, 122, 188
  eletrônico de varredura 33, 87, 88, 127, 174, 202, 237
Microtomia 32, 51-54, 57, 91, 278
Micrótomo 54, 55
Microtúbulos 112, 117, 118, 120, 121, 125, 127, 225, 240, 257, 258
Microvesículas 142, 143
Microvilosidades 85, 86, 118, 235, 252, 262

Mielina 41
Miofibrilas 123, 124, 158, 159, 166, 208, 256-258, 269, 271, 272
Miônios 256, 271
Miosina 118, 123, 256, 258
Mitocôndria 156, 160, 205-207, 268, 269
   alterações ultraestruturais 205-207
   disfunção 205
   fissão 161, 205
   fusão 160, 161, 205, 268, 269, 270
   interação com corpúsculos lipídicos 160, 269
   interação com o retículo endoplasmático 160, 269
   remodelagem das cristas 161
   ultraestrutura 156
Monocamada lipídica 184-187, 192, 231, 280, 281
Monócitos 101, 218, 276
Mononucleares 276, 277
Montagem de lâminas 56
Morte celular 112, 148, 153, 154, 156, 203, 210
   acidental 210, 214
   programada 154, 210, 211
   regulada 214, 289
Mycobacterium leprae 192
Mycobacterium tuberculosis 192

N

Nanômetros 20, 31, 120, 142, 255, 282
Nanotecnologia 31
Nanotubos 205
Necrose 203, 211, 214, 215, 267, 288, 289
Neurônios 42, 94, 118, 166, 205, 265, 271
Neurotransmissor 72, 140
Neutrófilos 101, 102, 104, 168, 188, 190, 218, 272
Nile red 187, 188
Nucleoide 225, 234
Nucléolo 170-173, 176, 246, 247, 261, 263, 269, 271-273, 278, 279, 285
Nucleoporinas 170
Nucleossomo 174

O

Oil Red O 77, 187
Óleo de imersão 19, 22
Orange G 247, 248
Ortocromasia 67
Ósmio 40, 187, 188, 273, 282
Ovócitos 168, 178, 272, 273
Oxidação 153, 157, 160

P

P96 188
Palade 32
Pâncreas 144, 260, 263
Parafina 53, 54, 56
Paraformaldeído 52, 187
Paraplast 53, 54, 56
Parasitos 64, 66, 184, 190, 192, 193, 195, 206, 216, 217, 254, 257, 267, 282, 283
Parede celular 179, 225, 230, 232, 233, 278
Partículas de ouro 79, 90, 91, 171, 252, 268
PAS 73-76
Patógenos 57, 99, 101, 102, 104, 105, 112, 140, 190, 192, 195, 208, 209, 282, 283
Paxilina 120
Pele 108, 247, 248, 265
Pentalaminar 94, 95, 253
Peptideoglicanos 225, 230, 232
Perilipinas 185-187
Peroxidação 205
Picnose 201, 211
Piecemeal degranulation 141, 265, 267
Pinocitose 100, 105, 106, 108, 253, 255
Pinocitose seletiva 105, 108, 255
Pinossomos 255
Plasmócitos 262, 268, 284, 288
Plasmodium berghei 192
Poder de resolução 4, 16, 17, 20, 32, 42
Polimorfonucleares 168, 272, 276, 277
Polirribossomos 132, 137, 138
Polissomos 132
Poros nucleares 170, 273
Pós-fixação 51, 273
Pregas basais 86
Procariotos 225-227, 232, 234, 239, 241
Processo inflamatório 57, 214, 217
Prófase 178, 278, 279
Projeções 87
Prostaglandinas 194
Prostaglandina E2 193, 195

Proteases 101, 102, 211, 263
Proteína dissulfeto isomerase 170, 171
Proteína LC3 112
Proteínas transmembranas 92, 93, 94
Proteoglicanos 248, 249, 263
Pseudópodes 100, 101, 104

Q

Quimiocinas 147, 148, 194, 217
Quimiotaxia 161, 286
Quinases 185, 186

R

Rab5 101, 102, 109
Rab7 101, 102, 109
Radioautografia 195, 282
Raiz de cebola 178, 179, 277, 278
Reação de Feulgen 76, 167
Reativo de Schiff 73, 75, 76, 250
Receptores 100, 101-103, 105, 132, 139, 195
Replicação 102, 125, 157, 166, 241, 277
Réplica metálica 90, 122, 123, 255
Respostas inflamatórias 195
Retículo endoplasmático liso 132, 135
Retículo endoplasmático rugoso 137, 138, 144, 170, 171, 261
Ribonucleoproteínas 170
Ribossomos
    aderidos 262, 271
    ao microscópio eletrônico de transmissão 132
    biogênese 170
    em células procarióticas 225
    em mitocôndrias 157
    livres 133, 166, 169, 262, 263, 265, 270, 271
    síntese proteica 131
    subunidades 170
RNA 64, 76, 132, 142, 154, 157, 170, 241, 247, 261, 271, 272
RNAm 131, 132, 165
RNAr 172
Robert Hooke 3
Rudolf Kölliker 165
Rudolf Virchow 165

S

Sangue 59, 88, 143, 148, 189, 217, 252, 264, 266, 267, 274, 275, 277
Sarcômeros 123, 124. 258
Schistosoma mansoni 66, 149, 216, 267, 287
Secreção constitutiva 139
Secreção regulada 139, 140, 142
Síndrome hipereosinofílica 189
Sombrero 267
Spurr 53
Superfície extracelular 90, 91
Superfície protoplasmática 90, 91
Suspensões celulares 52, 71

T

Tecido adiposo multilocular 280
Tecido adiposo unilocular 280
Tecido conjuntivo 66, 87, 92, 147, 216, 217, 247, 248, 263-265, 271, 283, 284, 288
Tela fluorescente 33, 34, 36, 39, 40
Telinha 38, 42
Telófase 178, 179, 278, 279
Testículos 87, 135, 262
Tetróxido de ósmio 32, 51, 52, 88, 187, 190, 281
Tilacoides 231, 232, 233, 236, 238
TIP47 185
Tomografia eletrônica 44, 45, 185, 202, 205, 207
Toxoplasma gondii 192
Transmembranas 84
Traqueia 249, 256
Triacilgliceróis 185, 186, 193
Tricrômico 66
    de Gomori 66, 168, 216, 270
    de Mallory 216, 247
Tridimensional 90, 126, 237, 255
Trilaminar 88, 89, 108, 188, 189, 230, 232, 239
Trypanosoma cruzi 125, 190, 192, 193, 195, 206, 217, 257, 282, 283, 287
Tuberculose 64, 104, 184, 254

U

Ultramicrotomia 35, 38, 54
Ultramicrótomo 54, 55
Unidade de membrana 89, 110, 232, 253
Unidades de medida das células 20
Útero 72

V

Vacúolos
　autofágicos 112, 113
　digestivos 101, 254
　parasitóforos 193
Verde-luz 66, 216, 261, 270, 271
Vesículas 106, 131
　citoplasmáticas 184, 280
　de gás 231, 237
　de membrana externa 231
　endocíticas 99-101, 105-108, 253-255
　extracelulares 142, 143, 224, 231, 239
　nascentes 139
　secretoras 139
　sinápticas 105
　sombrero 267
　transportadoras (de transporte) 131, 135, 136
Vimentina 117
Vírus 105, 184, 192, 195, 241

X

Xenopus laevis 122
Xilol 24, 53

Z

Zenker-Formol 51
Zônula 92
　aderente 92
　oclusiva 252, 253